全空间智能MapGIS丛书

# 地理信息系统
## 应用与实践

吴信才 主编
吴亮 万波 郭明强 副主编

电子工业出版社
Publishing House of Electronics Industry
北京·BEIJING

## 内 容 简 介

本书以武汉中地数码科技有限公司自主研发的 MapGIS 10 为基础，详细介绍 MapGIS 10 的基本操作方法。主要内容包括初识地理信息系统、空间数据管理、GIS 数据输入及可视化、空间数据的处理方法、空间分析、数字高程模型、三维 GIS、GIS 数据的输出、地图综合等。本书采用案例式教学模式，按照业务处理流程的顺序编排内容。全书穿插了大量的应用实例，内容全面、针对性强，为读者系统学习 MapGIS 10 提供了便捷的学习资料。

本书适合从事地理信息系统、遥感与制图、软件工程、测绘工程等相关领域的研究者阅读，既可作为高等院校相关专业的"地理信息系统应用"课程配套教材，也可作为城市规划、国土管理、市政工程、环境科学及相关行业研发人员的工具书。

读者可登录司马云网站的服务世界，搜索"MapGIS 资料馆"下载配套教学视频及课件，网址为 http://www.smaryun.com/dev/service-space/service-index。

未经许可，不得以任何方式复制或抄袭本书之部分或全部内容。
版权所有，侵权必究。

图书在版编目（CIP）数据

地理信息系统应用与实践 / 吴信才主编. —北京：电子工业出版社，2020.9
（全空间智能 MapGIS 丛书）
ISBN 978-7-121-39623-6

Ⅰ.①地… Ⅱ.①吴… Ⅲ.①地理信息系统 Ⅳ.①P208.2

中国版本图书馆 CIP 数据核字（2020）第 179286 号

责任编辑：田宏峰
印　　刷：北京天宇星印刷厂
装　　订：北京天宇星印刷厂
出版发行：电子工业出版社
　　　　　北京市海淀区万寿路 173 信箱　邮编：100036
开　　本：787×1 092　1/16　印张：30　字数：765 千字
版　　次：2020 年 9 月第 1 版
印　　次：2021 年 8 月第 2 次印刷
定　　价：88.00 元

凡所购买电子工业出版社图书有缺损问题，请向购买书店调换。若书店售缺，请与本社发行部联系，联系及邮购电话：(010) 88254888，88258888。
质量投诉请发邮件至 zlts@phei.com.cn，盗版侵权举报请发邮件至 dbqq@phei.com.cn。
本书咨询联系方式：(010) 88254457，tianhf@phei.com.cn。

MapGIS 是当前主流的具有完全自主知识产权的国产地理信息系统平台之一。武汉中地数码科技有限公司从 20 世纪 80 年代开始涉足 GIS 的研究，先后承担了"八五"科技攻关项目、"九五"国家重中之重科技攻关项目、"十五"国家"863"项目、"十一五"国家"863"重点项目和"十五""十一五""十二五""十三五"国家科技支撑计划。经过近 30 年的不懈努力，武汉中地数码科技有限公司积累了丰富的科研与实践经验，创建了一套 GIS 技术方法及先进的 GIS 软件开发体系，研制了具有国际先进水平的地理信息系统基础平台 MapGIS。MapGIS 先后荣获了 3 项国家科学技术进步二等奖，在科学技术部组织的国产地理信息系统软件测评中连续 10 多年名列榜首，应用范围涉及地质、地理、石油、煤炭、有色、冶金、测绘、土地、城建、建材、旅游、交通、铁路、水利、林业、农业、矿山、出版、教育、公安、军事等 20 多个领域。

MapGIS 10 是一个融合了大数据、物联网、云计算、人工智能等先进技术的全空间智能 GIS 平台，将全空间的理念、大数据的洞察、人工智能的感知通过 GIS 的语言，形象化为能够轻松理解的表达方式，实现了超大规模地理数据的存储、管理、高效集成和分析挖掘，在地理空间信息领域为各行业及其应用提供更强的技术支撑。

本书是以 MapGIS 10 桌面产品高级版为例编写的，内容包括 MapGIS 10 桌面产品高级版的主要功能、操作方法及技术流程。

本书共分为 9 个部分：第 1 部分为初识地理信息系统，主要介绍 GIS 在国内外的发展及 MapGIS 软件的新特性；第 2 部分为空间数据管理，主要介绍数据库的创建与管理、空间参照系设置以及域集和规则；第 3 部分为 GIS 数据输入及可视化，主要介绍地图文档与地图管理、地图的基本编辑、图框的生成、系统库和样式库的编辑以及栅格影像的显示与调节；第 4 部分为空间数据的处理方法，主要介绍属性表格的创建与编辑、误差校正与坐标转换、栅格地图配准、栅格影像的处理分类及瓦片裁剪设置；第 5 部分为空间分析，主要介绍叠加分析、缓冲分析、网络分析、空间查询和地图裁剪；第 6 部分为数字高程模型，主要介绍 DEM 创建与编辑、地形数据处理与分析等；第 7 部分为三维 GIS，主要介绍三维地形显示、三维建模及分析；第 8 部分为 GIS 数据的输出，主要介绍地图的排版及输出；第 9 部分为地图综合，主要介绍地图的化简、概括、降维、全自动综合、综合协调处理及辅助工具。本书针对每个部分介绍的内容，均给出了相对应的实践内容，详见附录 A。

本书图文并茂、实用性强，可帮助读者全面了解 MapGIS 10 的基本功能、操作方法和使用技巧。如果读者需要进一步了解 MapGIS 10 的其他功能或二次开发的内容，请致电技术热线 400-880-9970 或加入技术交流 QQ 群 83378469。扫描下边的二维码可以快速查看相关资料。

　　公司官网　　　　云生态圈　　　MapGIS 资料馆　　　公司微博　　　　公司微信

参与本书编写的人员有吴信才、吴亮、万波、郭明强、黄颖、陈小佩、黄胜辉、黄波、李清清、张国伟、郭有世、王小龙、黄春迎、李金华，这些人员均长期从事地理信息系统软件的研发工作以及 MapGIS 的培训工作，具有丰富的实践经验。

由于时间仓促，书中难免存在错误和不当之处，敬请广大读者提出宝贵意见和建议，以利改进。

作　者<br>2020 年 8 月

# CONTENTS 目录

## 第 1 部分　初识地理信息系统

### 第 1 章　地理信息系统概述 ········· 3

1.1　地理信息系统的定义和发展历程 ········· 3
　　1.1.1　地理信息系统的定义 ········· 3
　　1.1.2　地理信息系统的发展历程 ········· 3
1.2　地理信息系统的新特性 ········· 6
　　1.2.1　全新的 T-C-V 架构 ········· 6
　　1.2.2　全生态开发体系 ········· 8
　　1.2.3　多维全空间 ········· 11
　　1.2.4　地理大数据 ········· 13
　　1.2.5　智能 GIS ········· 15
　　1.2.6　构建 GIS 生态圈 ········· 16
习题 1 ········· 19

## 第 2 部分　空间数据管理

### 第 2 章　本地数据库的创建与管理 ········· 23

2.1　地理信息系统软件的安装与卸载 ········· 23
　　2.1.1　产品安装 ········· 23
　　2.1.2　产品续期 ········· 30
　　2.1.3　产品更新 ········· 32
　　2.1.4　产品解绑 ········· 33
　　2.1.5　产品卸载 ········· 34
2.2　创建地理数据库 ········· 35
2.3　附加地理数据库 ········· 38
2.4　注销与删除地理数据库 ········· 39
2.5　维护地理数据库 ········· 40
　　2.5.1　启动存储服务 ········· 40
　　2.5.2　检查地理数据库 ········· 41

2.5.3　搜索地理数据库 ………………………………………………………………… 43
　习题 2 ……………………………………………………………………………………………… 44

## 第 3 章　空间数据的管理　45

　3.1　空间数据类型 ………………………………………………………………………………… 45
　3.2　矢量数据的转换 ……………………………………………………………………………… 46
　　　3.2.1　MapGIS 数据转换 …………………………………………………………………… 46
　　　3.2.2　表格数据的转换 ……………………………………………………………………… 53
　　　3.2.3　其他数据转换 ………………………………………………………………………… 56
　3.3　栅格数据的转换 ……………………………………………………………………………… 62
　3.4　地图集的创建与使用 ………………………………………………………………………… 66
　　　3.4.1　创建地图集 …………………………………………………………………………… 67
　　　3.4.2　创建图幅 ……………………………………………………………………………… 69
　　　3.4.3　数据入库 ……………………………………………………………………………… 72
　　　3.4.4　地图集的显示 ………………………………………………………………………… 74
　　　3.4.5　地图集的其他管理操作 ……………………………………………………………… 75
　3.5　镶嵌数据集 …………………………………………………………………………………… 76
　　　3.5.1　创建镶嵌数据集 ……………………………………………………………………… 76
　　　3.5.2　在镶嵌数据集中添加栅格数据 ……………………………………………………… 78
　　　3.5.3　镶嵌数据集的修改和编辑 …………………………………………………………… 80
　习题 3 ……………………………………………………………………………………………… 88

## 第 4 章　空间参照系　91

　4.1　查看空间参照系 ……………………………………………………………………………… 92
　4.2　创建空间参照系 ……………………………………………………………………………… 92
　　　4.2.1　创建地理坐标系 ……………………………………………………………………… 92
　　　4.2.2　创建投影坐标系 ……………………………………………………………………… 93
　4.3　设置空间参照系 ……………………………………………………………………………… 95
　4.4　导入空间参照系 ……………………………………………………………………………… 96
　4.5　导出空间参照系 ……………………………………………………………………………… 97
　习题 4 ……………………………………………………………………………………………… 98

## 第 5 章　域集和规则　99

　5.1　域集 …………………………………………………………………………………………… 99
　　　5.1.1　添加和编辑域集 ……………………………………………………………………… 99
　　　5.1.2　删除域集 ……………………………………………………………………………… 101
　5.2　规则 …………………………………………………………………………………………… 101
　　　5.2.1　属性规则 ……………………………………………………………………………… 102
　　　5.2.2　关系规则 ……………………………………………………………………………… 105
　　　5.2.3　拓扑规则 ……………………………………………………………………………… 108

|     |       | 5.2.4　连接规则 | 112 |
| --- | --- | --- | --- |
| 习题 5 | | | 117 |

## 第 6 章　其他数据源的配置和使用 ... 119

### 6.1　基于 SQLServer 的地理数据库 ... 119
- 6.1.1　配置 SQLServer 数据源 ... 119
- 6.1.2　创建地理数据库 ... 120
- 6.1.3　附加基于 SDE 的地理数据库 ... 123

### 6.2　基于 Oracle 的地理数据库 ... 124
- 6.2.1　Oracle 客户端的配置 ... 124
- 6.2.2　配置基于 Oracle 的数据源 ... 127
- 6.2.3　创建地理数据库 ... 128
- 6.2.4　附加基于 SDE 的地理数据库 ... 130

习题 6 ... 131

# 第 3 部分　GIS 数据输入及可视化

## 第 7 章　地图文档与地图管理 ... 135

- 7.1　新建地图文档 ... 135
- 7.2　打开地图文档 ... 136
- 7.3　添加二维地图 ... 136
  - 7.3.1　新建图层 ... 136
  - 7.3.2　打开图层 ... 137
  - 7.3.3　图层排序 ... 139
  - 7.3.4　图层成组 ... 141
  - 7.3.5　管理组图层 ... 142
- 7.4　添加三维场景 ... 142
  - 7.4.1　新建三维场景 ... 142
  - 7.4.2　在三维场景中添加图层 ... 143
  - 7.4.3　浏览三维场景模型 ... 143
- 7.5　保存地图文档 ... 144

习题 7 ... 145

## 第 8 章　图元的输入编辑 ... 147

- 8.1　基本图元的输入与编辑 ... 147
  - 8.1.1　点的输入与编辑 ... 147
  - 8.1.2　线的输入与编辑 ... 150
  - 8.1.3　区的输入与编辑 ... 157
  - 8.1.4　注记的输入与编辑 ... 165
- 8.2　通用编辑工具 ... 168

8.3 快速矢量化输入 175
 8.3.1 交互式矢量化 175
 8.3.2 全自动矢量化 175
习题 8 176

## 第 9 章 地图显示与控制 177

9.1 地图相关控制 177
 9.1.1 地图常规控制 177
 9.1.2 地图相关显示 178
9.2 符号相关控制 180
9.3 自绘驱动 180
习题 9 182

## 第 10 章 生成图框与专题图 183

10.1 为地图添加图框 183
 10.1.1 基本比例尺地形图图框 183
 10.1.2 标准分幅图框 183
 10.1.3 任意图框 185
 10.1.4 格网工具 185
10.2 为地图添加专题图 186
 10.2.1 矢量数据专题图 186
 10.2.2 栅格数据专题图 191
 10.2.3 专题图的应用 192
习题 10 196

## 第 11 章 系统库与样式库 197

11.1 系统库管理 197
 11.1.1 符号库 198
 11.1.2 颜色库 202
 11.1.3 字体库 203
11.2 样式库管理 204
 11.2.1 花边 205
 11.2.2 颜色条 205
 11.2.3 统计图 206
 11.2.4 比例尺 206
 11.2.5 图例板 207
 11.2.6 指北针 207
 11.2.7 格网 208
习题 11 208

# 第 12 章 栅格影像的显示与调节 209

## 12.1 影像信息 209
### 12.1.1 打开栅格影像 209
### 12.1.2 查看栅格影像信息 209
### 12.1.3 查看影像数据属性页信息 210

## 12.2 影像显示 213
### 12.2.1 显示设置 213
### 12.2.2 直方图拉伸 215
### 12.2.3 卷帘显示 217
### 12.2.4 闪烁显示 217
### 12.2.5 透明显示 218
### 12.2.6 无效值设置 218
### 12.2.7 对比度调节 219
### 12.2.8 颜色合成 220
### 12.2.9 色表编辑 221

## 习题 12 221

# 第 4 部分 空间数据的处理方法

# 第 13 章 属性表格的创建与编辑 225

## 13.1 属性结构的创建 225
## 13.2 属性值的输入与编辑 226
### 13.2.1 属性值的直接输入与编辑 226
### 13.2.2 属性值的间接输入与编辑 226

## 13.3 属性处理 229
### 13.3.1 属性检查 229
### 13.3.2 属性工具 229

## 13.4 如何通过属性值及参数修改地图 237
### 13.4.1 根据参数改参数 237
### 13.4.2 根据属性改参数 237
### 13.4.3 根据参数改属性 238
### 13.4.4 根据属性改属性 239

## 习题 13 239

# 第 14 章 误差校正及坐标转换 241

## 14.1 矢量地图的误差校正 241
### 14.1.1 手动误差校正 241
### 14.1.2 自动误差校正 244
### 14.1.3 批量误差校正 245

  14.2 地图整图变换 ··················· 246
    14.2.1 交互式整图变换 ··················· 247
    14.2.2 键盘定义整图变换 ··················· 247
  14.3 地图投影变换 ··················· 248
    14.3.1 单点投影 ··················· 249
    14.3.2 批量投影 ··················· 250
    14.3.3 地理转换参数设置 ··················· 251
  习题 14 ··················· 253

## 第 15 章　栅格地图配准 ··················· 255

  15.1 标准分幅栅格地图配准 ··················· 255
  15.2 非标准分幅栅格地图配准 ··················· 257
  习题 15 ··················· 259

## 第 16 章　栅格影像的处理分类 ··················· 261

  16.1 AOI 编辑 ··················· 261
  16.2 栅格影像重采样 ··················· 262
  16.3 栅格影像镶嵌 ··················· 263
  16.4 栅格影像融合 ··················· 266
  16.5 栅格影像裁剪 ··················· 267
  16.6 投影变换 ··················· 268
  16.7 栅格计算器 ··················· 269
  16.8 栅格影像增强 ··················· 270
    16.8.1 波段合成 ··················· 270
    16.8.2 波段分解 ··················· 271
    16.8.3 色彩空间变换 ··················· 271
    16.8.4 影像二值化 ··················· 279
    16.8.5 影像滤波 ··················· 280
    16.8.6 纹理分析 ··················· 281
    16.8.7 数学形态学 ··················· 281
    16.8.8 主成分变换 ··················· 283
    16.8.9 小波变换 ··················· 284
    16.8.10 傅里叶变换在影像中的应用 ··················· 285
  16.9 栅格影像分类 ··················· 288
    16.9.1 监督分类 ··················· 288
    16.9.2 非监督分类 ··················· 289
    16.9.3 混合像元分解 ··················· 291
    16.9.4 栅格影像分类后的处理 ··················· 291
  习题 16 ··················· 295

## 第17章 瓦片的处理 · 297

### 17.1 瓦片裁剪 · 297
#### 17.1.1 配置裁剪信息 · 297
#### 17.1.2 配置图层信息 · 298
#### 17.1.3 配置瓦片输出 · 299
### 17.2 瓦片浏览 · 300
### 17.3 瓦片更新 · 301
#### 17.3.1 利用矢量地图直接对瓦片地图进行更新 · 301
#### 17.3.2 利用新瓦片地图对旧瓦片地图进行更新 · 303
### 17.4 瓦片升级 · 304
### 17.5 瓦片合并 · 304
### 习题 17 · 304

# 第5部分 空间分析

## 第18章 地图空间分析与查询 · 307

### 18.1 叠加分析 · 307
#### 18.1.1 求并运算 · 308
#### 18.1.2 相交运算 · 309
#### 18.1.3 相减运算 · 311
#### 18.1.4 判别运算 · 312
#### 18.1.5 更新运算 · 313
#### 18.1.6 对称差运算 · 314
### 18.2 缓冲分析 · 314
#### 18.2.1 基于点图层的缓冲区 · 316
#### 18.2.2 基于线图层的缓冲区 · 316
#### 18.2.3 基于区图层多边形边界的缓冲区 · 316
### 18.3 空间查询 · 317
### 18.4 地图裁剪 · 318
#### 18.4.1 矢量裁剪 · 318
#### 18.4.2 栅格裁剪 · 321
### 习题 18 · 324

## 第19章 网络分析 · 325

### 19.1 网络创建 · 325
#### 19.1.1 建网原理 · 325
#### 19.1.2 建网操作 · 329
### 19.2 网络分析 · 335
#### 19.2.1 网络分析设置 · 336

|       | 19.2.2 | 查找路径 | 337 |
|---|---|---|---|
|       | 19.2.3 | 查找连通元素 | 339 |
|       | 19.2.4 | 查找非连通元素 | 340 |
|       | 19.2.5 | 查找环路 | 340 |
|       | 19.2.6 | 追踪分析 | 341 |

19.3 网络分析应用 344
    19.3.1 查找最近设施 344
    19.3.2 查询服务范围 346
    19.3.3 最佳路径 348
    19.3.4 定位分配 349
    19.3.5 多车送货 350

习题 19 352

# 第 6 部分　数字高程模型

## 第 20 章　创建地形数据 355

20.1 高程点和高程线的三角化 356
20.2 高程点和高程线的栅格化 357
20.3 特征点和特征线的编辑 358
20.4 离散数据网络化 359
20.5 函数生成规则网 360
20.6 地形数据转换 360
    20.6.1 TIN 转换 360
    20.6.2 TIN 简单要素类转点简单要素类 362
    20.6.3 点简单要素类转 TIN 简单要素类 362
    20.6.4 TIN 三角网转栅格数据集 DEM 363
    20.6.5 矢量转栅格 363
    20.6.6 栅格转矢量 364
20.7 地形数据查询分析 365
    20.7.1 频率统计 365
    20.7.2 多层叠加统计 366
    20.7.3 像元累积计算 366
    20.7.4 像元邻域统计 367
    20.7.5 像元聚集统计 368
    20.7.6 区域几何统计 368
    20.7.7 像元分类统计 369
    20.7.8 栅格分类输出 370
    20.7.9 栅格数据比较 371
20.8 地形图件制作 371

- 20.8.1 地形因子分析 ································································································· 371
   - 20.8.2 山脊线提取 ····································································································· 372
   - 20.8.3 剖面分析 ········································································································· 373
   - 20.8.4 平面等值线绘制 ······························································································· 375
   - 20.8.5 等高线综合 ····································································································· 376
   - 20.8.6 日照晕渲图 ····································································································· 376
 - 习题 20 ································································································································· 377

# 第 7 部分　三维 GIS

## 第 21 章　三维地形显示 ································································································· 381
- 21.1 地表贴图显示 ······························································································· 381
- 21.2 裙边显示 ······································································································· 383
- 习题 21 ································································································································· 383

## 第 22 章　三维建模与显示 ································································································· 385
- 22.1 三维模型的创建与修改 ······················································································· 385
  - 22.1.1 矢量区建模 ····································································································· 385
  - 22.1.2 矢量线建模 ····································································································· 387
- 22.2 三维模型数据的导入 ··························································································· 390
  - 22.2.1 倾斜摄影测量数据的导入 ··············································································· 391
  - 22.2.2 BIM 模型数据的导入 ····················································································· 391
  - 22.2.3 点云模型数据的导入 ······················································································ 393
- 22.3 三维场景的特效 ··································································································· 394
  - 22.3.1 粒子特效 ········································································································· 394
  - 22.3.2 水面特效 ········································································································· 394
- 22.4 三维场景的设置 ··································································································· 395
  - 22.4.1 环境光 ············································································································· 395
  - 22.4.2 相机管理 ········································································································· 395
  - 22.4.3 天空 ················································································································· 396
  - 22.4.4 雾效 ················································································································· 396
  - 22.4.5 交互与显示 ····································································································· 396
- 22.5 三维模型数据的缓存 ··························································································· 397
  - 22.5.1 生成模型缓存 ································································································· 397
  - 22.5.2 生成地形缓存 ································································································· 398
  - 22.5.3 生成 M3D 缓存 ······························································································ 399
- 习题 22 ································································································································· 400

## 第 23 章　三维模型分析 ································································································· 401
- 23.1 洪水淹没分析 ······································································································· 401

| 23.2 | 坡度分析 | 402 |
| 23.3 | 坡向分析 | 402 |
| 23.4 | 填挖方计算 | 402 |
| 23.5 | 单点查询 | 403 |
| 23.6 | 通视性分析 | 404 |
| 23.7 | 可视域分析 | 404 |
| 23.8 | 地形剖切 | 404 |
| 23.9 | 路径漫游 | 405 |
| 23.10 | 轨迹点展示 | 406 |
| 23.11 | 天际线分析 | 407 |
| 23.12 | 阴影率分析 | 408 |
| 23.13 | 场景投放 | 409 |
| 习题 23 | | 410 |

# 第 8 部分　GIS 数据的输出

## 第 24 章　地图排版 ... 413

| 24.1 | 版面元素的添加与编辑 | 413 |
| | 24.1.1　指北针 | 413 |
| | 24.1.2　比例尺 | 415 |
| | 24.1.3　图例 | 417 |
| | 24.1.4　统计图 | 421 |
| | 24.1.5　图片 | 425 |
| | 24.1.6　表格 | 426 |
| | 24.1.7　文本 | 426 |
| 24.2 | 按照指定的比例尺排版 | 427 |
| 24.3 | 按照指定的版面排版 | 429 |
| 习题 24 | | 429 |

## 第 25 章　地图输出 ... 431

| 25.1 | 栅格文件的输出 | 431 |
| | 25.1.1　输出 TIF、JPG 文件 | 431 |
| | 25.1.2　输出 PS（EPS）文件 | 431 |
| 25.2 | Windows 打印方式 | 432 |
| 25.3 | 大幅面地图光栅打印 | 433 |
| 25.4 | 地图快速打印 | 433 |
| 习题 25 | | 434 |

# 第9部分　地图综合

## 第26章　图元处理与地图综合 ... 437

### 26.1　图元化简 ... 437
- 26.1.1　不规则多边形化简 ... 437
- 26.1.2　建筑物多边形化简 ... 438
- 26.1.3　曲线化简 ... 439
- 26.1.4　曲线光滑 ... 439
- 26.1.5　坐标压缩 ... 439
- 26.1.6　等高线化简 ... 440
- 26.1.7　等高线水系关系检查 ... 440

### 26.2　图元概括 ... 441
- 26.2.1　建筑物变小板房 ... 441
- 26.2.2　共享边界咬合 ... 442
- 26.2.3　多边形毗邻 ... 443
- 26.2.4　建筑物多边形合并 ... 444
- 26.2.5　不规则多边形合并 ... 444
- 26.2.6　碎部合并 ... 445
- 26.2.7　高程点选取 ... 445

### 26.3　图元降维 ... 446
- 26.3.1　线转点 ... 446
- 26.3.2　面转点 ... 447
- 26.3.3　提取中轴线（保留面图元）... 447
- 26.3.4　提取中轴线（删除面图元）... 448

### 26.4　全自动综合 ... 448
- 26.4.1　多边形自动综合 ... 448
- 26.4.2　自动生成中轴线 ... 449
- 26.4.3　自动生成街区道路中心线 ... 450
- 26.4.4　自动生成线状道路中心线 ... 451
- 26.4.5　居民地自动选取 ... 451
- 26.4.6　居民地多边形化简 ... 452
- 26.4.7　根据区属性条件合并 ... 452
- 26.4.8　自动碎部合并 ... 453
- 26.4.9　等高线自动综合 ... 453
- 26.4.10　水系自动化简 ... 454

### 26.5　综合协调处理 ... 455
- 26.5.1　等高线提取谷底点、山脊点（交互）... 455
- 26.5.2　等高线提取谷底点、山脊点（全图）... 455

    26.5.3 线弧段串接 ·············································································· 456
    26.5.4 区弧段串接 ·············································································· 457
  26.6 综合辅助工具 ······················································································ 457
    26.6.1 综合目标图比例尺 ·································································· 457
    26.6.2 原始资料图比例尺 ·································································· 457
    26.6.3 多边形小间距探测距离 ··························································· 458
    26.6.4 多边形瓶颈探测距离 ······························································ 458
    26.6.5 曲线小弯曲探测弯曲深度 ······················································ 459
  26.7 综合质量评价 ······················································································ 459
  习题 26 ············································································································ 460
**附录 A 实践内容** ································································································ 461

# 第 1 部分

# 初识地理信息系统

欢迎使用 MapGIS 10.3!

MapGIS 10.3 发布于 2018 年 7 月 27 日。MapGIS 10.3 是全空间智能 GIS 平台，是在 MapGIS 10.2 发布时隔两年后的又一具有里程碑意义的产品。全空间智能 GIS 平台融合了大数据、物联网、云计算、人工智能等先进技术，将全空间的理念、大数据的洞察、人工智能的感知通过 GIS 语言形象地转化为能够轻松理解的表达方式，实现了超大规模地理数据的存储、管理、高效集成和分析挖掘，在地理空间信息领域为各行业及其应用提供更强的技术支撑。

MapGIS 10.3 是一款插件式 GIS 应用与开发的平台软件，具有二三维一体化的数据生产、管理、编辑、制图和分析功能，各类数据和资源均可共享到云端，支持插件式和 Objects 开发，可快速定制各种应用系统。

# 第1章
# 地理信息系统概述

## 1.1 地理信息系统的定义和发展历程

### 1.1.1 地理信息系统的定义

地理信息系统（GIS）有许多定义。不同应用领域、不同专业的人士，对 GIS 的理解是不一样的。有人认为 GIS 是管理和分析空间数据的计算机系统，在计算机软硬件的支持下对空间数据按地理坐标或空间位置进行各种处理，完成数据输入、存储、处理、管理、分析、输出等功能，对数据进行有效的管理，研究各种空间实体及其相互关系，通过对多因素信息的综合分析来快速地获取满足应用需要的信息，并能以图形、数据、文字等形式表示处理结果。有人则认为 GIS 是一种特定而又十分重要的空间信息系统，它是采集、存储、管理、分析和描述整个或部分地球（包括大气层在内）空间与地理分布有关的数据的空间信息系统。还有人认为 GIS 就是数字制图技术和数据库技术的结合。人们按研究专业领域给 GIS 赋予了不同的名称，如地籍信息系统、土地信息系统、环保信息系统、管网信息系统和资源信息系统等。英国教育部（DOE）在 1987 年对 GIS 下的定义是：GIS 是一种获取、存储、检查、操作、分析和显示地球空间数据的计算机系统。美国国家地理信息与分析中心（NCGIA）在 1988 年对 GIS 下的定义是：GIS 是为了获取、存储、检索、分析和显示空间定位数据而建立的计算机化的数据库管理系统。应该说，上述定义都比较科学地阐明了 GIS 的对象、功能和特点。实际上，地理信息系统是在计算机软硬件支持下，以采集、存储、管理、检索、分析和描述空间物体的定位分布及与之相关的属性数据，并以回答用户问题等为主要任务的计算机系统。

### 1.1.2 地理信息系统的发展历程

**1. GIS 在国外的发展**

地理信息系统起源于北美，是在 20 世纪 60 年代逐渐发展起来的一门新兴技术。GIS 在国外的发展，可分为以下几个阶段：

1）起步阶段

20世纪60年代初，计算机在普及应用以后，很快就被应用于空间数据的存储和处理。将原有的地图转换为能被计算机识别的数字形式，并利用计算机对地图信息进行存储和处理，这就是GIS的早期雏形。世界上第一个GIS是1963年由加拿大测量学家罗杰·汤姆林森（R. F. Tomlinson）提出并建立的，称为加拿大地理信息系统（CGIS），主要用于自然资源的管理和规划。稍后美国哈佛大学研究生部主任霍华德·费舍尔（Howard T. Fisher）设计和建立了SYMAP系统软件。由于当时计算机技术水平的限制，使得GIS带有更多的机助制图色彩。这一阶段很多GIS研究组织和机构纷纷成立，如美国于1966年成立了城市和区域信息系统协会（URISA），国际地理联合会（IGU）于1968年设立了地理数据收集委员会（CGDSP），这些组织和机构的建立对传播GIS知识和发展GIS技术起到了重要的作用。

2）发展阶段

20世纪70年代，由于计算机软硬件技术的飞速发展，尤其是大容量存储设备的使用，促进了GIS朝实用的方向发展，不同专题、不同规模、不同类型的各具特色的地理信息系统在世界各地纷纷研制出来，美国、加拿大、英国、德国、瑞典和日本等国对GIS的研究均投入了大量的人力、物力、财力。从1970年到1976年，美国地质调查局开发了50多个地理信息系统，用于获取和处理地质、地理、地形、水资源等信息。日本国土地理院于1974年开始建立数字国土信息系统，存储、处理和检索测量数据、航空相片、行政区划、土地利用、地形地质等信息。瑞典在中央、区域和城市三级建立了许多信息系统，如土地测量信息系统、斯德哥尔摩地理信息系统、城市规划信息系统等。这一阶段的GIS受到政府、商业和学校的普遍重视，一些商业公司开始活跃起来，软件在市场上受到欢迎，据统计有300多个地理信息系统投入使用，许多大学和机构开始重视GIS软件设计及应用研究，如纽约州立大学布法罗校区创建了GIS实验室，1988年发展成包括加利福尼亚大学和缅因州立大学在内的由美国国家科学基金会支持的国家地理信息和分析中心。

3）应用阶段

20世纪80年代，由于计算机的迅速发展，GIS逐步走向成熟，并在全世界范围内全面推广应用，应用领域不断扩大，GIS与卫星遥感技术结合，开始用于解决全球性的问题，如全球变化、全球监测、全球沙漠化、全球可居住区评价、厄尔尼诺现象、酸雨、核扩散及核废料等。美国地质调查局应用地理信息系统对美国三里岛核泄漏事件在24小时内就做出了反应，并迅速地对核扩散进行了影响评价。80年代是GIS发展具有突破性的年代，仅1989年市场上有报价的GIS软件就达70多个，并涌现出一些有代表性的GIS软件，如ARC/INFO、GenaMap、SPANS、MapInfo、ERDAS、MicroStation、SICAD、IGDS/MRS等。其中，ARC/INFO已经越来越多地为世界各国地质调查部门所采用，并在区域地质调查、区域矿产资源与环境评价、矿产资源与矿权管理中发挥着越来越重要的作用。

4）普及阶段

20世纪90年代至今，随着地理信息产品的建立和数字化信息产品在全世界的普及，GIS已成为确定性的产业，投入使用的GIS系统每2~3年就会翻一番，GIS市场的年增长率为35%以上，从事GIS的厂商已超过1000家。GIS已渗透到各行各业，涉及千家万户，成为人们生产、生活、学习和工作中不可缺少的工具与助手。目前，随着计算机软硬件技术、数据库技术、网络技术、多媒体技术等的迅速发展，GIS 的应用领域也进一步扩大。GIS 与虚拟环境技术相结合的虚拟 GIS，GIS 与 Internet 相结合的 WebGIS，GIS 与专家系统、神经网络技术相结合的智能 GIS，在网络支持下及分布式环境下实现跨地域的空间数据和地理信息处理资源的共享的开放式 GIS，都得到了长足的发展，并将广泛应用在云计算、物联网、下一代互联网、泛在网、智能芯片等领域。另外，GIS 与各种应用模型（如环境模型、降雨模型）的结合，GIS 与 GPS（Global Positioning System，全球定位系统）、RS（Remote Sensing，遥感）的进一步集成，并行处理技术在 GIS 中的应用等都有了一定的发展。作为信息化社会的基础设施之一，GIS 已经成为许多机构日常工作中必不可少的工具之一，必将融入人类社会的各个方面，包括社区服务、车辆服务、手机位置服务、社交、娱乐、健康、医疗、教育等，大众化 GIS 已成为必然趋势。

**2．GIS 在我国的发展（以 MapGIS 为例）**

地理信息系统的研究与应用在我国的起步较晚，虽然历史较短，但发展势头迅猛。GIS 在我国的发展可分为以下四个阶段。

1）准备阶段

20 世纪 70 年代初期，我国开始尝试将计算机应用于地图绘图和遥感领域。1972 年，我国开始研制绘图自动化工具；1974 年引进美国地球资源卫星图像并开展了卫星图像的处理和分析工作；1976 年召开了第一次遥感技术规划会议，并开展了部分遥感实验；1977 年开展了对数字地形模型基本数据的特征参数及其提取的试验，与此同时，我国第一张由计算机输出的全要素图诞生；1978 年召开了第一次数据库学术讨论会。这个时期开展的学术探讨和试验研究为我国 GIS 研究和开发积累了一定的经验，奠定了技术基础。

2）起步阶段

20 世纪 80 年代初期，随着计算机技术的发展，GIS 在我国全面进入试验阶段。1981 年，在渡口滩进行的遥感和 GIS 典型实验，研究了多源数据采集的方法；成都计算机应用研究所围绕区域数据模型的建立，开展了大量的实验；与此同时，国内许多研究机构也开展了部分专题实验，设计了一些通用的软件；在人才培养和机构建设方面，1985 年建立了我国第一个资源与环境系统实验室，1987 年在北京举行了国际地理信息系统学术讨论会，同时，相关高校也开设了 GIS 课程。这为我国的 GIS 发展奠定了良好的应用基础。

3）发展阶段

20 世纪 80 年代中期到 90 年代中期，我国 GIS 的研究和应用进入有组织、有计划、有目标的发展阶段，逐步建立了不同层次、不同规模的组织机构、研究中心和实验室。中国科学院于 1985 年开始筹建国家资源与环境系统实验室，是一个新型的开放性研究实验室。1994 年中国地理信息系统协会在北京成立。GIS 的研究逐步与国民经济建设和社会生活需求相结合，并取得了重要的进展和实际的应用效益，主要表现在以下 4 个方面：

（1）制定了国家地理信息系统规范，解决信息共享和系统兼容问题，为全国地理信息系统的建立做准备。

（2）应用型 GIS 发展迅速。

（3）在引进的基础上扩充和研制了一批软件。1991 年，中国第一套彩色地图编辑出版系统 MapCAD 研制成功，结束了我国千百年来传统手工制图的历史。

（4）开始出版有关地理信息系统理论技术和应用等方面的著作，并积极开展国际合作，参与全球性地理信息系统的讨论和实验。1992 年 10 月联合国经济发展部（UNDESD）在北京召开了城市 GIS 学术讨论会，对指导、协调和推动我国 GIS 的发展起到了重要的作用。

4）推广阶段

20 世纪 90 年代中期至今，我国 GIS 技术在技术研究、成果应用、人才培养、软件开发等方面进展迅速，并力图将 GIS 从初步发展时期的研究实验、局部应用推向实用化、集成化、工程化阶段，为国民经济发展提供辅助分析和决策依据。GIS 行业的国产软件也发展迅速，技术得到了飞升，其中以武汉中地数码科技有限公司的 MapGIS 软件为杰出代表。1995 年具有自主知识产权的 MapGIS 系列打破了国外 GIS 软件一统天下的局面。2009 年问世的 MapGIS K9 是一款全球领先的高度共享集成开发平台，开创了 GIS 的新纪元，与国外的 GIS 软件并驾齐驱。2012 年，武汉中地数码科技有限公司研发出的 MapGIS IGSS，开创了地理信息共享服务新局面。2013 年 MapGIS IGSS 3D 提供涵盖空中、地上、地表、地下的一系列全空间真三维可视化、建模、分析应用服务，2014 年，全球首款具备云特征的 GIS 软件平台 MapGIS 10 惊艳亮相。2016 年，全面支持大数据、云计算技术的新一代 MapGIS 全品类产品 MapGIS 10.2 发布，它不只是进步，更是国产 GIS 软件的超越！2018 年，融合了大数据、物联网、云计算、人工智能等先进技术的全空间智能 GIS 平台 MapGIS 10.3 全新发布。GIS 在研究和应用过程中走向产业化，成为国民经济建设普遍使用的工具，并在各行各业发挥重大作用。另外，从应用方面看，GIS 在资源开发、环境保护、城市规划建设、土地管理、交通、能源、通信、地图测绘、林业、房地产开发、自然灾害的监测与评估、金融、保险、石油与天然气、军事、犯罪分析、运输与导航、110 报警系统、公共汽车调度等方面都得到了具体应用。近年来，GIS 通过网络的形式不断影响人们的生活。互联网地图、手机地图等所提供的 GIS 服务，为人们的日常生活带来了极大的方便。未来，GIS 将逐步渗透到各行各业，无时无刻不影响着人们的生活。

## 1.2 地理信息系统的新特性

### 1.2.1 全新的 T-C-V 架构

T-C-V（Terminal-Cloud-Virtual）架构是 MapGIS 提出的面向云服务的 GIS 应用模型，如图 1-1 所示，其目的是基于云的三层架构构建适合空间信息产品的云 GIS 平台。T-C-V 架构采用端-云-虚三层结构，分别为终端应用层（T 层）、云计算层（C 层）、虚拟设备层（V 层）。

终端应用层（T 层）：面向政府、企业和公众等云 GIS 服务的消费者，以各种终端设备（如 PC、智能手机、平板电脑、手持设备、各类监控设备等）为载体，借助在其上运行的具有行业特色的各类应用系统，获取云端的服务资源，实现特定的业务功能。T 层支持多种 Web 浏览器（如 IE、Firefox 等），以及各种 Web 应用程序的访问或嵌入，同时支持桌面应用和嵌入式移动设备的开发。通过该层与 C 层进行交互，可实现个人或自由组合小团队进行自由开发，打造面向政府、企业、大众的各种公有云及私有云应用。

云计算层（C 层）：该层是云 GIS 平台（I²GSS），根据 T 层的需求，实现高效的数据管理显示、分析计算等功能。C 层采用悬浮式柔性架构，从而使云计算的典型特征（如纵生、重构、迁移、聚合等）成为可能。C 层上部署的是 GIS 元素集，是为广大用户或应用开发商提供的云服务总和。一方面，基础平台厂商在 C 层提供了基础功能元素；另一方面，广大用户或应用开发商在 C 层提供了可组成各行各业应用的小至微内核群、大至组件插件的各种粒度的功能元素，这样 C 层才能渐渐形成并不断发展壮大。在虚拟设备层（V 层）的基础上，C 层的功能服务和 V 层的数据服务、设备服务彻底分离，这两个层之间以标准的服务接口连接，使云计算成为可能。

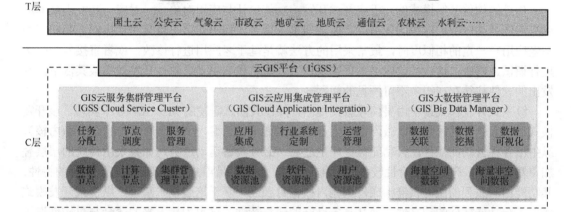

图 1-1　T-C-V 架构

虚拟设备层（V 层）：该层基于虚拟化技术，将计算机、存储器、数据库、网络设施等软硬件设备组织起来，虚拟化成了一个个逻辑资源池，对上层（C 层）提供虚拟化服务。各类空间和非空间数据，包括卫星影像数据、矢量地图数据、三维模型数据、增值服务数据，以及存储在 MySQL、Oracle、Sybase 等不同类型数据库的网络数据，在逻辑上构成了一个数据资源池，并通过空间数据库引擎技术（SDE）与中间件技术，实现了海量、多源、异构数据的一体化管理。V 层是支持云计算、云服务的基础，使得用户可以在任意位置使用各种终端获取服务，就像"我们开启开关电灯就亮，拧开水龙头水就流，但我们不知道用的是哪个电厂发的电，哪家水厂提供的水"一样。目前 V 层是各大计算机设备厂商的开发重点，相关技术已较为成熟，如虚拟存储、虚拟设备、虚拟计算机、虚拟客户管理系统等。

云 GIS 平台可分为三个部分，分别为 GIS 云服务集群管理平台、GIS 云应用集成管理平台和 GIS 大数据管理平台。

（1）GIS 云服务集群管理平台：对 GIS 计算服务资源进行集群化管理，通过分布式的调度管理模式，实现高性能高并发的云 GIS 服务。

（2）GIS 云应用集成管理平台：对 GIS 的应用资源、数据资源、用户资源进行集中式管理，通过自动化的部署、运维和管理，实现 GIS 云应用资源的高效使用。

（3）GIS 大数据管理平台：对海量的空间数据、非空间数据进行存储、管理，通过数据关联、数据挖掘、数据可视化来挖掘大数据的价值。

### 1.2.2 全生态开发体系

MapGIS 全面适配司马云（Smaryun）的生态体系，通过全新的纵生式开发模式，以应用开发为支点，撬动从"需求→生产→交易→服务→应用"的整个产业链，使得软件全生命周期实现云化协同开发。

#### 1. 纵生式开发模式概述

传统的软件开发模式偏向于定制式开发，功能设计与应用对象一一对应。开发出来的应用只为满足某一特定对象的使用，功能之间紧密耦合，代码冗余，可复用性极低。当新应用与老应用有一定的相似度时，最常采用的方法就是基于老应用进行修改，或者直接复制代码进行调试、修改，这会导致应用工程越来越大、Bug 越来越多、软件开发效率极其低下，开发出的软件往往存在很多不可预见的问题。

纵生式开发模式最早由吴信才教授提出，并在其团队研发的 MapGIS 10 中实现，该开发模式基于云计算的思想，以微内核作为基础（如制图、三维、可视化等不同的 GIS 微内核），纵生出各种云功能插件。云功能插件产生之后，必须具备运动趋势，如果采用传统的层层叠加奠基式模式，产品的耦合性较强，不利于悬浮、飘移。悬浮式柔性架构具有松耦合的特性，其功能由一系列的微内核群构成，这些内核相对独立。基于这些技术基础，纵生式开发模式保证了云功能插件的独立性，使其具备良好的迁移特性，这也为接下来的聚合与重构创造了条件。

在云功能插件的独立性支持之下，云功能插件之间实现了自由聚合，可以将多个云功能插件聚合在一起构成一个功能模块，也可将某些云功能插件作为资源被调用，无须再因小改动而牵一发而动全身。例如，在基于半径缓冲区分析算法进行商业选址时，需要了解缓冲区内包括多少家企业、多少家世界 500 强企业，这就涉及缓冲区分析、查询、过滤三种功能。用户可以以"按需服务、动态聚合"的理念，从"服务超市"中获取这三种功能，并用工作流的方式搭建起来，实现新功能，实现服务的"即需即取"。

#### 2. 纵生式开发模式的实现

基于 MapGIS 10 首创的 T-C-V 架构，MapGIS 为云端用户研制了 MapGIS 云中心，实现了 GIS 的纵生式开发模式。MapGIS 云中心包括云需求发布中心（也称为云需求中心、需求中心）、云开发中心、云交易中心、云测试管理中心，如图 1-2 所示，覆盖需求、开发、交易、管理等的软件全生命周期。

1) 云需求发布中心

令许多 GIS 用户非常苦恼的一个问题是"有需求，

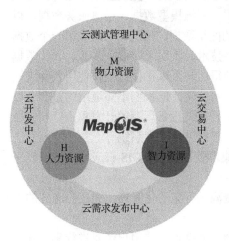

图 1-2 MapGIS 云中心

但不会开发",此时就面临着需要寻找合适研发团队的问题。对于大型项目的需求,可通过公开招标的形式来吸引开发者。至于吸引来的开发者的水平如何,是否能在预定的时间内完成软件开发,并保证软件产品能达到预期,这些并不一定能得到保证,用户需要承担软件开发的风险。另外,传统的定制开发必定带来高额的定制性项目开发费用。而对于小型需求用户,要找到一个"物美价廉"的开发者则更加困难。是否有这样一个平台,能帮助用户解决这些问题呢?云需求发布中心应运而生。

云需求发布中心为用户提供了一个在线的需求发布、需求响应、需求讨论、进度跟踪、需求查询等功能的平台。用户可通过云需求发布中心发布自己的需求,全球感兴趣的开发者都可以响应需求、开发需求。开发者还能带来额外收益,可将满足需求的应用上传到云交易中心成为在线商品,由云交易中心负责商品的在线交易管理。这些在线商品,可供全球用户购买和使用。

云需求发布中心为用户与开发者搭建了一个直达通道与快速响应机制,用户可以快速发布需求、获取响应,开发者可以快速获取需求、发送响应。

2)云开发中心

软件开发是软件全生命周期中非常重要的环节,主要由开发者来完成。对于开发者而言,主要关心是否能快捷地获取资源、是否有稳定的 GIS 开发环境支撑、是否能快速地获取开发支持。同时,开发的功能模块或代码具有高度的复用性、良好的通用性,能非常方便地实现资源的迁移、聚合、重构,能尽量缩短项目周期,降低开发成本,取得更大的利润。这就是云 GIS 环境下,开发者对云开发中心提出的新要求。

云开发中心为广大开发者提供了大量云服务资源,包括在线资源、在线帮助、在线体验等多种在线服务,世界各地的任何个人、团体都可在云开发中心中注册成为一名开发者用户,获取云需求发布中心发布的需求。基于云开发中心提供的各种云服务资源,开发者可"按需获取"这些云服务,在"我的工作室""我的工作台"上一键下载、智能安装开发环境,利用 MapGIS 提供的开发框架、云功能插件以及多款现成的开发模板,开发出符合需求的 GIS 应用。同时,用户也可以完全自定义纵生新的功能。开发成功后的工具或应用通过审核后可上架到云交易中心,作为商品进行买卖,供全球各地的用户购买和使用。

3)云交易中心

云的一个重要特点就是允许用户通过在线租赁的方式获取资源,而无须关心资源的提供者或资源存储的具体位置。云环境下商品的交易主要在线上完成,不受行政边界、区域、地域的限制,只要有互联网就能获取资源。基于这一特色的云交易模式,为了更好地管理商品、产生更大的价值,MapGIS 推出了云交易中心,专门用于管理云端资源。

云交易中心主要用于管理商品,不仅包括 MapGIS 提供的基础商品,如桌面工具、Web 应用、移动产品等,涉及基础 GIS、水利、地灾、国土、公安、市政、地质、地矿等多个行业;还包括用户的商品,这些商品由用户自定义开发,开发的商品通过审核后,即可上传到云交易中心供给全球用户购买和使用。

云交易中心是主要面向终端用户产品购买和面向第三方开发者产品推广的云服务平台,提供在线选配、产品免费体验、线上购买、在线/离线安装、产品自动更新等功能,能够在线完成商品的迁移、聚合、重构等操作,提供一键安装功能,为用户开发的产品提供推广运维服务。

云交易中心提供在线注册功能，任何个人或团体都可以注册成为云交易中心的用户，具有产品试用、购买、安装、体验等权利。对于开发者用户，同时拥有管理自己上传商品和购买的商品的权限。

云交易中心的商品包含不可定制的工具类商品和可定制的商品两类。不可定制的工具类商品在用户付费后即可使用。对于可定制的商品，用户下载后，可直接使用该商品，还可基于该商品进行二次开发来产生新的商品，新商品也可作为资源上传到云交易中心，供全球用户购买和使用。云交易中心实际上是云端资源中心，包括所有的应用，这些应用可以是 GIS 的，也可以是非 GIS 的；既包含 MapGIS 的资源，也包含全球用户的资源，是共享全球资源的平台。

4）云测试管理中心

云测试管理中心是面向产品审核员进行测试、跟踪及质量管理的平台，保证所有在线商品都是符合标准的，保证所有在线商品以及交易都是安全的，最终保证所有用户的正当利益。

MapGIS 提供的云需求发布中心、云开发中心、云交易中心、云测试管理中心共同打造了 GIS 的全新产业生态链。升级为开发者的用户可以在云开发中心上传自己的产品，通过云测试管理中心的审核后该产品将在云交易中心发布。云开发中心是 GIS 开发者开发产品的工作区，是面向全球用户展现、推广自己的产品的舞台，是 GIS 开发者同全世界开发者交流的窗口。四大中心覆盖了包括需求、开发、交易、管理在内的软件全生命周期，彻底打破了现有的 GIS 开发及应用模式，在全球范围内实现了人力、智力、物力等资源的共享，对全新的 GIS 软件生产模式做出了有益的探索。

MapGIS 云中心生产模式如图 1-3 所示。

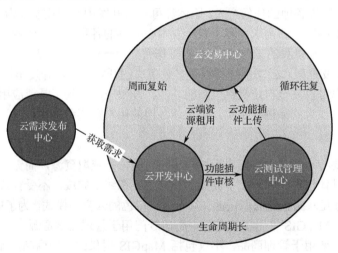

图 1-3　MapGIS 云中心生产模式

### 3. 纵生式开发模式的特点

纵生式开发模式具有如下特点：

（1）异步开发。纵生式开发模式使得 GIS 云服务具备松耦合性、可移动性，保证了云功能插件的独立性，云功能插件可按需获取并应用到具有相同规范的开发框架中，完全实现即插即用，云功能插件之间的聚合、迁移、扩展无依赖关系，实现了异步开发。

(2) 无"形界"纵生。纵生式开发模式打破了有形的组织机构、时间空间条件的限制，让 GIS 开发者可以在互联网上自由组合团队开发。这与传统的云 GIS 服务只能提供固态的单个软件和服务或通过交互反馈支持开发有着本质的区别。

(3) 可迁移。纵生式开发模式采用悬浮式柔性架构，其功能由一系列的微内核群构成，这些内核相对独立，实现了功能与数据的分离，保证了云功能插件的独立性及可迁移性。

(4) 可聚合。采用纵生式开发模式，可将多个云功能插件聚合在一起构成一个功能模块。在研发云功能插件时，也可将某些云功能插件作为资源来调用。云功能插件都遵循一定的标准规范，保证云功能插件之间具有良好的聚合性。

(5) 可重构。对于可定制的云功能插件，为用户开放源码，允许用户基于该云功能插件的源码或其提供的 SDK 修改或扩展功能，产生新的云功能插件。若要保证原有云功能插件能继续使用新的云功能插件资源，可基于原有云功能插件添加自定义功能即可，保证新添加的功能具有相同的标准规范，这样就能在扩展资源的同时，保证资源的共享性与复用性。

### 1.2.3 多维全空间

MapGIS 打通了与地理信息紧密结合的遥感、无人机、点云、倾斜摄影、BIM、VR/AR 等技术环节，取得了 8 项技术创新，打造了从地下到地上、从室外空间到室内空间、从现实世界到虚拟场景、从静态空间数据到动态时空数据的多维全空间 GIS 产品。

**1. 高精度三维地质模型存储管理**

多版本、多尺度、高精度的三维地质模型的分布式存储和管理方案，支持海量结构模型和属性模型一体化关联存储，提供高可用、高并发、高性能的三维模型服务。

(1) 支持多版本模型关联与局部更新。

(2) 提供多精度（Level of Details，LOD）模型构建与管理。

(3) 支持多级自适应动态空间索引。

(4) 支持 OBJ、DAE、Geo3DML 等模型数据交换格式。

**2. 全空间模型快速构建之地学智能建模**

融合多源地学数据，通过自动和半自动化的快速建模技术，可构建复杂地学特征的三维模型，实现全流程一体化的地学模型构建。

(1) 支持多要素、多尺度、多参数的地学数据，可提供结构建模、属性建模、矢栅一体融合建模等多种智能建模方案。

(2) 基于地质规则和空间拓扑一致性约束，可实现含断层、透镜体、侵蚀、尖灭等复杂地学特征模型的快速构建。

(3) 基于精准高效的并行插值方法，可实现地球物理、地球化学、地质环境等领域的属性模型的快速构建。

(4) 基于地质结构约束和高精度网格剖分方法，可快速构建多分辨率、多参数矢栅一体模型。

**3. 全空间模型快速构建之城市空间的快速建模**

基于二维矢量数据或 CAD 数据，提供多样化的建模方法，可实现从地上、地表到地下空间的城市部件三维模型快速、批量、自动化、低成本构建。

（1）基于二维数据和建模规则，可融合逼真的三维符号，完成三维模型的批量构建，完美呈现精细的城市部件。

（2）支持不动产建筑、城市景观、基础设施、地下管网等城市部件的三维特征表达。

（3）丰富逼真的粒子特效，可实现城市自然现象的真实模拟。

### 4．GIS 与 BIM 的深度融合

将建筑信息模型（Building Information Modelling，BIM）融入 GIS 平台，在数据管理、可视化表达、空间分析等层面对 BIM 进行深度融合，可实现宏观地理环境与精细室内场景的一体化集成及综合应用。

（1）提供多种 BIM 数据导入方式，可实现 BIM 和地理空间场景的精准匹配及属性的无损集成。

（2）利用 GIS 丰富的数据优化手段和高效的调度能力，可实现 BIM 轻量化和高性能渲染。

（3）提供射线分析、动态剖切、过程模拟等功能，可辅助 BIM 全生命周期精细化管理，支撑城市规划、城市管理、城市公共安全等行业应用。

### 5．实时数据与地理空间的无缝集成

集成多种实时传感器数据，支持多终端多协议适配的实时数据动态接入、多类型实时数据汇聚和快速处理，可实现全空间场景从静态到动态的跨越。

（1）支持视频摄像头、手机信令、GPS/北斗卫星导航系统、RFID、SCADA 等多种传感器动态信息的快速接入。

（2）支撑动态目标的实时态势感知（追踪、分布、统计等）和历史数据分析、辅助决策。

（3）基于三维场景，实现实时数据的多样化表达，如视频投放、动态聚合和轨迹展示等。

### 6．复杂空间场景的多维感知与动态仿真

利用虚拟现实，实现地理环境的计算机仿真与沉浸式体验；利用增强现实技术，实现真实世界和虚拟空间信息的集成及实时交互，让 GIS 世界变得更加丰富绚丽。

（1）GIS+VR。支持 HTC Vive、Oculus Rift 等可穿戴式 VR 设备，用户的角色从观察者转变为参与者，可为用户带来身临其境的 GIS 体验，并实现交互式空间查询功能。

（2）GIS+AR。完美融合虚拟影像和现实世界，可实现景点导航、箭头指引、商铺识别等功能，展现富有创意的想象空间。

### 7．云端分布式 GPU 集群的场景渲染

基于云端分布式 GPU 集群环境，提供并行可视化与计算框架，对海量三维数据进行多节点任务划分与调度，实现大规模复杂三维场景的分布式渲染。

（1）优化的分布式 GPU 节点组织与调度策略，可大幅提升大规模三维场景数据的并行渲染效率。

（2）支持云端 GPU 节点的自适应与弹性扩展。

（3）数据渲染在云端完成，无传输等待，可实现快速渲染。

（4）具有轻量级的客户端，无须依赖任何三维引擎环境。

## 8. 全空间三维一体化分析

具备丰富的地上地下一体化的三维分析功能，可为城市规划与监管、地下空间利用与开发提供科学依据和辅助决策。

（1）通过天际线分析、阴影率分析、可视域分析等功能，可辅助城市规划与监管。

（2）提供地下空间适宜性评价、资源量估算、地面沉降监测与动态模拟等功能，可为地下空间开发及利用提供科学依据和安全保障。

（3）依靠透明地表、地面开挖、动态剖切、爆管分析等工具，可实现地上地下一体化的城市管理与智慧运行。

## 9. 轻量级三维场景数据交换格式

提供海量三维数据网络应用的数据交换格式 M3D（MapGIS 三维空间数据规范），对海量三维数据进行网格划分与分层组织，采用流式传输模式，可实现多端一体的高效解析和渲染。

（1）支持 LOD 模型，并按数据分布特征进行精细网格划分。

（2）无缝融合 WebGL，可全面支持无插件的三维客户端。

（3）桌面端、浏览器端、移动端的一体化应用。

### 1.2.4 地理大数据

#### 1. 地理大数据的分布式存储

MapGIS 基于混合数据库的地理大数据存储技术，集成 PostgreSQL、MongoDB、ElasticSearch 和 HDFS 等分布式数据库，可以存储和管理关系型数据、切片型数据、时空型数据以及非结构数据。

（1）实现空间数据和非空间数据的一体化存储与管理。

（2）内置向导界面，实现按需安装，提供便捷的维护机制。

（3）内置高可用和高性能方案，实现海量数据的高效存储。

（4）跨平台，支持 Windows、Linux、UNIX、AIX 等多种操作系统。

#### 2. 地理大数据的分布式计算

（1）基于 Spark 框架的矢量大数据计算技术。MapGIS 与 Spark 框架深度融合，提供海量矢量数据的分布式计算服务；支持 MapGIS SDE 和 MapGIS DataStore 多种数据源；实现与大数据计算框架的快速数据交互；提供点聚合、轨迹追踪、相似性分析、密度计算、热点分析、时空立方体、创建缓冲区、叠加分析等矢量大数据分析服务；支持亿万级矢量数据的分布式空间计算，显著提升计算速度；提供标准的 REST 服务，支持多终端调用。

（2）基于 Spark Streaming 的实时大数据计算技术。MapGIS 与 Spark Streaming 深度融合，提供实时大数据的接收、处理与分析服务；能够对接物联网中多种类型的传感器，高效接入实时数据；支持 HTTP、TCP、UDP、RSS、Web Socket、RTSP 等多种实时数据接入协议；提供数据汇聚、时空归一化、地理围栏等多种实时数据处理方法；支持实时大数据的动态聚合显示和高效的可视化表达。

（3）基于镶嵌数据集的影像大数据分析技术。MapGIS 基于镶嵌数据集，提供大规模影像的分布式存储、管理、分析与共享服务；支持不同格式、不同分辨率和不同空间参照系的海量影像数据统一管理；支持实时在线分析处理，如动态镶嵌、影像匀色和影像增强等；支持大规模影像数据的在线共享发布与应用。MapGIS 基于分布式数据库存储影像，有效提升大规模影像的管理能力。

（4）文本大数据分析与挖掘技术。MapGIS 通过本体特征与空间信息提取，建立空间数据与非空间数据的语义关联，提供多源数据的整合分析服务，实现文本大数据挖掘。MapGIS 基于分布式数据库的文本大数据存储与管理体系，快速存储地理大数据。MapGIS 基于动态词典，实现专业语义的分词方法。MapGIS 基于文本数据快速提取空间位置信息，实现文本空间化和语义关联，支持智能搜索和地理感知，提供分类、聚类、推荐等数据挖掘方法。

### 3．地理大数据的高性能服务

（1）高性能矢量地图服务技术。为了改变传统瓦片地图裁图时间长、更新难等问题，MapGIS 采用多级索引和动态渲染等技术，实现海量矢量数据不切片的实时发布与秒级浏览。MapGIS 能够以不切片的方式直接发布海量矢量数据，节省大量的裁图时间；可在高并发情况下进行秒级浏览，实现与瓦片数据相当的浏览速度；当数据发生变化时可在客户端即时更新，可实现数据变化信息的即时同步。

（2）高性能服务聚合技术。MapGIS 将不同主体提供的各种地图服务有机地结合在一起，为用户提供一种新的服务模式，从而满足用户对地图服务的一体化和泛在化需求。MapGIS 能够以标准化的流程实现不同来源、不同类型的异构服务在线聚合，提供并行调度机制和横向扩展能力，实现高性能的服务聚合，支持 OSM、OGC、ArcGIS、SuperMap、天地图、百度、腾讯、高德等多种第三方的地图服务。

### 4．地理大数据的可视化

1）大数据分级渲染技术

MapGIS 基于大数据实时分级计算，采用渐进式传输机制，通过可视域分级调度策略和异步绘制，可实现大规模海量数据的高性能客户端表达。

（1）根据大数据的可视化调度请求，在服务器端实时计算，无须提前裁图。

（2）提供主次分明的绘制策略，突出重点、适当取舍，可更好地展示大数据信息。

（3）采用渐进式传输机制，可缓解用户等待的时间。

（4）客户端基于 WebGL，可实现大数据量的高效渲染。分级渲染效果如图 1-4 所示。

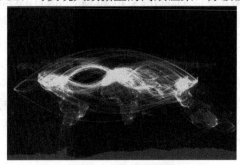

图 1-4　分级渲染效果

2）大数据多样式表达技术

MapGIS 集成 OpenLayers、Leaflet、MapBoxGL、MapV、EchartGL 和 D3 等多种可视化引擎，可提供多样化的表达方式，支持炫酷、动态和直观的可视化展示效果。

（1）提供热力图、散点图、聚类图、密度图、蜂窝图和时空立方体等多种可视化表达方式。

（2）支持轨迹跟踪、轨迹渲染和动态聚类等实时表达效果。

（3）基于 SVG 实现大数据专题图的无损缩放和动态交互。

3）矢量、瓦片数据渲染技术

MapGIS 基于矢量数据金字塔切图技术，采用高效的传输策略，充分利用客户端的渲染能力，可实现矢量大数据的实时渲染。

（1）快速生产矢量、瓦片数据，有效提高数据生产效率，数据更新快。

（2）存储空间小、传输速度快，支持高分辨率显示。

（3）支持客户端在线自定义地图的符号和样式。

### 1.2.5 智能 GIS

**1. 地理实体提取和变化检测**

MapGIS 基于深度学习技术，融合 ResNet、Faster-RCNN、Deeplab、FCN 等多种神经网络图像分割算法，可实现多种地理实体的高精度提取和变化检测。

（1）基于改进的深度残差网络模型，结合导向滤波器，可显著提高提取精度。

（2）支持基于遥感影像的房屋、水体、植被、道路等多类地物的高精度识别和变化检测。

（3）支持基于图像的地质体岩石岩性的识别与分类。

变化检测结果（新增建设用地）如图 1-5 所示。

图 1-5　变化检测结果（新增建设用地）

### 2. 众源地理空间数据质量评价

众源地理空间数据具有数据量大、现势性好、信息丰富、成本低等特点和优势，是重要的空间信息数据源。MapGIS 提供基于深度学习的多源数据质量评价功能，可解决众源地理空间数据存在的信息冗余、缺乏质量信息或质量信息不精确等问题，为多源数据应用提供可信度依据。

（1）采用非监督深度学习的方法来对多源数据进行质量评价，易泛化。
（2）以深度学习模型重构误差作为数据质量评价结果，可实现客观、定量化评价。
（3）评价因子灵活可调，可支持数据质量综合性评价。

### 3. 图文语义管理匹配

地理实体有多种描述方式，如地图空间数据、文本描述数据等。针对同一地理实体，在相互隔离的应用中存在不同描述的问题，MapGIS 基于深度学习技术，采用连体网络模型，可实现地理实体与文本描述的关联匹配。

（1）通过文本语义相似度，可实现地理实体与多源数据的关联。
（2）基于双层带注意力机制的连体网络模型，具有很好的泛化能力。
（3）支持地质图与地质资料的关联匹配，可实现图文互查。

### 4. 多源数据智能化分析与预测

MapGIS 基于海量时空大数据，运用多元统计和机器学习的方法，可提供数据关联与融合、空间分析与预测等智能化服务，实现态势感知与预警、个人画像描绘与行为推断、群体运动模式与异常行为判别、可视化分析与研判等功能。

（1）态势实时感知与预警：根据历史数据，基于实时态势数据，如位置信息、气象信息、地形地貌等，利用深度学习算法实时感知安全态势，可对实时的事故风险进行预测、预警。
（2）个人画像描绘与行为推断：通过对特定人员出行轨迹进行时空分析，可推断个人爱好、生活习惯等，对个人画像进行描绘，并对其潜在行为的时空场景进行推断；结合历史行为与预警规则，可实现目标人员行为的智能预警。
（3）群体运动模式与异常行为判别：通过挖掘不同类型人员、运动轨迹的时空同现规律（如同出行、同住宿等），关联人员的身份背景与历史行为信息，可构建不同人员的关系网络图；通过发现非常态的群体运动模式，可预测群体性异常行为。
（4）可视分析与研判：实现动态信息的多视角展示和实时统计分析，基于"一张图"实现关联分析、人员分布、防控资源等服务，可综合实现多维信息的深度研判。

## 1.2.6 构建 GIS 生态圈

### 1. 地理空间信息服务生态环境的发展背景

网约车、共享单车、共享汽车等新型共享经济业态，在中国取得了令人瞩目的成绩，共享经济正在成为最活跃的创新领域，共享经济模式正深刻地改变着我们的生产、生活方式。国家信息中心发布的《中国分享经济发展报告 2017》预测，到 2020 年，中国分享经济交易规模占国内生产总值（GDP）的比重将达到 10%以上。未来十年，中国分享领域有望出现 5

至 10 家巨无霸平台型企业。

近年来，我国地理空间信息产业迅猛发展，地理空间信息企业规模和市场规模不断扩大，产业发展质量得到显著提升。2018 年中国地理信息产业总产值超过 6200 亿元，同比增长 20%。同时，我国地理空间信息产业也存在不容忽视的问题，主要表现在企业的国际化程度相对较低，中小微企业的核心竞争力亟待加强，核心技术还处于跟踪追赶状态，企业规模与国际巨头差距明显等。另外，智能地理信息时代的来临，对以集成的解决方案和行业应用为导向的传统地理空间信息产业发展模式带来了新的挑战。

如何变革传统地理空间信息产业的生产、消费、运营模式，构建共享经济环境下地理空间信息服务生态环境，适应"大众创业、万众创新"的新时代，让人人参与地理空间信息产业的发展，已成为这个产业必须考虑的问题。

**2. 地理空间信息服务的生态环境模型**

共享经济环境下地理空间信息服务的生态环境模型主要包括产销者（人力 H）、共享经济平台（智力 I）和资源层（物力 R）三部分，如图 1-6 所示。

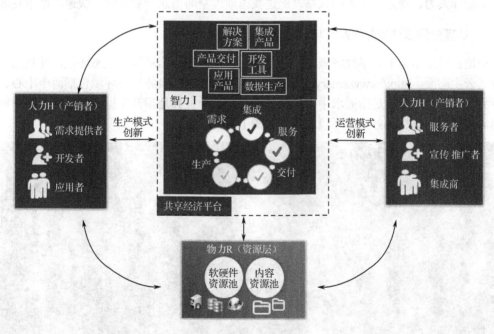

图 1-6 共享经济环境下地理空间信息服务的生态环境模型

1）产销者（人力 H）

该生态环境模型允许产销者以 PC、智能手机、手持设备、监控设备等各种终端设备为载体，将自己的地理空间信息产业需求、工具、产品、解决方案等接入共享经济平台，同时从共享经济平台上获取所需的资源。

2）共享经济平台（智力 I）

（1）建立不同时空的陌生人之间关联互动场所，提供地理空间信息服务从需求、生产、交付、服务到集成的 C2C 环境。

（2）在支持超大规模、虚拟化硬件架构的基础上，构建面向互联网的地理空间信息数据、服务和资源管理的体系框架。

（3）全球的产销者均可提供覆盖地理空间信息产销的各个层面的，小至微内核、大至组件/插件的各种粒度的地理空间信息元素，通过共享经济平台实现面向互联网的地理空间信息纵生、飘移、聚合、重构，形成各种各样的地理空间信息应用，共享给全球所有用户，从传统的 B2C 更多地转到 C2C 提供服务。

3）资源层（物力 R）

资源层包括计算机、存储器、数据库、网络设施等软硬件资源，以及产销者提供的各类内容资源等，该层是共享经济平台的基础，使得用户可以在任意位置、使用各种终端通过共享经济平台获取这些资源。

共享经济环境下地理空间信息服务生态环境，涵盖了各种角色的人、各种需求的应用、各种可使用的资源，是一个开放、融合、智能的生态环境，每个人都可以在这个不断扩展的生态圈中，自由享有自己关注的信息、服务，构建属于自己的行业生态圈，以期实现地理空间信息全球人力、物力、智力的共享，促进我国地理空间信息产业持续、快速、健康发展。

### 3. 地理空间信息服务生态环境实现

中地数码集团基于共享经济理念，初步构建了地理空间信息服务生态环境，并且已上线运行（云生态圈，http://www.smaryun.com/）。地理空间信息服务生态环境包括两个中心、三个世界，其中两个中心是指需求中心和交易中心，三个世界是指开发世界、服务世界和集成世界。地理空间信息服务生态环境主界面如图 1-7 所示。

图 1-7　地理空间信息服务生态环境主界面

（1）需求中心。需求中心（也称为云需求中心）为需求者与 GIS 开发者搭建了一个直达通道与快速响应机制，需求者可以快速发布需求、获取响应，开发者可以快速获取需求、发送响应。

（2）交易中心。交易中心（也称为云交易中心）是面向终端用户的产品购买和面向第三方开发者产品推广的云服务平台，提供在线选配、产品免费体验、线上购买、在线/离线安装、产品自动更新等功能，提供一键安装功能，为用户开发的产品提供推广运维服务。

（3）开发世界。开发世界（也称为云开发世界）为广大地理空间信息开发者提供了大量云服务资源，包括在线资源、在线帮助、在线体验等多种在线服务，世界各地的任何个人、团体都可在云开发世界注册用户，在线获取需求，在线开发应用。

（4）服务世界。服务世界（也称为云服务世界）是地理空间信息服务人才培养和技术咨询服务的基地。服务世界面向终端用户，为使用者提供开发技术咨询、行业技术咨询以及教育传播服务等多种服务。用户可以直接获取在线服务，也可以在线提出服务需求。

（5）集成世界。集成世界（也称为云集成世界）面向软件集成商或者应用集成商，为用户提供智能云化工具箱和应用超市，能够实现软件模块在线选取、业务功能聚合搭建、应用系统一键式部署等功能，可按需定制应用系统，快速满足地理空间信息应用需求。

## 习题 1

（1）什么是地理信息系统？
（2）T-C-V 架构包含哪几部分？请详细介绍。
（3）什么是纵生式开发模式？
（4）简述国产 GIS 软件 MapGIS 的发展历程。
（5）地理信息系统的发展有哪些新特性？

# 第 2 部分

# 空间数据管理

地理数据库是 MapGIS 中的主要数据存储形式，MapGIS 采用三种地理数据库类型来创建和编辑各种数据类型：HDF 文件地理数据库、基于中间件的地理数据库，以及 SDE 地理数据库。

本部分将详细介绍 MapGIS 安装与卸载的步骤，并从多个方面介绍 MapGIS 的地理数据库管理及其相关操作，如创建地理数据库、附加地理数据库、注销与删除数据库，以及地理数据库的维护。

# 第2章 本地数据库的创建与管理

## 2.1 地理信息系统软件的安装与卸载

本书实践操作讲解所涉及的地理信息系统（GIS）软件以中地数码集团的产品——MapGIS 10 为例。

### 2.1.1 产品安装

MapGIS 10 可在司马云的云交易中心购买下载，可实现产品的可租用、可定制策略。同时，软件可以在线安装，也可以离线安装。MapGIS 10 支持主流的操作系统和数据库软件，当前主流配置的计算机硬件可以完全满足运行 MapGIS 10 的要求，无须考虑软硬件不兼容的情况。MapGIS 10 的软件产品许可证是在云端授权的，当用户购买产品后，云授权同时生效，使用期限和权限与用户购买的产品有关。用户在线安装并运行产品后，即已连接云授权服务器，可以直接使用。一台计算机只能有一个授权号，如果想把购买的产品在其他计算机中使用，则需要先在云交易中心中解除绑定，另一台计算机才可以连接云授权服务器。如果用户的计算机一直和云授权服务器保持连接（采用在线安装模式），则可以在授权有限期内正常使用。如果用户计算机采用离线安装模式，就需要考虑本机软件授权和云授权服务器的握手间隔问题，当握手间隔到期时，就需要重新申请本地云授权。

**1. 产品选购**

（1）打开云交易中心界面。登录 Smaryun 首页（www.smaryun.com），单击"交易中心"图标即可打开云交易中心界面，如图 2-1 所示。

如果读者没有云交易中心的账号，可以先单击"注册"按钮来注册一个账号，注册界面如图 2-2 所示。

（2）选择产品版本，如果选择 MapGIS 10 for Desktop 定制版产品，则单击该产品图标后可进入"MapGIS 10 for Desktop 定制版"界面，如图 2-3 所示。工作空间插件和数据管理插件为 MapGIS 10 for Desktop 定制版的必选插件，用户可根据需求选择其他插件，单击各插件右下角的加号即可将所选插件添加到"MapGIS 10 for Desktop 定制版已包含的插件"内。在

"MapGIS 10 for Desktop 定制版已包含的插件"的右侧有三个按钮，分别是"基础版""标准版""高级版"，不同版本的功能权限有所差异，用户可通过这三个按钮快速地将各版本插件添加到"MapGIS 10 for Desktop 定制版已包含的插件"内。

图 2-1　云交易中心界面

图 2-2　注册界面

（3）购买产品或试用定制产品。如果需要购买产品，则单击"购买"按钮，即可进入订单支付界面，如图 2-4 所示。

如果想要试用产品，则单击"7 天试用"按钮可下载该产品。试用期结束后购买该产品后方可继续使用。

### 2. 在线安装

如果选择在线安装，则需要待安装的计算机和互联网保持连接。

（1）在"已购"界面下单击产品后的"在线安装"按钮即可进行产品迁移，如图 2-5 所示。

图 2-3 "MapGIS 10 for Desktop 定制版"界面

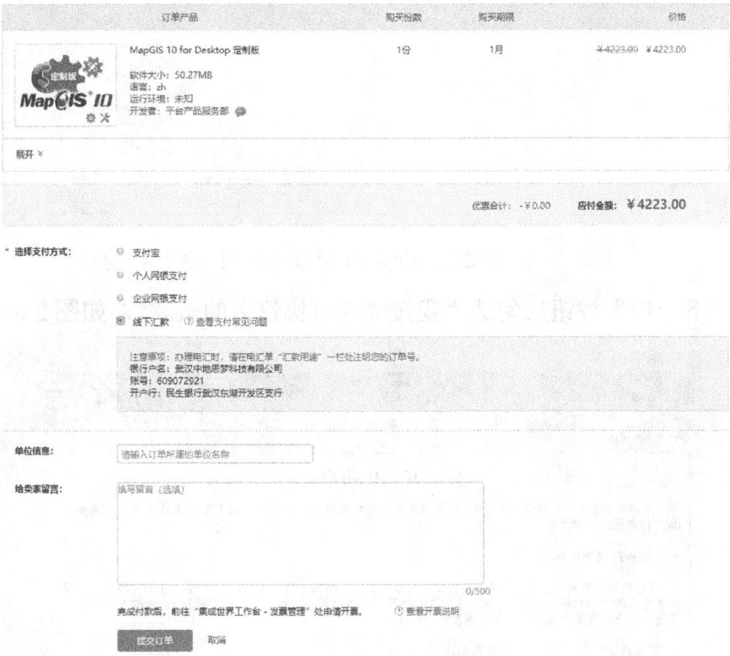

图 2-4 订单支付界面

若出现图 2-6 所示的提示则表示已经成功生成了 64 位在线安装器,用户可单击"下载"按钮将安装包下载到本地。

图 2-5　产品迁移

图 2-6　64 位在线安装器成功生成的提示

（2）双击安装程序，即可启动 MapGIS 10 安装界面，如图 2-7 所示。

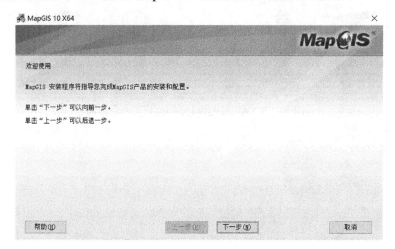

图 2-7　MapGIS 10 安装界面

（3）单击"下一步"按钮后勾选"我接受许可协议中的条款"，如图 2-8 所示。

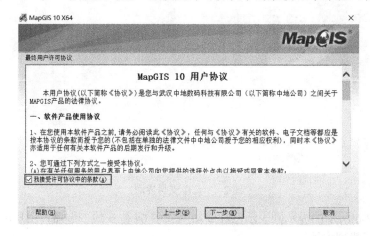

图 2-8　接受协议

(4)单击"下一步"按钮,选择安装模式,如图 2-9 所示。

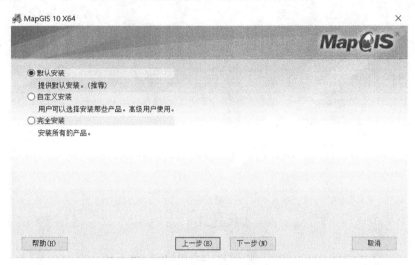

图 2-9  选择安装模式

选中"默认安装"可按照组件使用的频繁程度,将必备组件安装到客户的计算机上,不需用户自定义选择,推荐一般用户选择此选项。

选中"自定义安装"可由用户选择需要安装的组件,包括存储服务、运行时、桌面产品和示例数据库等。

选中"完全安装"可将安装包中所有组件都安装到客户机上。

(5)单击"下一步"按钮,安装系统必备组件,如图 2-10 所示。

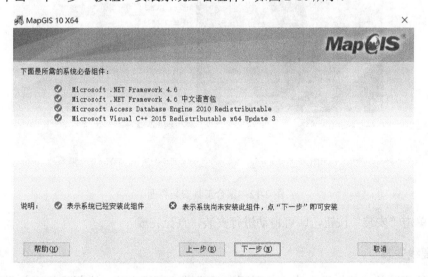

图 2-10  安装系统必备组件

此处会罗列出系统所需的必备组件安装状态,如果有尚未安装的必备组件,单击"下一步"按钮就可以自动安装尚未安装的必备组件。

(6)单击"下一步"按钮,选择路径,如图 2-11 所示。

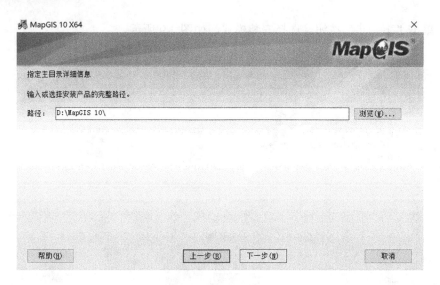

图 2-11　选择路径

（7）单击"下一步"按钮，即可进行 MapGIS 10 的安装。

（8）MapGIS 10 安装完成后，系统会自动弹出聚合工具安装界面，如图 2-12 所示。

图 2-12　聚合工具安装界面

（9）单击"安装"按钮，即可自动进行安装，直至完成。

### 3. 离线安装

如果待安装的计算机没有连接互联网，就需进行离线安装。进行离线下载需要本地的"MapGIS 运行时 64 位""MapGIS 10 for Desktop 安装包"，并利用手机扫描二维码获取安装认证码。

（1）下载离线安装包。在已购产品中单击"下载离线安装包"按钮即可下载"MapGIS 运行时 64 位""MapGIS 10 for Desktop 安装包"，如图 2-13 所示。

第 2 章 本地数据库的创建与管理

图 2-13 下载离线安装包

（2）安装运行时。将"MapGIS 运行时 64 位""MapGIS 10 for Desktop 安装包"复制到待安装产品的计算机中，启动 MapGIS X64 运行时的安装程序，此时会弹出如图 2-14 所示的提示信息。

（3）单击"是"按钮后即可进行 MapGIS X64 运行时的安装，具体的安装步骤与在线安装类似。

（4）启动 MapGIS 10 for Desktop 的安装程序，如图 2-15 和图 2-16 所示。

图 2-14 安装运行时

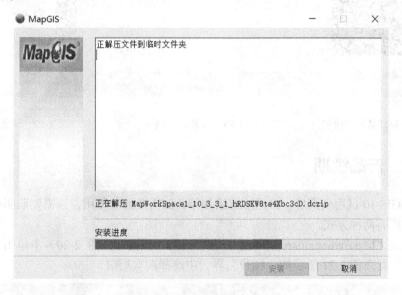

图 2-15 安装进度

（5）安装成功后，系统会弹出二维码认证对话框，离线认证二维码如图 2-17 所示。

（6）利用手机扫描二维码，可获取安装认证码，如图 2-18 所示。

（7）在图 2-17 中输入获取到的认证码，单击"认证"按钮即成功验证信息，如图 2-19 所示，用户此时就可以正常使用 MapGIS 10 产品。

图 2-16　聚合工具的安装界面

图 2-17　离线认证二维码　　　图 2-18　安装认证码　　　图 2-19　验证成功

## 2.1.2　产品续期

当 MapGIS 10 试用到期后，将无法继续使用。如需要继续使用，则需要购买产品进行续期，产品续期有两种方式。

（1）登录"http://www.smaryun.com"，在"已购"界面（见图 2-20）中单击"购买"按钮，用户可自行在图 2-21 所示的"续费"界面中选择购买期限。

图 2-20　"已购"界面

图 2-21 "续费"界面

（2）用户可关注"云 GIS 生态圈"微信公众号，绑定司马云账号和微信公众号，在微信公众号中选择"个人中心→我的产品"，然后在弹出的"已购产品"界面中选择产品后单击"授权管理"按钮，在弹出的"续期"界面中单击"续期"按钮即可完成产品的续期，如图 2-22 所示。

图 2-22 通过"云 GIS 生态圈"微信公众号进行产品续期

如果计算机已联网，则启动 MapGIS 即可自动完成产品续期；如果计算机未联网，则需要重新下载离线安装包进行续期认证，如图 2-23 所示。

图 2-23　下载离线安装包

### 2.1.3　产品更新

MapGIS 10 已实现系统智能升级，当计算机处于联网状态时，如果有最新安装包，则系统会在计算机屏幕右下角自动弹出更新提示，用户可以选择是否执行更新。若选择更新，则可以选择要升级的插件，系统将自动完成所选插件的功能升级。在线更新如图 2-24 所示。

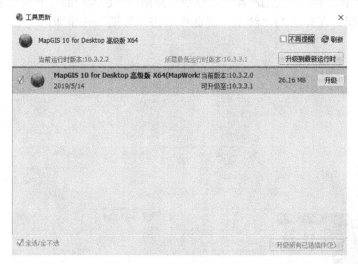

图 2-24　在线更新

如果计算机未联网，可以单击"检查更新"按钮，如图 2-25 所示，此时会弹出二维码对话框，扫码之后可获取更新信息，填写邮箱后，如图 2-26 所示，会将更新包下载地址发送到邮箱中。需要注意的是，MapGIS 运行时 V10.3.1.6 及以后的版本可直接更新产品，但要先卸载早期版本后再更新产品。

图 2-25　检查更新工具

图 2-26　填写相关信息

## 2.1.4　产品解绑

云授权的 MapGIS 10 软件在安装之后会与安装的计算机绑定，生成的安装包将无法在其他计算机中使用。如果需要更换计算机，则需要将产品解绑，解绑的方法有以下几种。

（1）启动 MapGIS 10 软件，在"关于 MapGIS"界面可解除授权（即解除产品绑定），如图 2-27 所示。

图 2-27　在"关于 MapGIS"界面解除授权

（2）购买者账户登录云交易中心，在"已购"界面中单击"绑定信息"按钮，如图 2-28 所示。在弹出的"绑定信息"界面中填入验证码，可解除产品绑定，如图 2-28 所示。

图 2-28　在"已购"界面单击"绑定信息"按钮

图 2-29 "绑定信息"界面

（3）如果用户已经绑定了司马云账号和"云 GIS 生态圈"微信公众号，则可在微信公众号中选择"个人中心→我的产品"，然后在弹出的"已购产品"界面中选择产品后单击"授权管理"按钮，在弹出的"产品授权管理"界面中选择已购产品后单击"解绑"按钮，即可完成产品解绑，如图 2-30 所示。

图 2-30 微信解绑界面

## 2.1.5 产品卸载

卸载 MapGIS 10 的步骤如下：

（1）在 Windows 操作系统的开始菜单找到"卸载 MapGIS 10（x64）平台产品"选项，即可启动 MapGIS 10 卸载程序，如图 2-31 所示。

（2）在弹出的"MapGIS 卸载程序"界面中选择待卸载的安装包，默认全选，单击"下一步"按钮后即可开始卸载，如图 2-32 所示。

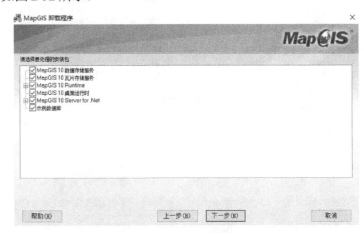

图 2-31　启动 MapGIS 卸载程序　　　　　图 2-32　"MapGIS 卸载程序"界面

（3）卸载完成后可以手动删除对应的日志文件。对于 32 位的操作系统，日志文件所在的目录为"系统盘:\Program Files(x86)\Common Files\MapGIS 10"；对于 64 位的操作系统，日志文件所在的目录为"系统盘:\Program Files\Common Files\MapGIS 10"。

## 2.2　创建地理数据库

在 MapGIS 10 中，可以采用两种方式创建地理数据库：创建基于 HDF 文件的地理数据库，以及创建基于 SDE 的地理数据库。下面着重讲解创建基于 HDF 文件的地理数据库，基于 SDE 的地理数据库的创建会在后面章节中详细介绍。

在创建基于 HDF 文件的地理数据库时，将会在本地磁盘上创建一个.hdf 文件，该文件中存储了各种类型的地理数据。具体的创建方法如下：

（1）找到"GDBCatalog"目录窗口，选中"MapGISLocal"后单击鼠标右键，在弹出的右键菜单中选择"创建数据库"，如图 2-33 所示，即可弹出"地理数据库创建向导"对话框。

在首次运行 MapGIS 10 时，"GDBCatalog"目录窗口默认停靠在界面的右侧，并且默认连接了 MapGISLocal 数据源，在该数据源中已默认附加了"\MapGIS 10\Sample"下的示例数据库。若在 MapGIS 10 的界面中找不到"GDBCatalog"目录窗口，则可以通过系统菜单栏中的"视图→GDBCatalog"将其打开。

图 2-33　创建数据库

（2）在"地理数据库创建向导"对话框的"基本信息"界面中，输入要创建的地理数据库名称，单击"下一步"按钮，如图 2-34 所示。

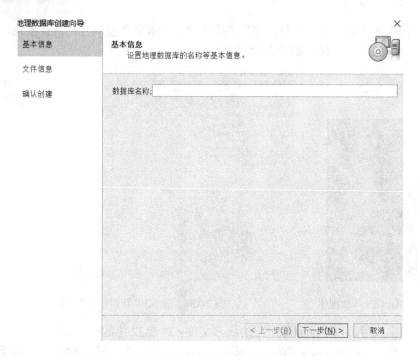

图 2-34 "基本信息"界面

（3）在"地理数据库创建向导"对话框的"文件信息"界面中，设置 HDF 文件和对应日志文件的存储位置、初始大小以及文件增长的量级，如图 2-35 所示。完成文件信息的填写后单击"下一步"按钮。

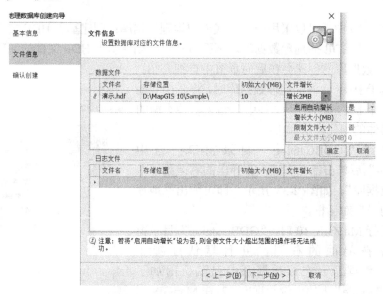

图 2-35 "文件信息"界面

若不启用自动增长，那么当导入的数据量大于数据库文件的初始值上限时，导入的数据会出现无法预知的错误。因此，在不确定使用到的数据量大小时，建议启用自动增长。

"初始大小"可为新建的地理数据库设定一个初始化存储空间大小，默认为 10 MB。

"文件增长"用于设置文件的自动增长属性,能够控制在数据量达到"最大文件大小"的设置值时文件的扩展方式。"增长大小"用于设置当文件大小超过"初始大小"时,地理数据库每次扩展存储空间的大小。

若在"文件增长"中设置"限制文件大小"为"是",并设置了"最大文件大小",那么当文件增长到用户所设定的"最大文件大小"值时,文件将不会再继续增长,超出该大小的文件在存储时会出现不可预知的错误。

(4)在"地理数据库创建向导"对话框的"确认创建"界面(见图 2-36)中,可查看地理数据库的创建信息是否正确无误。若有误,则单击"上一步"按钮,并在相应的界面中进行修改;若无误,则单击"完成"按钮,完成地理数据库的创建。

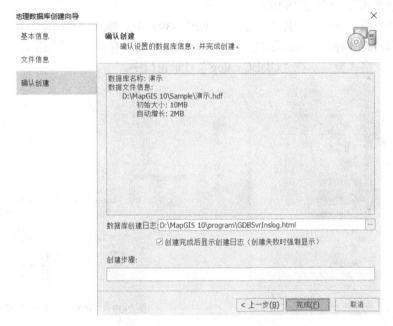

图 2-36 "确认创建"界面

如果勾选"创建完成后显示创建日志(创建失败时强制显示)",则在创建完成后会弹出 MapGIS 地理数据库创建日志,如图 2-37 所示。

图 2-37 MapGIS 地理数据库创建日志

## 2.3 附加地理数据库

将当前创建的本地地理数据库的存储文件（HDF 文件）复制到其他安装有 MapGIS 10 软件的计算机中时，相应的地理数据库并不会自动出现在数据源目录树中，也就不能够直接使用地理数据库中的数据，这里需要先进行附加地理数据库的操作。附加是指将存储文件对应的地理数据库配置到 MapGISLocal 数据源下。

（1）附加本地地理数据库的操作方法。右键单击"MapGISLocal"，在弹出的右键菜单中选择"附加数据库"，如图 2-38 所示。

在弹出的"附加地理数据库"对话框（见图 2-39）中选择地理数据库的存放路径。如果有地理数据库日志文件，则将该日志文件添加进来，如果没有可忽略"数据库日志"项。"数据库名称"中的名称会显示在"GDBCatalog"目录窗口中。

图 2-38　附加数据库　　　　　　　　　　图 2-39　"附加地理数据"对话框

（2）批量附加本地地理数据库的操作方法。右键单击"MapGISLocal"，在弹出的右键菜单中选择"批量附加数据库"，如图 2-40 所示。

在"批量附加地理数据库"对话框（见图 2-41）中，单击"添加"按钮可以附加需要地理数据库；单击"移除"按钮可以移除不需要的地理数据库。

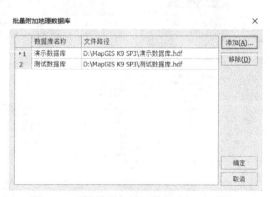

图 2-40　批量附加数据库　　　　　　　　图 2-41　"批量附加地理数据库"对话框

目前批量附加地理数据库的功能适用于本地数据源（MapGISLocal）。

如果将已经附加的地理数据库改名备份，重新附加地理数据库后系统会弹出"附加库提示"对话框，如图 2-42 所示，修改 GUID 并不会破坏 HDF 文件，想要附加成功则单击"确定"按钮即可。

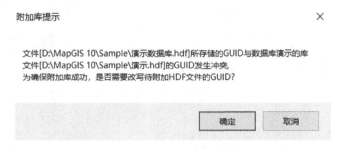

图 2-42 "附加库提示"对话框

## 2.4 注销与删除地理数据库

当不再使用一个地理数据库时，可以将其注销并从"GDBCatalog"目录窗口中移除，但并不会删除对应的 HDF 文件。如果要同时删除 HDF 文件，则可以使用删除地理数据库功能。注销和删除地理数据库可直接在相应数据库节点上单击鼠标右键进行操作即可。

（1）注销数据库。注销或删除多个地理数据库时，可以在"GDBCatalog"目录窗口中选中"MapGISLocal"，然后在右侧内容视窗的地理数据库列表中选择多个地理数据库（按住 Ctrl 键或 Shift 键用鼠标左键选择多个地理数据库），右键单击选中的地理数据库，在弹出的右键菜单中选择相应操作即可。注销地理数据库的菜单选项如图 2-43 所示。

选择"注销"时，系统会弹出"提问"对话框，如图 2-44 所示，单击"确定"按钮即可。

图 2-43 注销地理数据库的菜单选项　　图 2-44 注销地理数据库弹出的"提问"对话框

（2）删除数据库。选择"删除"时，系统也弹出"提问"对话框，如图 2-45 所示，单击

"确定"按钮后会将 HDF 文件会从计算机中删除，故谨慎应使用删除地理数据库的功能。删除地理数据库的菜单选项如图 2-46 所示。

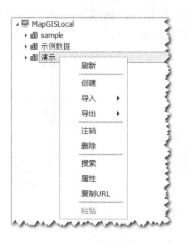

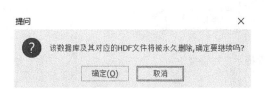

图 2-45　删除地理数据库弹出的"提问"对话框　　　　图 2-46　删除地理数据库的菜单选项

## 2.5 维护地理数据库

### 2.5.1 启动存储服务

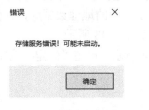

打开 MapGIS 10 软件，如果出现如图 2-47 所示的提示，则可以通过以下两种方式手动启动存储服务。

（1）同时按住键盘 Windows 键和 R 键，打开"运行"窗口，输入"services.msc"后按回车键可打开"服务"界面，启动"MapGIS DataStorage Service x64"，如图 2-48 所示。

图 2-47　打开软件提示存储服务报错

（2）直接在"GDBCatalog"目录窗口中单击启动存储服务按钮，启动存储服务后该按钮将变灰，如图 2-49 所示。

图 2-48　手动启动存储服务界面

图 2-49　启动存储服务按钮

## 2.5.2 检查地理数据库

为了减少突发事件（如断电等）对地理数据库的破坏，系统提供了地理数据库检查工具。单击如图 2-50 所示的地理数据库检查按钮可打开"数据存储工具"对话框。

在"数据存储工具"对话框的"常规"标签项中，单击"文件"按钮添加需要检查的 HDF 文件，如图 2-51 所示。在"数据存储工具"对话框的"工具"标签项中，可以对地理数据库进行检查校正、浏览内容和压缩，如图 2-52 所示。

图 2-50　地理数据库检查按钮

图 2-51　"常规"标签项

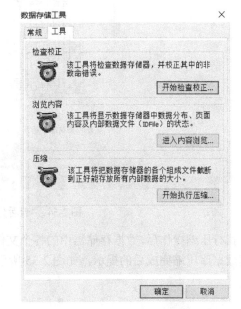

图 2-52　"工具"标签项

经过检查校正后，会修复损坏的文件，此工具可以检查数据存储器，并校正其中的非致命错误。检查校正界面如图 2-53 所示。

图 2-53　检查校正界面

单击"进入内容浏览"按钮后可以打开"查看分配状况"对话框，此对话框中将显示地理数据库的数据分布情况，如图 2-54 所示。

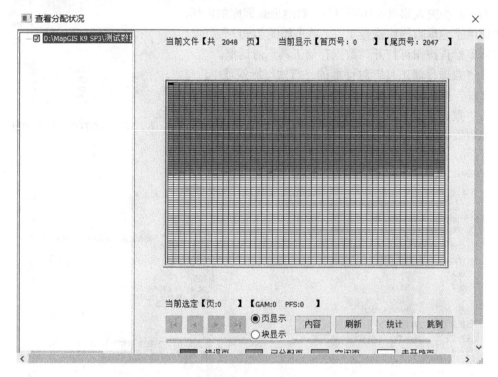

图 2-54 "查看分配状况"对话框

执行压缩操作后，数据存储器中的各个文件会被截断到正好能存放所有内部数据的大小。地理数据库压缩完成后的提示，如图 2-55 所示。

图 2-55 地理数据库压缩完成后的提示

## 2.5.3 搜索地理数据库

MapGIS 10 中新增的搜索按钮（见图 2-56）可以帮助用户快速搜索数据源、数据库、要素数据集、要素类、要素、栅格数据、元数据等，还可以指定搜索的范围，使搜索更加精确、快捷。

操作方法如下：

（1）在"GDBCatalog"目录窗口中，右键单击需要进行数据查找的要素数据集，在弹出的右键菜单中选择"搜索"，如图 2-57 所示，可打开"搜索"对话框，如图 2-58 所示。

图 2-56　地理数据库搜索按钮

图 2-57　地理数据库搜索

图 2-58　"搜索"对话框

（2）输入查找内容名称。在"搜索"对话框的"查找内容"中输入要查找的内容名称，在下拉列表中存放了用户搜索的历史记录，可以在其中选择之前搜索过的内容名称。

（3）指定查找的数据类型。在"搜索"对话框的"数据类型"的下拉列表中可以筛选要搜索的数据类型，如图 2-58 所示。

指定搜索的数据类型一方面可以区分同名不同类的数据，另一方面还可以在搜索数据量比较大时提高搜索速度，使得用户快速高效地完成数据搜索。

（4）指定数据查找范围。在"搜索"对话框的"查找范围"的下拉列表中可以指定查找范围，如图 2-59 所示，可指定的范围包括当前节点、当前数据源、整个 GDBManager 和当前数据库。用户可根据需要选择查找范围。

（5）完成搜索。输入查找内容后，可以勾选"区分大小写"来区分查找内容名称的大小写。单击"查找"按钮可开始搜索，搜索结果如图 2-60 所示。

单击搜索结果后可直接跳转到具体位置，如图 2-61 所示。

图 2-59　设置"查找范围"　　　　　　　图 2-60　搜索结果

图 2-61　搜索结果的具体位置

## 习题 2

（1）如何创建地理数据库？
（2）当计算机不能连接网络时，如何安装 MapGIS 10？
（3）产品解绑有哪些方式？
（4）如何恢复本地地理数据库？

# 第3章 空间数据的管理

地理数据库中的数据配置在"空间数据"节点下，按照数据类型的不同配置在不同的子节点下，其中"要素数据集""简单要素类""注记类""对象类""关系类""地图集""栅格目录""栅格数据集"等为基本类型数据，如图3-1所示，其他类型数据是基本类型数据的不同组织方式。

MapGIS 10 新增了一种栅格数据的管理方式——镶嵌数据集，可通过"数据库+文件"的方式使用地理数据库中镶嵌数据集模型，管理本地及网络共享路径下的分幅栅格影像。镶嵌数据集是用于管理一组以目录形式存储并以镶嵌影像方式查看的栅格数据的集合。

图 3-1 地理数据库中的基本类型数据

## 3.1 空间数据类型

在现实世界中，任何实体都具有天然形体，矢量数据使用带有相关属性的有序坐标集来表现这些实体的形状。根据地理要素的尺寸，矢量数据可以分成如下类型。

点：描述的是零维形状的、很小而不能够描述为线或面的地理要素。点存储为单个的带有属性值的坐标。

线：是一维形状的，用于描述狭窄而不能够描述为多边形的地理要素。线存储为一系列有序的带有属性的坐标。线的形状可以是直的、圆的或椭圆的。

多边形：是二维形状，用于描述由一系列线段围绕而成的一个封闭的具有一定面积的地理要素。这样的地理要素是封闭的，并且具有面积。

还有一种特殊的矢量数据类型称为注记。注记属于和地理要素相关联的有描述信息的标注，可以显示地理要素的名称或者其他属性。可以将注记理解为特殊的标注。

MapGIS 10 依据地理要素的尺寸大小及关系，将矢量数据组织到了不同的结构体系中。此外，还存储了规则和域，这样可以确保对地理要素进行创建或者更新操作时，地理数据库中的数据依然保持完整。

（1）要素数据集。要素数据集中所有的地理要素必须具有相同的坐标系统。要素数据集是地理数据库中具有相同空间参照系的简单要素类、注记类、对象类、网络类、关系类的集合。

（2）简单要素类。简单要素类是相同类型的简单地理要素的集合，是地理要素分类的概念性表示，是一种描述地理要素的格式分类，可以分为点、线、区和混合要素类。MapGIS简单要素类中可包含简单的点、线、区，以及三维面和体要素的结合。

（3）注记类。表现地理现象的地理要素除了几何形状和空间位置，还有一些描述性文本，通常将这些文本称为注记。地理数据库中的注记是用来标注地理要素的文本，它可以用来确定位置或者识别地理要素。注记按类型分为文本注记、属性注记和三维注记。

（4）对象类。对象类是具有相同行为和属性的对象的集合。在空间数据模型中，对象类通常是指没有空间特征的对象（如房屋所有者、表格记录等）的集合。在忽略对象特殊性的情况下，对象类可以指任意一种类型的对象集。对象类的实例为可关联某种特定行为的表记录，包含一系列的行和列，每一行表示一个地理要素。

（5）网络类。MapGIS 10使用两类模型来对现实的网络进行模拟：几何网络模型和逻辑网络模型。几何网络模型是组成线性网络系统的地理要素的集合。几何网络模型是从地理要素集合的视角来看网络模型的。一个几何网络模型总是与一个逻辑网络模型相联系的。

逻辑网络模型是一个由边线和交汇点组成的网络图表，它是与几何网络模型对应的数据表组织，可以存储边线和交点的连接关系，以及用于网络分析的一些附加信息。网络类就是存储和管理这些网络数据的集合。

（6）关系类。关系是指地理数据库中两个或多个对象之间的联系或连接。关系可以存在于空间对象之间、非空间对象之间、空间对象和非空间对象之间，对象之间的关系可分为空间关系和非空间关系。

空间关系是由实体的空间位置或形态引起的空间特性关系，包括分离、包含、相接、相等、相交、覆盖等。

非空间关系是由对象的语义引起的对象属性之间存在的关系（如甲乙双方之间的合同关系），包括关联、继承（完全或部分）、组合（聚集或组成）、依赖。非空间关系具有多重性，如一对一、一对多、多对多。

关系的集合称为关系类，一般会在对象类、简单要素类、注记类任意两者之间建立关系类。

## 3.2 矢量数据的转换

MapGIS 10支持不同数据源之间的数据迁移，包括MapGISLocal和数据库数据源（Oracle、SQLServer）各种中间件之间的数据迁移、复制与转换，同时能够兼容低版本MapGIS的数据，提供低版本MapGIS数据的升级，以及将MapGIS 10数据转换为低版本MapGIS的数据。另外，MapGIS 10还支持与其他主流GIS常用数据格式的交换。

### 3.2.1 MapGIS 数据转换

#### 1. 导入 MapGIS 6x 数据

操作方法如下：

（1）在"GDBCatalog"目录窗口中，右键单击需要导入数据的文件节点（数据库、空间数据、要素数据集、简单要素类、注记类、对象类、栅格目录、栅格数据集等的右键菜单中都有"导入"项),在弹出的右键菜单中选择"导入→MapGIS 6x 数据",如图 3-2 所示,可弹出"数据转换"对话框。

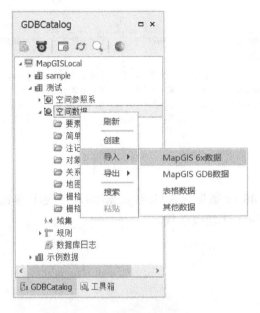

图 3-2　导入 MapGIS 6x 数据

(2)添加数据。在"数据转换"对话框中单击""按钮,选择要转换的 MapGIS 6x 数据,如图 3-3 所示。

图 3-3　"数据转换"对话框

(3)修改目的数据参数。在"数据转换"对话框中可以修改目的数据类型、目的数据名、目的数据目录、参数。具体设置说明如下:

"目的数据类型":在将 MapGIS 6x 数据导入 GDB 数据库时,系统默认的目的数据类型为简单要素类,单击相应数据的"目的数据类型"可选择修改数据类型,可选类型包括简单要素类、对象类和注记类,如图 3-4 所示。

"目的数据名":单击数据的"目的数据名"可以对目的数据的名称进行自定义修改。

"目的数据目录":单击数据的"目的数据目录"可弹出"浏览文件夹"对话框,在该对话框中可以选择"GDBCatalog"目录窗口中的数据库。

"参数":单击数据的"参数"中的"…"按钮,可弹出"高级参数设置"对话框(见

47

图 3-5），通过该对话框不仅可以重新指定导入数据的空间参照系，还可以为数据配置 MapGIS 6x 的符号库和矢量字库，并且可以选择只导入数据的属性结构而不导入数据实体。

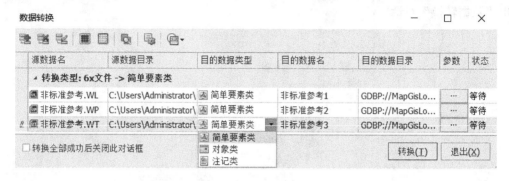

图 3-4 目的数据类型

在同时将多条 MapGIS 6x 数据导入 GDB 数据库时，可通过单击"🔧"按钮弹出的"修改数据"对话框（见图 3-6）来统改参数。

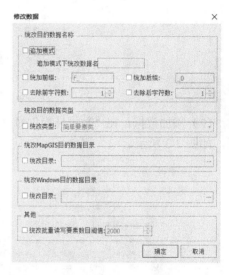

图 3-5 "高级参数设置"对话框　　　　图 3-6 "修改数据"对话框

（4）其他操作。完成数据的添加和参数的修改后，用户可以进行以下操作：

① 查看日志。单击"数据转换"对话框中的"🗂"按钮，选择"查看日志"项后可查看数据的日志文件。

② 设置参数。单击"数据转换"对话框中"🗂"按钮，出现如图 3-7 所示的"参数设置"对话框，通过该对话框配置日志文件。

③ 检查错误。单击"数据转换"对话框中的"🗂·"按钮，在下拉列表中选择"检查错误"项，可以检查各项数据的转换参数是否合法。若出现不合法的数据，则会在对应数据的"状态"栏中显示"✖"。数据转换失败的界面如图 3-8 所示。

图 3-7 "参数设置"对话框

图 3-8 数据转换失败的界面

④ 自动改错。单击"数据转换"对话框中的"![]"按钮，在下拉列表中选择"自动改错"项，会弹出如图 3-9 所示的"除错策略选择"对话框。除错策略主要是对目的数据名称进行一系列的调整和修改，以排除因目的数据名称非法而导致的错误。

在 MapGIS 类名命名规则中，不得含的特殊字符有"\\""/"":""*""?""\""""""<"">""|"。在 Windows 文件命名规则中，不得含有"\""/"":""*""?""""""<"">""|"。在表格数据命名规则中，Excel 表名不超过 255 个字符，由字母、数字、汉字、下画线、空格组成，首字符不能为空格。Access 表名不超过 64 个字符，表名中不能包含".""!""'""[""]"；Foxpro 表名不超过 128 个字符，由字母、汉字、下画线组成。

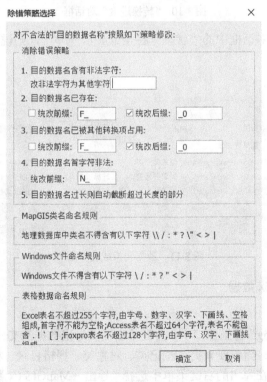

图 3-9 "除错策略选择"对话框

（5）在完成参数设置后，单击"数据转换"对话框中的"转换"按钮，会弹出如图 3-10 所示的"转换进度"对话框，该对话框可以显示转换进度。

图 3-10 "转换进度"对话框

如果"数据转换"对话框中的"状态"栏全部显示" ✓ ",则说明数据全部转换完成,如图 3-11 所示。

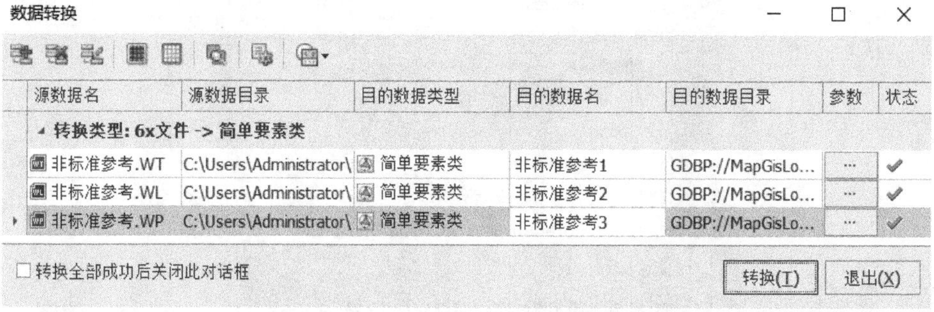

图 3-11 数据转换成功界面

### 2. 导出 MapGIS 6x 数据

操作方法如下:

(1)在"GDBCatalog"目录窗口中,右键单击需要导出数据的文件节点(如数据库节点、空间数据、要素数据集、简单要素类、注记类、对象类、栅格目录、栅格数据集等的右键菜单中都有"导出"项),在弹出的右键菜单中选择"导出→MapGIS 6x 数据",如图 3-12 所示,可弹出"数据转换"对话框。

(2)在弹出的"数据转换"对话框中(见图 3-13),默认列出了对应节点下的源数据,并默认目的数据的导出类型为 MapGIS 6x 数据。

图 3-12 导出 MapGIS 6x 数据

图 3-13 "数据转换"对话框

（3）修改目的数据参数。在导出 MapGIS 6x 数据时，用户可以修改目的数据类型、目的数据名、目的数据目录、参数。详细的修改说明可以参考本节"导入 MapGIS 6x 数据"中的内容。

（4）完成目的数据的参数设置后，单击"转换"按钮即可执行导出操作。数据转换成功的界面如图 3-14 所示。

图 3-14 数据转换成功的界面

### 3. MapGIS GDB 数据的迁移

MapGIS 10 中提供的导入/导出 MapGIS GDB 数据功能，实际上是 MapGIS GDB 数据在"GDBCatalog"目录窗口中的数据库之间的迁移。

导入 MapGIS GDB 数据的操作方法如下：

（1）在需要导入 MapGIS GDB 数据的数据库相应节点上单击鼠标右键，在弹出的右键菜单中选择"导入→MapGIS GDB 数据"，如图 3-15 所示，此时可弹出"数据转换"对话框。

图 3-15 导入 MapGIS GDB 数据

（2）如果要向所选的数据库中都导入 MapGIS GDB 数据，那么可以在"数据转换"对话框中单击" "按钮，弹出"添加数据源"对话框，如图 3-16 所示。在该对话框中可添加数据的目录只是"GDBCatalog"目录窗口中的数据源。

图 3-16 "添加源数据"对话框

# 第 3 章 空间数据的管理

若是要把所选数据从一个库导出到另一个数据库中，那么在对应的"数据转换"对话框中已经默认列出了源数据库中所包含的数据；也可以单击"　"按钮，继续添加需要导入到另一个数据库中的数据。

(3) 转换参数的设置。用户可以在"数据转换"对话框中进行目的数据参数的设置，可设置目的数据类型、目的数据名、目的数据目录、参数等。具体的设置过程可参考本节"导入 MapGIS 6x 数据"中的相关内容。

(4) 其他设置。在"数据转换"对话框中还可以进行查看日志、设置参数、检查错误和自动改错等操作。具体操作也可以参考"导入 MapGIS 6x 数据"中的相关内容。

(5) 完成转换参数设置后单击"转换"按钮，即可执行 MapGIS GDB 数据的迁移操作，转换成功后，在"数据转换"对话框中相应数据的"状态"栏会显示"✔"，不成功显示"✘"。

导入 MapGIS GDB 数据的操作与导出 MapGIS 6x 数据的操作类似。

## 3.2.2 表格数据的转换

MapGIS 10 支持将其他外部的表格数据（如 Excel、TXT、Access 及 Foxpro 等表格数据）导入到 MapGIS GDB 对象类中。

MapGIS 10 可将简单要素类和注记类的属性表、对象类等数据导出为表格数据，既可将这些数据以 6x 表文件、Excel 表格、Access 表格、Foxpro 表格、TXT 表格的格式导出至本地磁盘，也可将这些数据以对象类的格式导出到"GDBCatalog"目录窗口中的"对象类"节点中。

### 1. 导入表格数据的操作说明

(1) 在"GDBCatalog"目录窗口中选择需要导入表格数据的节点后单击鼠标右键，在弹出的右键菜单中选择"导入→表格数据"项，如图 3-17 所示，可弹出"数据转换"对话框。

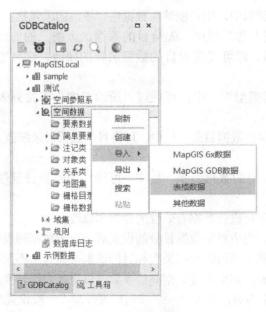

图 3-17　导入表格数据

（2）添加数据。单击"数据转换"对话框中的"▣"按钮，可添加需要导入的数据。

（3）修改转换参数。添加数据完成后，系统会默认给出目的数据类型、目的数据名、目的数据目录，用户可根据需要修改这三个参数。修改的方式有以下两种：

① 如果需要修改单个数据的参数，则只需要单击数据的相应参数名来完成修改。

② 如果需要批量修改数据的参数，则可以借助全选或反选功能来选择需要修改的数据，再单击"修改"按钮，在弹出的"修改数据"对话框（见图3-18）中勾选需要修改的项，单击"确定"按钮即可进行参数的统改。

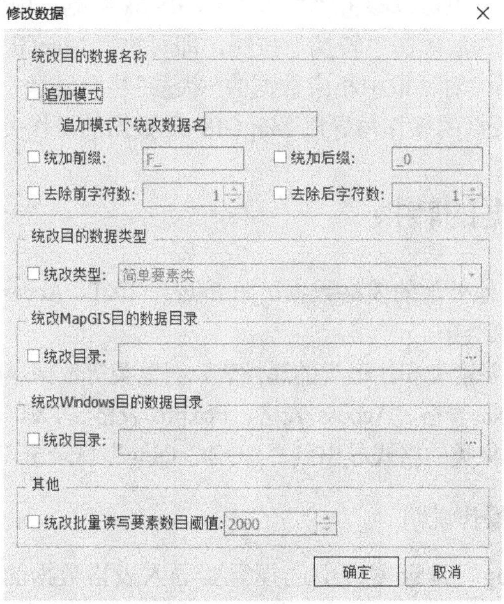

图 3-18　"修改数据"对话框

在"修改数据"对话框中，用户能够对数据进行统改的项包括：

在"统改目的数据名称"栏中，先给目的数据加上统一的前缀或后缀，再去除相同的前字符数或后字符数，即可实现对目的数据名称的统改。这种方式可避免出现不合法名称。

在"统改目的数据类型"栏中，可通过"统改类型"下拉列表选择目的数据的转换类型。

在"统改 MapGIS 目的数据目录"栏中，可将目的数据目录统改为"GDBCatalog"目录窗口的数据库位置。

在"统改 Windows 目的数据目录"栏中，可将目的数据目录统改为本地磁盘文件夹位置。

完成参数的修改后即可进行数据有效性的检查和修改。

（4）高级参数设置。完成目的数据目录的设置后，单击数据列表中"参数"项的"…"按钮，MapGIS 10 可根据不同的源数据类型和目的数据类型弹出不同的"高级参数设置"对话框。用户可根据对数据的需求设置数据高级参数，以提高数据转换的质量。

以导出为 Excel 表格为例，单击"…"按钮后可弹出"字段设置"对话框，如图3-19所示。用户可以在该对话框中选择需要导入的字段，修改目的字段名和目的类型，以及使用的除错策略等。

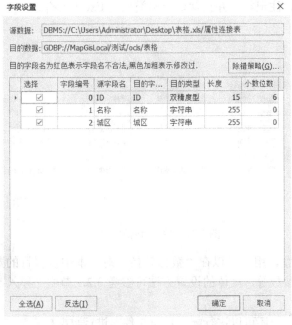

图 3-19 "字段设置"对话框

（5）完成数据转换。确定添加的数据正确之后，单击"数据转换"对话框中的"转换"按钮可弹出"转换进度"对话框。在"转换进度"对话框中可以查看转换进度和转换日志，单击"完成"按钮可关闭"转换进度"对话框，完成表格数据的导入。

**2．导出表格数据的操作说明**

（1）在"GDBCatalog"目录窗口中选择并右键单击需要导出表格数据的节点，在弹出的右键菜单中选择"导出→表格数据"，如图 3-20 所示，可弹出"数据转换"对话框。

图 3-20 导出表格数据

（2）在"数据转换"对话框（见图3-21）中默认列出了对应数据库节点下所包含的全部对象类、简单要素类、注记类，并且默认导出类型为 Excel 表格。

图 3-21　"数据转换"对话框

（3）转换参数设置。用户可以在"数据转换"对话框中设置目的数据类型、目的数据名、目的数据目录、参数等，具体的设置方法可参考 3.2.1 节中"导入 MapGIS 6x 数据"中的内容。

（4）其他设置。用户还可以进行配置日志文件、进行数据检查和自动改错的操作，具体操作也可以参考 3.2.1 节"导入 MapGIS 6x 数据"中的内容。

（5）完成转换参数的设置后，单击"数据转换"对话框中的"转换"按钮即可执行 MapGIS 数据到表格数据转换的操作。数据转换成功的结果如图 3-22 所示。

图 3-22　数据转换成功的结果

### 3.2.3　其他数据转换

MapGIS 10 还可以将文本文件（*.txt）、MapInfo 文件（*.mif）、ArcInfo 文件（*.e00）、ArcGIS Shape 文件（*.shp）、AutoCAD DXF 文件（*.dxf）、AutoCAD DWG 文件（*.dwg）、标准矢量数据交换格式文件（*.vct）、MicroStation DGN 文件（*.dgn）、OpenGIS GML 文件（*.gml）、OpenGIS KML 文件（*.kml）这 10 种常用的 GIS 格式数据导入为 MapGIS 数据。

在导出数据时，不仅可将 MapGIS 数据导出成上述的 10 种格式的数据，还可以将 MapGIS

数据导出为 6x 表文件、Excel 表格、Access 表格、Foxpro 表格、TXT 表格等表格数据。

**1. 导入其他数据的操作说明**

（1）右键单击"GDBCatalog"目录窗口中其他格式数据文件节点，在弹出的右键菜单中选择"导入→其他数据"项（见图 3-23），可弹出"数据转换"对话框（见图 3-24）。

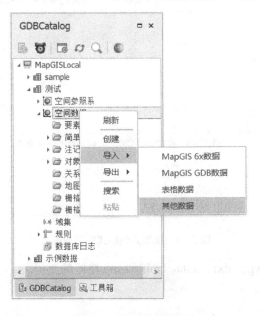

图 3-23  导入其他数据

图 3-24  "数据转换"对话框

（2）在"数据转换"对话框中单击" "按钮，可以添加本地磁盘中保存的其他格式的源数据，如图 3-25 所示。

图 3-25  添加其他格式的源数据

图 3-26 中添加了.dwg、.dxf、.e00、.mif 和.shp 格式的数据。

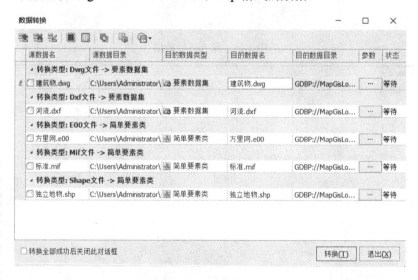

图 3-26  添加其他格式源数据的结果

(3) 修改目的数据参数。用户可以在"数据转换"对话框中修改目的数据名、目的数据目录和参数等,具体的修改方法可以参考 3.2.1 节"导入 MapGIS 6x 数据"中的内容。

(4) 其他操作。为了使导入的数据更加准确和完整,通过"  "按钮可以为导入数据配置日志,具体的操作方法也可以参考 3.2.1 节"导入 MapGIS 6x 数据"中的内容。

(5) 完成导入设置后单击"转换"按钮,可弹出"转换进度"对话框,数据转换成功后,"状态"栏中显示"  ",如图 3-27 所示。

# 第 3 章 空间数据的管理

图 3-27　数据转换成功的界面

需要注意的是，在导入以下几种格式的数据时，"高级参数设置"或"参数设置"对话框中的选项并不相同，其中：

① 在导入.dgn、.e00、.gml、.kml、.shp、.vct 等格式的数据时，单击"参数"栏中的"……"按钮后，弹出的对话框如图 3-28 所示，在该对话框中可以设置是否保留空数据。

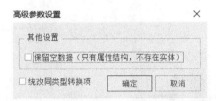

图 3-28　在导入.dgn、.e00、.gml、.kml、.shp 和.vct 等格式的数据时对应的"高级参数设置"对话框

② 在导入.mif 格式的数据时，对应的对话框如图 3-29 所示，该对话框已默认选择了符号对照表，同样也可以设置是否勾选"保留空数据"。

③ 在导入.dwg 和.dxf 格式的数据时，对应的对话框如图 3.30 所示，可以在该对话框中设置是否勾选"CAD 块映射为子图""要素分层输出"，并更改数据的符号对照表。

图 3-29　在导入.mif 格式的数据时
对应的"高级参数设置"对话框

图 3-30　在导入.dwg 和.dxf 格式的数据
时对应的"高级参数设置"对话框

"符号对照表选项"用于设置当.dwg和.dxf格式的数据导入到MapGIS 10中时所对应的符号库，可根据符号对照表参考模板来创建与编辑符号对照表。

④ 在导入.txt格式的数据时，"参数设置"对话框如图3-31所示。

图3-31 在导入.txt格式的数据时对应的"参数设置"对话框

"参数设置"对话框中的主要选项说明如下。

在"数据预览"栏中，"坐标起始行"用于设置从文本文件数据中的哪一行开始导入，即"横坐标""纵坐标"，才能取得正确的值。

在"生成参数"栏中，可以设置即将导入的文本文件是点数据还是线数据。需要注意的是，若文本文件是线数据，则选择"生成线"，默认两条线之间的分隔符为分号，其他分隔符可在文本框中输入。

在"坐标"栏中，可以设置读取文本文件时，X、Y分别位于哪一列。

在"列分割符号"栏中，可以设置分割符号，可以选择文本文件中对应的分割符号，默认为逗号。若文本文件中有其他分隔符，则可选择其他分隔符。若勾选"连续分割符号每个都参与分割"，则所选的每个分隔符都会参与分隔。

在"图形参数及属性结构"栏中，可以设置导入后数据的图形参数和属性结构。单击"图形参数"按钮可进行图形参数的设置，例如点参数设置如图3-32所示。单击"属性结构"按钮可弹出如图3-33所示的"设置属性结构"对话框。

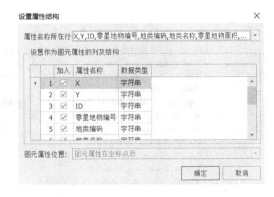

图 3-32　点参数设置　　　　　图 3-33　"设置属性结构"对话框

在"投影变换"栏中，可以设置用户参照系和目的参照系，如图 3-34 所示，具体的投影变换方法将在 14.3 节中讲解。若勾选"投影变换"，则在导入数据时会将数据投影到其他坐标系中。

**2．导出其他数据的操作说明**

（1）右键单击要导出 MapGIS 数据为其他数据的节点，在弹出的右键菜单中选择"导出→其他数据"，如图 3-35 所示，可弹出"数据转换"对话框，如图 3-36 所示。

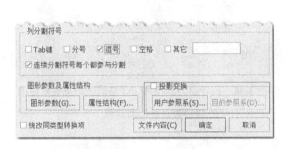

图 3-34　投影变换设置　　　　　图 3-35　导出其他数据

（2）在"数据转换"对话框中，系统默认将相应的 GDBCatalog 下的简单要素类和注记类列出在转换列表中。系统默认将简单要素类转换为 Shape 文件（.shp 文件），将注记类转换为 Mif 文件（.mif 文件）。

（3）修改目的数据参数。用户可以在"数据转换"对话框中修改目的数据类型、目的数据名、目的数据目录、参数等。当修改单条数据时，单击数据要修改项所对应的名称就可以

61

进行修改；当修改多条数据时，可以在单击" "按钮弹出的"修改数据"对话框中进行多条数据的统一修改，即统改参数。

图 3-36 "数据转换"对话框

① 在导出为 6x 数据时，单击" "按钮可弹出如图 3-37 所示的对话框，在该对话框中可以设置导出后的空间参照系，以及 INT64 字段类型的处理方式。

② 在导出为.dwg 和.dxf 格式的数据时，单击" "按钮可弹出如图 3-38 所示的对话框，在该对话框中可以设置 AutoCAD 版本和符号对照表。

图 3-37 在导出为 6x 数据时对应的"高级参数设置"对话框

图 3-38 在导出为.dwg 和.dxf 格式的数据时对应的"高级参数设置"对话框

## 3.3 栅格数据的转换

栅格数据模型的基本单元是一个格网，每个格网称为一个栅格（也称为像元），被赋予一个特定值。这种规则格网通常采用三种基本形状：正方形、三角形、六边形，如图 3-39 所示。每种形状具有不同的几何特性：其一是方向性，栅格数据模型中的正方形和六边形格网都具有相同的方向，而其中的三角形格网却具有不同的方向；其二是可再分性，正方形和三角形格网都可以无限循环地再细分成相同形状的子格网，而六边形格网则不能进行相同形状的无限循环再分；其三是对称性，六边形格网的每个邻居都与该六边形格网等距，也就是说六边形格网的中心点到其周围的邻居格网的中心点的距离相等，而三角形格网和正方形格网就不具备这一特征。

图 3-39　三种形状的格网

栅格模型中最常用且最简单的是正方形格网，除了因为它具有上述的方向性和可再分性，还因为大多数栅格地图和数字图像都采用了这种栅格模型。

栅格模型的缺点在于难以表示不同要素占据相同位置的情况，原因是一个栅格被赋予了一个特定的值，因而一幅栅格地图仅适合表示一个主题（如土地地貌、土地利用等）。

在栅格模型中，栅格大小的确定是一个关键。根据抽样原理，当一个地物的面积小于 1/4 个栅格时就无法予以描述，而只有地物的面积大于一个栅格时才能确保被反映出来。很多栅格具有相同的值，数据冗余非常大，因此在地图数据库中，为了节约存储空间，通常不直接存储每个栅格的值，而是采用一定的数据压缩方法，常用的有行程编码法和四叉树法。

行程编码法是逐行将具有相同取值的栅格用两个数值（$L,V$）表示，$L$ 表示栅格数，$V$ 表示栅格的值。行程编码法也可以按列进行压缩，其压缩倍率与按行压缩一般不相等。行程编码法的数据在处理时需要还原，因此研究数据压缩还应考虑数据还原的可能性与方便性。

四叉树法是一个分层的多分辨率的栅格地图表示方法。它首先将整幅图以 2×2 的方式进行四等分，如果其中任一栅格内属性不唯一，则将该栅格再以 2×2 的方式进行四等分，如此循环直至每个栅格内的值唯一，如图 3-40 所示，图中的每个栅格大小并不相等，各栅格根据其所处层次的编号逐层记录，图 3-40（a）左上角的栅格处于第一层，右上角的栅格处于第二层，左下角的栅格处于第三层，以此类推。就其本质而言，四叉树法不仅是一种数据压缩方法，还是一种数据结构，用四叉树表示的栅格地图一般无须还原即可进行数据分析。四叉树法曾经是一个相当活跃的研究领域，基于四叉树法的算法非常丰富。

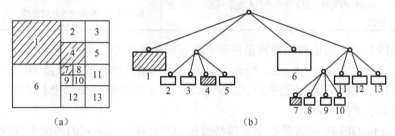

图 3-40　四叉树描述

栅格模型与矢量模型似乎是两种截然不同的空间数据结构。栅格模型具有属性明显、位置隐含的特性，而矢量模型具有位置明显、属性隐含的特性。栅格数据的操作总体来说比较容易实现，尤其是作为斑块图件的表示时更易为人们接受；而矢量数据的操作则比较复杂，许多分析操作（如两张地图的覆盖操作、点或线状地物的邻域搜索等）用矢量数据实现十分困难，但用矢量数据表示线状地物是比较直观的，而面状地物则通过对边界的描述而表示。无论采用哪种数据结构，数据精度和数据量都是一对矛盾，要提高数据精度，栅格模型需要更多的栅格单元，而矢量模型则需记录更多的线节点。一般来说，栅格模型只是矢量模型在某种程度上的一种近似，如果要使栅格模型描述的地物取得与矢量模型同样的精度，甚至仅仅在量值上接近，数据也要比后者大得多。

栅格模型在某些操作上比矢量模型更有效且更易于实现。例如，按空间坐标位置的搜索，对于栅格模型而言是极为方便的，而对矢量模型而言则搜索时间要长得多；又如，在给定区域内进行统计指标运算，包括计算多边形形状、多边形面积、线密度、点密度，栅格模型可以很快得到结果，采用矢量模型则由于所在区域边界限制条件而难以提取而效率较低，对于给定范围的开窗、缩放，栅格模型也比矢量模型优越。但矢量模型用于拓扑关系的搜索时则更为高效，如计算多边形形状搜索邻域、层次信息等；对于网络信息，只有矢量模型才能进行完全描述；矢量模型在计算精度与数据量方面的优势也是矢量模型比栅格模型更受欢迎的原因之一，采用矢量模型时的数据量大大少于栅格模型的数据量。

栅格模型除了可使大量的空间分析模型得以容易实现，还具有以下两个特点：

（1）易于与遥感相结合。遥感影像是以栅格为单位的栅格模型，可以直接将原始数据或经过处理的影像数据纳入栅格模型的地理信息系统。

（2）易于信息共享。目前还没有一种公认的矢量模型地图数据记录格式，而不经压缩编码的栅格格式（即整数型数据库阵列）则易于为大多数程序设计人员和用户理解和使用，因此以栅格数据为基础进行信息共享的数据交流较为实用。

许多实践证明，栅格模型和矢量模型在表示空间数据时可以达到同样的效果。对于一个 GIS 软件，较为理想的方案是采用两种数据结构，即栅格模型与矢量模型并存，这对于提高地理信息系统的空间分辨率、数据压缩率，以及增强系统分析、输入/输出的灵活性是十分重要的。矢量数据和栅格数据的比较如表 3-1 所示。

表 3-1 矢量数据和栅格数据的比较

| 数据类型 | 优　点 | 缺　点 |
| --- | --- | --- |
| 矢量数据 | 数据结构紧凑、冗余度低，有利于网络和检索分析，图形显示质量好、精度高 | 数据结构复杂，进行多边形叠加分析时比较困难 |
| 栅格数据 | 数据结构简单，便于空间分析和地表模拟，现势性较强 | 数据量大，投影变换比较复杂 |

在 MapGIS 10 中，栅格数据转换是在基础数据转换插件中实现的，能够支持 *.msi、*.tif、*.img、*.jpg、*.gif、*.bmp、*.jp2、*.png 等 20 多种栅格数据格式，以及 bil、Arc/Info 明码 Grid、Surfer Grid 等多种 DEM 数据格式。MapGIS 10 提供了导入 6x DEM 库的功能，增强了它对 DEM 数据的支持能力。

另外，在 MapGIS 10 中矢量数据和栅格数据的转换统一到相同的界面中进行，使得数据转换在界面和流程操作上都更加统一和便捷。

与矢量数据转换相同，基础数据转换插件也为栅格数据转换提供了错误检查和自动改错的功能，可自动消除不符合规范的命名错误，可设置日志文件、记录详细转换日志并提供出错提示。

栅格数据的导入步骤如下：

（1）右键单击"GDBCatalog"目录窗口中需要导入的数据节点，在弹出的右键菜单中选择"导入→其他数据"，可弹出如图3-41所示的"数据转换"对话框。

图3-41　"数据转换"对话框

（2）添加数据。单击"数据转换"对话框中的"　"按钮可添加需要导入的数据，如图3-42所示。

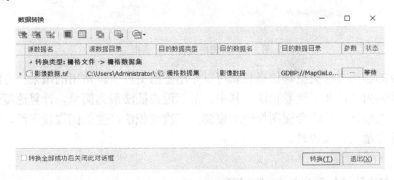

图3-42　添加数据后的结果

（3）修改转换参数。添加完数据后，系统会采用默认的目的数据类型、目的数据名、目的数据目录，用户可根据需要修改这三个参数。"参数设置"对话框如图3-43所示。

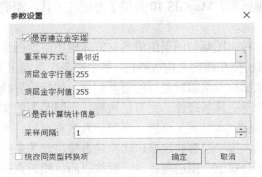

图3-43　"参数设置"对话框

栅格数据的导出步骤与导入类似。在将 MapGIS 栅格数据集导出为其他类型的栅格文件时，若要修改目的栅格文件的类型，请单击"数据转换"对话框上对应的栅格数据的"…"按钮，可弹出如图 3-44 所示的"栅格文件"对话框，可在该对话框中选择目的栅格文件类型。

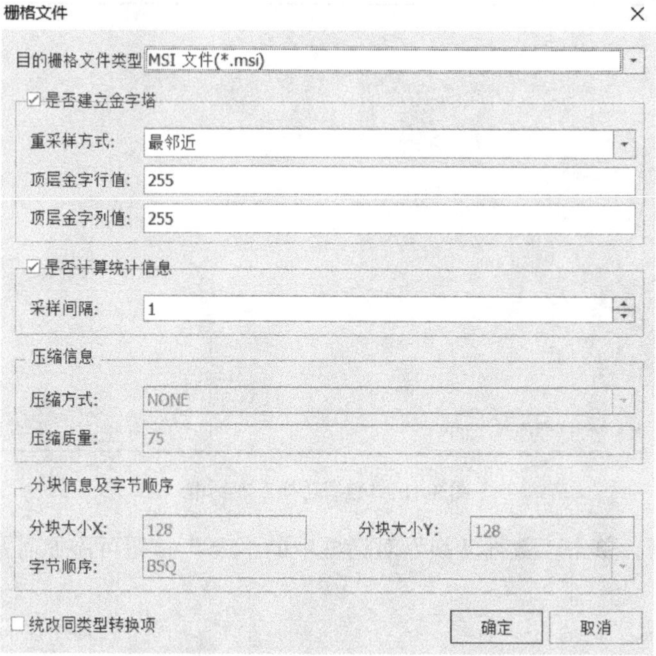

图 3-44 "栅格文件"对话框

设置好目的栅格文件类型等信息后就可以导出栅格文件了。常用的重采样方法有最邻近内插法、双线性内插法和三次卷积法。其中，最邻近内插法最为简单，计算速度快，但是视觉效果较差；双线性内插法会使图像轮廓模糊；三次卷积法产生的图像较平滑，有较好的视觉效果，但计算量大、较费时。

## 3.4 地图集的创建与使用

一个区域的基础数据可能由若干幅相同比例尺的、标准图幅的地形图组成，那么如何管理成百上千幅复杂的地形图呢？MapGIS 10 提供了方便的工具，即通过地图集来进行有效的管理。

地图集管理模型是一种由图幅与图层组成的立方体模型。地图集管理模型是以图幅为单位来管理空间数据的。该模型在横向上构成网格，单个图幅在纵向上又由若干图层重叠组成，图层的划分可对应于在地图输入编辑时进行的层类划分，如行政界线图层、水系图层等。图层的横向划分使得图库管理更具条理性、更有层次感，不同类型的实体分布在不同图层里，如将河流、湖泊组成水系层，水系层又可进一步划分为水系点层、水系线层、水系面层。图层按预定的顺序叠加显示，每一层都通过显示比与是否显示开关来控制图层显示状态。为了保证图层在叠加显示时不会被上一图层覆盖，一般按照面、线、点的顺序组织图层。用户可以根据图幅与图层联合定位到唯一的要素类，从而实现对要素类的管理。

# 第3章 空间数据的管理

在实际数据采集业务流程中，数据采集大多是以图幅为单位来进行任务划分的，即同一个制图人员需要将该图幅区域内所有空间数据按图层来进行采集，然后对同一区域包含的所有图幅内的数据进行分析处理。因此，对于采集完成后的数据，需要进行分层处理，方可形成对应的图层。

根据上述数据采集流程的特点，可将图层管理数据的方式分为两种：合并层管理方式与非合并层管理方式。合并层管理方式是指将分幅采集后的数据进行合并（追加）操作，使得地图集中的一个图层关联一个唯一的要素类，同一图层上的数据是一个不可分割的整体，在此类图层中，图幅为逻辑上的概念，并不与独立的数据类对应。非合并层管理方式是指一个图层可以关联多个要素类，在图层与图幅定位的每个网格处关联一个要素类，同一图层上的数据在物理上是不连续的，它们只是从逻辑上构成一个图层整体。

地图集用于管理具有相同空间参考的多幅地图数据，每一个图幅由多个图层（层类）组成，每个层类的数据在物理上独立存储。地图集可以将低版本 MapGIS 的地图库升迁到 MapGIS 10 中进行管理，同时也支持在 MapGIS 10 中直接创建地图集。

在地图集管理中，还需要简单了解以下基本概念。

（1）图幅。图幅是地图集中的基本图形单元，按一定方式将地图划分为若干尺寸适宜的单幅地图，便于地图制作和使用。地图集支持三种分幅方式：等高宽的矩形分幅、等经纬的梯形分幅、不定形的任意分幅（如可以用省界的区要素类对地图集进行不定形任意分幅）。

（2）图层。图层表示一个数据层，一个层类关联的是具有相同属性结构的要素类数据，层类控制着图层的显示信息、符号信息以及属性结构，如等高线图层。

（3）要素类。要素类是相同类型的要素集合，是要素分类的概念性表示，它包含了要素的属性信息和几何信息。地图集中的一个图层可以关联一个或多个要素类数据。

完整地应用、管理一个地图集的步骤是：创建地图集→新建图幅→新建层类。

在"GDBCatalog"目录窗口中数据库的"地图集"节点上，提供了地图集的创建功能。地图集创建成功后，才能进行进一步的管理操作。

## 3.4.1 创建地图集

（1）右键单击"GDBCatalog"目录窗口中的"地图集"，在弹出的右键菜单中选择"创建"，如图 3-45 所示，可弹出"地图集创建向导"对话框。

（2）基本信息设置。在如图 3-46 所示的"地图集创建向导"对话框中输入地图集的名称，选择地图集属性，地图集属性包括合并层和非合并层两种。

"合并层"：用于关联一个栅格数据集或一个简单要素类，适合管理数据量较大、不会再进行频繁修改操作的数据。

"非合并层"：用于关联一个要素数据集，适合管理数据量较小或需要就经常修改、变更的数据。用户可以根据需要选择地图集属性。

图 3-45　创建地图集

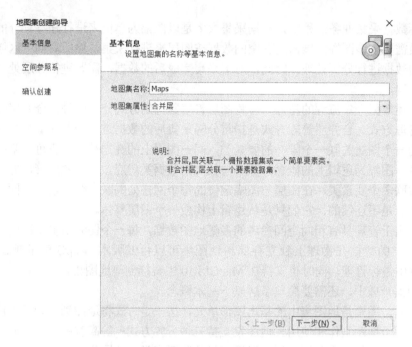

图 3-46 "地图集创建向导"对话框

（3）空间参照系设置。空间参照系的设置方式与创建简单要素类时设置参照系的界面相同。在"空间参照系"界面（见图 3-47）下方列出了地图集所在位置数据库的所有空间参照系，可供用户选择。另外，用户还可以单击"新建"按钮来创建一个空间参照系，或单击"导入"按钮来导入其他数据库中的空间参照系。完成空间参照系的设置后，单击"下一步"按钮。

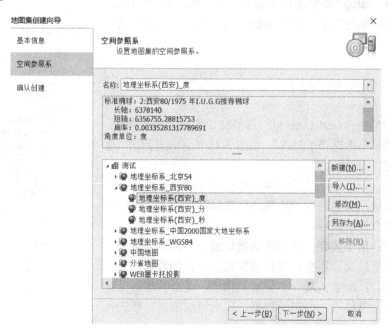

图 3-47 "空间参照系"界面

（4）确认创建。在"地图集创建向导"对话框中的"确认创建"界面（见图3-48）中，确认输入的地图集创建信息是否正确，若信息有误，则单击"上一步"按钮，并在相应位置进行修改；若属性确认无误，则单击"完成"按钮来完成地图集的创建。

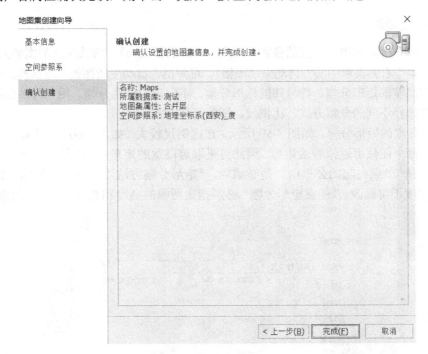

图 3-48 "确认创建"界面

完成地图集的创建后，需要先进行图幅的创建，再进行要素和图层的关联。

### 3.4.2 创建图幅

MapGIS 10 提供了两种创建图幅的方式：自定义创建图幅和自动生成图幅。使用两种方式进行图幅创建的具体步骤如下。

#### 1. 自定义创建图幅

用户可根据输入的图幅控制点参数信息生成单图幅。

（1）在"地图集"的右键菜单选择"新建图幅"，可弹出如图 3-49 所示的"新建图幅"对话框。

（2）在"新建图幅"对话框中输入图幅名称、选择数据范围类型。对于自定义创建的图幅有两种数据范围类型，即矩形范围和梯形范围，可供用户选择。若选择矩形范围，则只需要输入左下角和右上角的坐标；若选择梯形范围，则需要输入四个角的控制点坐标。输入完成后单击"确定"按钮，可

图 3-49 "新建图幅"对话框

完成图幅的创建。

自定义创建图幅属于手动创建图幅，在进行图幅设置时，注意图幅范围要包含待关联的要素的空间范围，否则可能会出现因为空间范围不一致的情况，从而导致数据入库不成功。

**2．自动生成图幅**

MapGIS 10 可根据用户设置的参数自动生成对应的图幅，这种方式生成的图幅为多图幅。选择"地图集"右键菜单中的"自动生成图幅"，可弹出"自动生成图幅"对话框。分幅方式有三种：等高宽的矩形分幅、等经纬的梯形分幅、不定形的任意分幅。用户可以根据数据的格式和需要选择不同的分幅方式、比例尺、图幅编号方式。

（1）等高宽的矩形分幅，如图 3-50 所示。在比例尺较大（如 1∶500、1∶1000、1∶2000）的情况下，每个图幅可近似看成矩形，因此可采取等高宽的矩形分幅。这种分幅方式的"横向起始公里值""纵向起始公里值"是必填项，"矩形分幅方法"左边两项为标准分幅，图幅高度和宽度不可修改，"任意矩形分幅"必须指定图幅的高度和宽度，即"横向格数""纵向格数"。

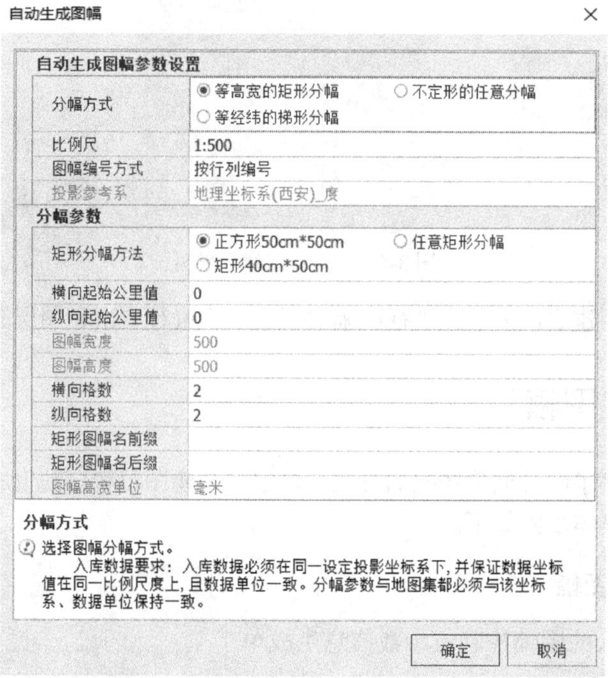

图 3-50　等高宽的矩形分幅

等高宽的矩形分幅的要求如下：
① 入库数据必须在同一投影坐标系下。
② 必须保证数据坐标值、比例尺、数据单位的一致。
③ 地图集与分幅参数都必须与该坐标系、数据单位保持一致。

（2）等经纬的梯形分幅，如图 3-51 所示。在较小比例尺（如 1∶2.5 万）的情况下，宜采取等经纬的梯形分幅。选择"等经纬的梯形分幅"后，还需要选择比例尺和图幅编号方式。MapGIS 10 提供了多种比例尺，如"1:5 千""1:1 万""1:2.5 万""1:5 万""1:10 万""1:20 万"

"1:25万""1:50万""1:100万",可供用户选择。

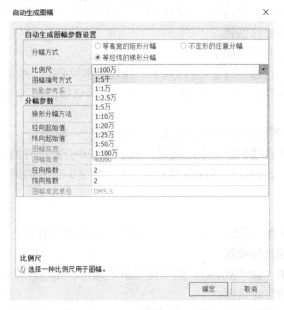

图 3-51　等经纬的梯形分幅

另外,MapGIS 10 还提供了多种图幅编号方式,用户可以根据需要选择相应的编号方式。选择比例尺和图幅编号方式后,可设置分幅参数。必须根据数据的起始经/纬度,在"分幅参数中"输入经向起始值和纬向起始值,数据才能正确入库。确定比例尺后,图幅高度和图幅宽度不可修改。

等经纬的梯形分幅的要求如下:
① 分幅参数采用 DMS 格式的经纬坐标。
② 图幅与数据不在同一坐标系,且单位也可能不一致。
③ 入库数据在相同的投影坐标系下,并保证数据的比例尺、数据单位一致。

(3) 不定形的任意分幅,如图 3-52 所示。如果已知地图集的分幅区数据文件,则可以选择不定形的任意分幅。在不定形的任意分幅中,"比例尺"为"自由比例尺","图幅编号方式"为"不生成图幅标识"。

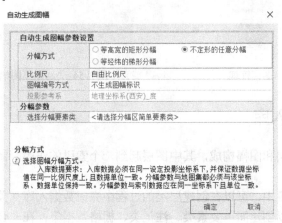

图 3-52　不定形的任意分幅

在设置分幅参数时,单击"请选择分幅区简单要素类"编辑框,可弹出"选择区简单要素类"对话框,在该对话框中选择事先做好的、用于分幅的区简单要素类,单击"确定"按钮就可以完成地图集图幅的创建。

不定形的任意分幅的要求如下:

① 分幅参数与索引数据在同一坐标系下,且数据单位必须一致。

② 入库数据必须在同一投影坐标系下,并保证数据坐标值在同一比例尺度下,且数据单位一致。

③ 分幅参数与地图集都必须与该坐标系、数据单位一致。

需要注意的是,在自动创建一个图幅时,MapGIS 10 会把已有的采用自动生成图幅方法创建的图幅覆盖删除掉,但是能够保留用户手动(自定义)创建的图幅。

### 3. 图幅管理

MapGIS 10 提供了图幅管理功能,可以通过该功能查看和管理当前地图集的图幅信息。以下是进行图幅管理的具体步骤。

(1)在相应地图集(如"Maps")的右键菜单中选择"图幅管理",如图 3-53 所示,可弹出"地图集图幅管理"对话框。

(2)在"地图集图幅管理"对话框(见图 3-54)中,用户可以查看已创建图幅的名称和范围。另外,选中相应图幅后单击鼠标右键,可以删除对应的图幅。

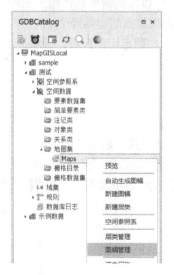

图 3-53 图幅管理

图 3-54 "地图集图幅管理"对话框

## 3.4.3 数据入库

地图集主要由图层和图幅构成,其中图层起到一个索引的作用,图层不存储数据,而仅仅关联对应的数据层。

在地图集管理系统中,可以在创建层类的过程中完成数据入库(关联数据)。

在合并层中,可以创建简单要素类、注记类、栅格数据集;在非合并层中,只能创建简单要素类和注记类。操作过程如下。

（1）在新建地图集（如"Maps"）的右键菜单中选择"新建层类"，如图 3-55 所示，可弹出"新建层类"对话框。

（2）在"新建层类"对话框（见图 3-56）中，输入层类名称，选择要入库的数据类型，可选的数据类型包括简单要素类、注记类、栅格数据集。

图 3-55　新建层类　　　　　　　　　图 3-56　"新建层类"对话框

（3）根据需要，设置该层数据在地图视图或内容视窗中图形显示的最小显示比和最大显示比，即在比例范围外只显示接图表，不显示图形数据，可保持默认的显示比。

（4）若用户只需要创建一个空的层类，那么单击"确定"按钮即可完成一个空层类的创建；若需要关联数据，那么请勾选"关联数据"，地图集会显示关联实体。

对于一个合并层的地图集，单击"数据 URL"编辑框后的" "按钮，在弹出的"打开文件"对话框中可以选择单个的简单要素类、注记类或栅格数据集；若单击"数据 URL"编辑框后的" "按钮，在弹出的"浏览文件夹"对话框中可以选择要素数据集或其他包含了目的要素的文件夹。对于合并层的地图集，MapGIS 10 会自动将文件夹中的多个要素合并为一个要素。

数据的入库方式有两种：精准入库和模糊入库。

① 精准入库。选择精准入库时，入库的数据范围必须全部包含在图幅范围内，会对空间范围进行严格检查，并需要设置容差（系统会根据实际数据给定一个容差值）。精准入库对入库的数据范围的精度要求较高，入库耗时一般较长。

② 模糊入库。选择模糊入库时，只需要数据的外包矩形中心点落在图幅范围中即可进行数据的入库，该入库方式对数据范围的精度要求较低，入库效率相对较高。

在执行数据入库时，系统会对入库数据和地图集的空间范围进行比较，只有符合入库要求的并且在地图集空间范围内的数据才能成功入库。另外，对于合并层的地图集只能选择精准入库一种入库方式；对于非合并层的地图集，可以选择精准入库或模糊入库两种入库方式，用户可以综合考虑对入库数据范围精度的要求和时间效率，以选择合适的入库方式。

针对合并层地图集，如果是 6x 数据文件夹，系统会默认将 6x 数据转换成简单要素类后再入库；针对非合并层地图集，可以选择"上载路径（6x）"，将 6x 数据转换成 MapGIS 10 中的数据后再进行关联，否则系统会关联 6x 数据。

（5）设置层类属性结构。单击"新建层类"对话框下方的"导入属性结构"按钮，可以直接选择 6x 数据，也可以选择简单要素类。系统可以读取所选择数据的属性结构，并在"新建层类"对话框中显示详细的属性结构信息。待入库数据的属性结构只有在和设置的属性结构一致时才能成功入库。

执行完上述的操作后，数据已经成功上载并添加了图层。在新地图集（如"Maps"）的右键菜单中选择"预览"后，即可在内容视窗中看到图形效果。

### 3.4.4 地图集的显示

地图集的显示方式包括"显示图形""显示接图表""显示图形和接图表"，如图 3-57 所示。在选择地图集的显示方式时，还可以选择"按层类排列"或"按图幅排列"。

上述三种地图集显示方式是通过 MapGIS 工作空间中"地图集"的右键菜单进行选择和设置的，在 MapGIS 内容视窗中还提供了地图集其他信息的显示方式。

在"GDBCatalog"目录窗口中选择需要查看的地图集后，将视图切换到内容视窗上，就可以在内容视窗中查看地图集的"基本信息""图形信息""元数据信息"。基本信息的显示如图 3-58 所示。

图 3-57 地图集显示方式

图 3-58 基本信息的显示

### 3.4.5 地图集的其他管理操作

（1）清空图幅，用于删除地图集下创建的图幅。在"地图集"的右键菜单中选择"清空图幅"，即可清空相应地图集下的所有图幅。使用清空图幅功能也会将当前地图集下的所有图幅删除。

（2）清空层类，用于删除不需要的层类。右键单击需要清空其中层类的地图集，在其右键菜单中选择"清空层类"即可删除该地图集下创建的所有层类。

（3）空间参照系设置，用于修改地图集的空间参照系。空间参照系设置项的操作方法如下。

① 在"GDBCatalog"目录窗口中，右键单击要编辑空间参照系的地图集，在弹出的右键菜单中选择"空间参照系"，可弹出"设置空间参照系-地图集"对话框，如图3-59所示。

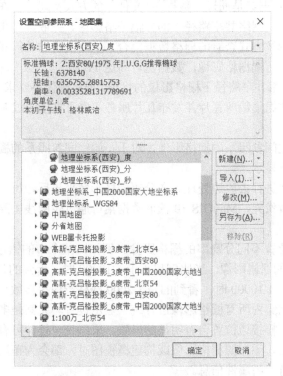

图 3-59 "设置空间参照系-地图集"对话框

② 在弹出的对话框中，可查看当前对象的空间参照系名称，以及系统提供的所有空间参照系列表。如果需要修改，则可以在列表中选择要切换的空间参照系，或通过"新建"或"导入"按钮为数据设置新的空间参照系。

③ 单击"确定"按钮完成简单要素空间参照系的设置。

④ 地图集的复制，将地图集的迁移或将地图集的 URL 复制到目标位置。右键单击需要复制的地图集，在右键菜单中选择"复制"或"复制 URL"，然后在目标位置进行粘贴，即可完成数据集的迁移或地图集 URL 的复制。

⑤ 删除地图集，删除已经作废或不需要的地图集。右键单击需要删除的地图集，在右键菜单中选择"删除"，即可完成地图集的删除。

## 3.5 镶嵌数据集

栅格影像在采集后,是以分幅的模式进行存储的,这样有利于提高数据的采集精度和迁移存储效率。在实际中,某一个行政区范围内采集的栅格影像可高达成千上万幅,数据量达到 TB 级。如何高效地管理这些栅格影像,是目前 GIS 对栅格影像应用的首要任务。

对于栅格影像的管理,传统的 GIS 软件一般采用两种模式:一种模式是直接以分幅数据的形式添加到系统中显示,这样会导致内存压力增大,对计算机的要求较高,且显示效率非常低;另一种模式是将分幅数据拼接为一整幅数据,但将 TB 级的数据拼接为一幅,这是非常耗时的,并且当部分栅格影像发生变化时,不便于更新。镶嵌数据集管理模式应运而生。

MapGIS 10 镶嵌数据集是通过"数据库+文件"的方式实现的,在地理数据库使用镶嵌数据集模型来管理本地及网络共享路径下的分幅栅格影像。镶嵌数据集是用于管理一组以目录形式存储并以镶嵌影像方式查看的栅格数据集合,主要实现的功能和意义如下:

(1)可管理成千上万幅栅格影像,数据量可高达 TB 级。

(2)支持本地及网络共享路径下栅格影像的管理,栅格影像不要求上载到地理数据库中。

(3)可利用镶嵌数据集裁剪瓦片并发布瓦片服务,也可直接通过 MapX 发布镶嵌数据集服务。

(4)可管理不同空间参照系的栅格影像,对于不同空间参照系的栅格影像,可统一动态投影到同一个坐标系下显示。

(5)可对栅格影像进行去黑边处理。在分幅栅格影像采集后,每一个分幅栅格影像四周可能会存在黑色的无效像元,MapGIS 10 镶嵌数据集可通过轮廓线去除黑边,且不会修改源栅格影像数据信息。

(6)可管理同一位置不同分辨率的栅格影像。例如,某个市的镶嵌数据集包含 1:10000 和 1:2000 两种比例尺的栅格影像,当比例尺小于 1:10000 时,看到的是 1:10000 栅格影像拼接效果,当比例尺大于 1:10000 时,看到的是 1:2000 栅格影像拼接效果。

(7)可对镶嵌数据集内所有栅格影像进行统一显示设置。尤其是多幅 DEM 数据,如果各自拉伸显示,两个图幅接边位置会有明显的界限,采用统一拉伸可有效消除界限。

创建镶嵌数据集后,添加源栅格影像或构建概视图时,都会为镶嵌数据集添加一个栅格项,每一个栅格项都有一组属性信息。

### 3.5.1 创建镶嵌数据集

在使用镶嵌数据集前,必须先创建一个空的镶嵌数据集容器。在创建的过程中,会定义镶嵌数据集的波段、像元类型、空间参照系等属性信息,所有添加的栅格均会以这些属性信息息为基准。

目前 MapGIS 10 只支持在 Oracle 数据库和 SQL 数据库中创建镶嵌数据集。

在创建镶嵌数据集之前,需添加在 Oracle、SQL 中的数据源且已连接(具体操作内容详见第 6 章)。操作方法如下。

(1)右键单击镶嵌数据集,在弹出的右键菜单中选择"创建",可弹出"镶嵌数据集创建向导"对话框,如图 3-60 所示。

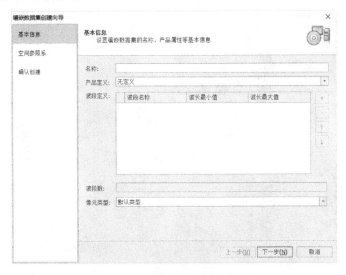

图 3-60 "镶嵌数据集创建向导"对话框

(2) 设置基本信息。

"名称":用于设置镶嵌数据集名称,不能与该地理数据库中已有的镶嵌数据集重名。

"产品定义":用于定义镶嵌数据集的波段信息。

"像元类型":用于定义镶嵌数据集的像元类型。MapGIS 10 支持 8 位无符号整数、8 位有符号整数、16 位无符号整数、16 位有符号整数、32 位无符号整数、32 位有符号整数、32 位浮点数和 64 位浮点数,共 8 种像元类型。当像元类型为"默认类型"时,镶嵌数据集的像元类型与第一个添加的栅格数据一致。

(3) 设置空间参照系信息,如图 3-61 所示。为镶嵌数据集设置空间参照系信息,此处为必选项且空间参照系不能为空。镶嵌数据集在显示时以此空间参照系为基准,当镶嵌数据集中的栅格数据的空间参照系与此设置不一致时,均会动态投影到此空间参照系中显示。

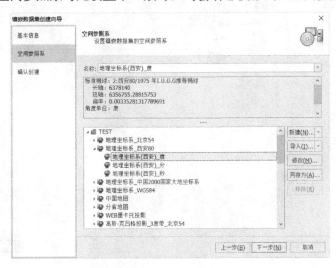

图 3-61 设置空间参照系信息

（4）确认创建信息，单击"完成"按钮即可创建一个空的镶嵌数据集，如图 3-62 所示。

图 3-62　确认创建信息

## 3.5.2　在镶嵌数据集中添加栅格数据

在创建镶嵌数据集后，就可以在镶嵌数据集中添加栅格数据，并通过镶嵌数据集查看所添加的栅格数据拼接显示效果。

（1）右键单击上述创建的镶嵌数据集，在弹出的右键菜单中选择"添加栅格数据"，可弹出"添加栅格至镶嵌数据集-[镶嵌数据集]"对话框，如图 3-63 所示。

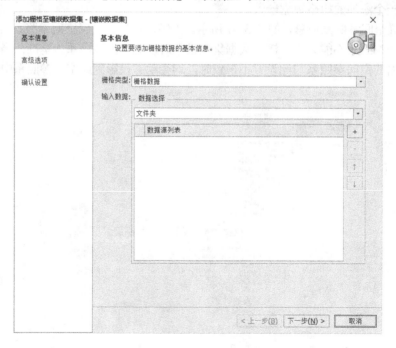

图 3-63　"添加栅格至镶嵌数据集-[镶嵌数据集]"对话框

（2）设置待添加的栅格数据信息。

"栅格类型"：目前只支持栅格数据类型。

"输入数据"：可支持文件夹和栅格文件两种类型。将文件夹添加到数据源列表后，在执行时会将文件夹中所有符合要求的栅格数据都添加到镶嵌数据集中。目前 MapGIS 10 只 *.msi、*.tif、*.img、*.bil 四种格式。将栅格文件添加到数据源列表后，在执行时会将该栅格文件添加到镶嵌数据集中。目前 MapGIS 10 只支持*.msi、*.tif、*.img、*.bil 四种格式。

"数据源列表"：可调节数据源列表信息的顺序。单击"+"按钮可添加文件夹或栅格文件数据源；单击"-"按钮可删除数据源列表中选中的单个或多个数据源；单击"↓"或"↑"按钮可调节数据源列表中数据源的顺序。

（3）单击"下一步"按钮，设置高级选项信息，如图 3-63 所示。

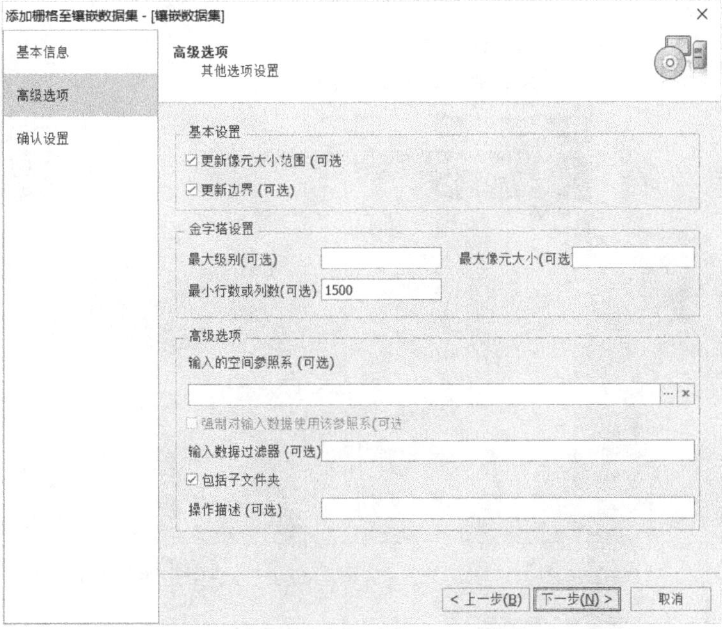

图 3-64　设置高级选项信息

在"基本设置"栏中，勾选"更新像元大小范围"选项可计算所有待添加栅格的像元大小范围，值会写入到属性表的"MinPS""MaxPS"中；若不勾选，则不会进行计算，"MinPS""MaxPS"的值为空。勾选"更新边界"选项可根据所有待添加栅格的轮廓线，生成镶嵌数据集的边界面；若不勾选，则不会生成边界面。

在"金字塔设置"栏中，可通过下面三个参数设置在镶嵌数据集中使用的金字塔。"最大级别"用于定义将在镶嵌数据集中使用的最大金字塔等级数；"最大像元大小"用于定义将在镶嵌数据集中使用的金字塔的最大像元大小；"最小行数或列数"用于定义将在镶嵌数据集中使用的金字塔的最小行数或列数。

在"高级选项"栏中，"输入的空间参照系"用于设置待添加栅格数据的空间参照系，会存在如下情况：此设置为空时，若待添加栅格数据包含空间参照系信息，则可成功添加，若待添加栅格数据中不包含空间参照系，则会添加失败；当此设置非空且不勾选"强制对输入数据使用该参照系"选项时，若待添加栅格数据中不包含空间参照系，则会使用此空间参照系，若待添加栅格数据中包含空间参照系，则此设置不起作用；当此设置非空且勾选"强制对输入数据使用该参照系"时，不论待添加的栅格数据中是否包含空间参照系信息，均采用此设置的空间参照系。"输入数据过滤器"用于通过过滤条件对源栅格数据进行过滤，只添加符合条件的源栅格数据。"包括子文件夹"选项用于通过文件夹类型添加栅格数据时，若勾选此项，则会遍历该文件夹及子文件夹中所有符合要求的栅格；若不勾选此项，则只遍历该文件夹下所有符合要求的栅格。"操作描述"用于对操作进行一定的描述。

（4）单击"下一步"按钮，确认设置信息，单击"确认"按钮即可添加相应的栅格数据，如图 3-65 所示。

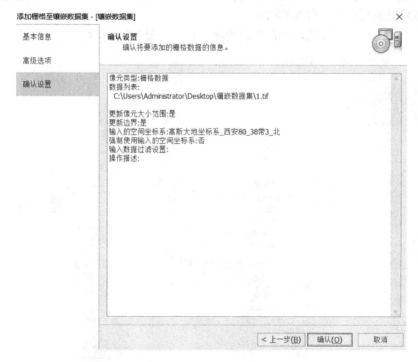

图 3-65 "确认设置"界面

### 3.5.3 镶嵌数据集的修改和编辑

**1. 镶嵌数据集的属性**

创建镶嵌数据集后，在添加源栅格数据或构建概视图时，都会为镶嵌数据集添加一个栅格项，每一个栅格项都有一组属性信息，如图 3-66 所示。

| ObjectID | Name | MinPS | MaxPS | LowPS | HighPS | Category | CenterX | CenterY |
|---|---|---|---|---|---|---|---|---|
| 1 | 1.tif | 0.000000000 | 0.000310736 | 0.000031074 | 0.000031074 | 源数据 | 117.810336762 | 42.910694626 |
| 2 | mosaic1.tif | 0.000000000 | 0.000269534 | 0.000026953 | 0.000026953 | 源数据 | 49.175597135 | 34.405152697 |
| 3 | mosaic2.tif | 0.000000000 | 0.000269497 | 0.000026950 | 0.000026950 | 源数据 | 49.190632306 | 34.405374786 |

图 3-66 栅格项的属性信息

"ObjectID"是镶嵌数据集中每一个栅格项的唯一标识（ID），具有一一对应的关系，即使删除镶嵌数据集中某一个栅格项，其唯一标识也不会再被其他栅格项使用。

"Name"用于记录镶嵌数据集中每一个栅格项的文件名称。当源栅格数据名称与源栅格数据存储名称一致时,概视图名称由系统根据概视图层级和分块行列号等信息自动指定。

"MinPS""MaxPS"用于记录镶嵌数据集中每一个栅格项的显示像元大小范围,单位与镶嵌数据集的空间参照系单位一致。此范围控制镶嵌数据集中每一个栅格项的显示比例尺范围,当超出该显示比例尺范围时,只显示轮廓线,不显示图像。

"LowPS""HighPS"用于记录镶嵌数据集中每一个栅格项的像元大小的值,单位与镶嵌数据集的空间参照系单位一致。LowPS 为真实分辨率,HighPS 为使用的最高层金字塔的分辨率。若源栅格数据没有金字塔信息,则 LowPS 和 HighPS 相同。

"Category"用于标识栅格项是源栅格数据还是概视图。概视图又包括未处理概视图、概视图、待移除概视图、过时的概视图四种状态。

"CenterX""CenterY"用于记录镶嵌数据集中每一个栅格项的中心点的坐标。

### 2. 构建轮廓线

轮廓线是镶嵌数据集中每一个栅格数据在镶嵌数据集的空间参照系下的轮廓区范围,镶嵌数据集中的源栅格数据和概视图均存在轮廓线信息。在默认情况下,轮廓线是镶嵌数据集中源栅格数据和概视图的外包矩形范围。但在更多情况下,可以通过构建轮廓线,将轮廓线设置为镶嵌数据集中源栅格数据和概视图的有效范围,从而起到去除栅格黑边的效果。轮廓线是使用镶嵌数据集的空间参照系创建的,它可能与源栅格数据的范围不同,如图 3-67 所示。

图 3-67 轮廓线

(1)右键单击镶嵌数据集,在弹出的右键菜单中选择"修改→构建轮廓线",可弹出如图 3-68 所示的"构建轮廓线"对话框。

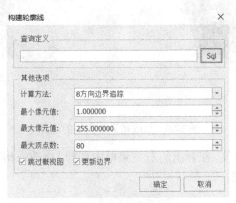

图 3-68 "构建轮廓线"对话框

(2) 设置参数信息。

在"查询定义"栏中，可通过 SQL 语句只对符合条件的栅格数据进行轮廓线的重新构建，此参数为空时，对镶嵌数据集中所有栅格数据进行操作。

在"其他选项"栏中，"计算方法"选择"8 方向边界追踪"法；"最小像元值""最大像元值"用于设置像元范围，在构建轮廓线时，只有此范围内的像元被认为是有效部分；当勾选"跳过概视图"选项时，不对概视图和栅格数据进行操作，当不勾选此选项时，会对概视图的轮廓线进行构建；当勾选"更新边界"选项时，会根据新的轮廓线重新生成边界，当不勾选此选项时，则不发生变化。

(3) 参数信息设置好之后单击"确定"按钮，即可完成轮廓线的构建，如图 3-69 所示。

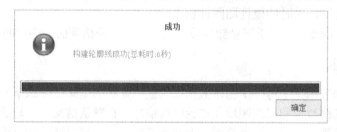

图 3-69　构建轮廓线成功

### 3. 边界

边界是在镶嵌数据集内通过源栅格数据的轮廓线定义的所有栅格数据的范围。边界以面要素的形式存储在地理数据库中，每一个镶嵌数据集只能有一个边界，可能是一个单独多边形面，也可能是组合图元面。

(1) 构建边界。边界用于确定镶嵌数据集的空间范围，只有边界范围内的栅格数据可以显示。在特定需求下，可利用构建边界功能来修改镶嵌数据集边界范围，从而改变镶嵌数据集的显示范围。图 3-70 中的折线为边界，只有边界范围内栅格数据可见。

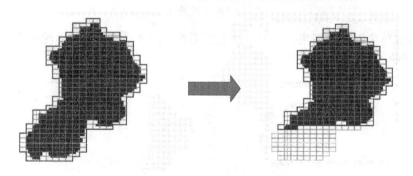

图 3-70　修改镶嵌数据集的边界

① 右键单击镶嵌数据集，在弹出的右键菜单中选择"修改→构建边界"，可弹出如图 3-71 所示的"构建边界"对话框。

② 设置参数信息。

"查询定义"可通过 SQL 语句限定只使用符合条件的栅格数据轮廓线来重新构建边界；当 SQL 条件为空时，可对镶嵌数据集中所有栅格数据进行操作。

当不勾选"追加到现有边界"选项时，符合 SQL 条件的所有栅格数据的轮廓线即新的边界；当勾选该选项时，最终的边界是符合 SQL 条件的所有栅格数据的轮廓线范围（即新的边界）和原边界的并集，如图 3-72 所示，实线为边界，虚线为轮廓线。

图 3-71 "构建边界"对话框

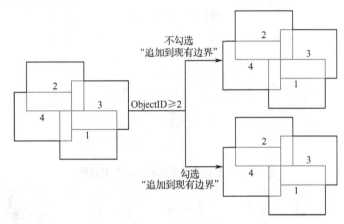

图 3-72 追加到现有边界

③ 参数信息设置好之后，单击"确定"按钮即可完成边界的构建，如图 3-73 所示。

图 3-73 构建边界成功

（2）更新边界。镶嵌数据集的边界是通过源栅格数据的轮廓线来定义所有栅格数据范围的，只有边界范围内的栅格数据可以显示。在特定需求下，想要显示特定矢量区域范围内的栅格数据时，如想要在镶嵌数据集中显示某行政区域的栅格数据，并且有一幅此区域的行政区划图，这就可以通过更新边界来完成。更新边界如图 3-74 所示。

① 右键单击镶嵌数据集，在弹出的右键菜单中选择"修改→更新边界"，可弹出如图 3-75 所示的"更新镶嵌数据集边界"对话框。

② 在"更新镶嵌数据集边界"对话框中可进行数据的选择，边界是以面要素的形式存储在地理数据库中的，所以在更新边界时需要选择相应的区图层，可在本地数据库（MapGISLocal）和 SQL 数据库中进行选择，如图 3-76 所示。

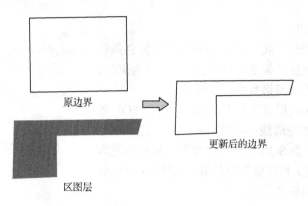

图 3-74 更新边界

图 3-75 "更新镶嵌数据集边界"对话框

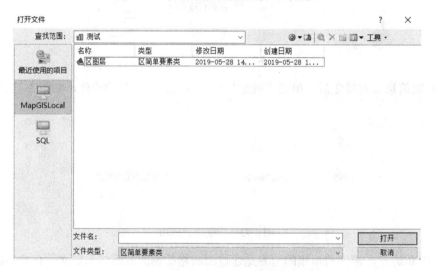

图 3-76 选择数据

图 3-77 导入成功

③ 数据选择完成之后,可对选择的区图层进行查询过滤,通过 SQL 语句选取符合条件的区图元作为更新的边界。当不进行查询过滤时,区图层中所有图元都可作为新的边界。设置完成之后单击"确定"按钮即可导入成功,如图 3-77 所示。

## 4. 概视图

镶嵌数据集可以管理成千上万幅栅格数据。为了提高镶嵌数据集的显示效率，采用小比例尺时一般只显示轮廓线，不显示源栅格图像。为了保证在任意比例尺下都能正确地显示镶嵌数据中源栅格数据的拼接效果，可以对镶嵌数据集构建概视图。

镶嵌数据集的概视图类似于栅格数据集的金字塔。概视图是在镶嵌数据集的所有栅格数据拼接显示的效果下，按照某种规则构建不同级别分辨率的栅格数据副本。查看整个镶嵌数据集时，会快速显示数据的较低分辨率副本，在放大过程中则依次会显示更高分辨率的副本。

MapGIS 10 对镶嵌数据集的概视图提供两个工具：定义概视图工具，可用于自定义将要生成的概视图规则；构建概视图工具，可用于更新或生成概视图。

概视图是源栅格数据的低分辨率副本，也可以认为是一个独立的栅格数据。镶嵌数据集定义概视图后，可在镶嵌数据集属性表中查看概视图栅格列表，概视图基本属性结构与源栅格数据一致。

MapGIS 10 中的概视图有以下四种状态：

未处理的概视图：已定义的空概视图，没有图像信息。

概视图：已经定义并构建的概视图，包含图像信息。

待移除概视图：包含图像信息的概视图，但所在范围内的源栅格数据全部缺失。在默认情况下，系统会自动从镶嵌数据集中删除此类概视图。

过时的概视图：包含图像信息的概视图，其范围内的源栅格数据已被修改或部分缺失。

（1）定义概视图。MapGIS 10 构建并使用镶嵌数据集的概视图前，需要先定义并生成概视图。

① 右键单击已创建好的镶嵌数据集，在弹出的右键菜单中选择"优化→定义概视图"，可弹出如图 3-78 所示的"定义概视图"对话框。

图 3-78 "定义概视图"对话框

② 设置参数信息。

在"输出位置"栏中可设置概视图的保存位置，MapGIS 10 支持数据库和本地文件夹两种方式。

在"处理范围"栏中可设置概视图的范围。在默认情况下，将为包含在镶嵌数据集边界内的区域生成概视图。但在某些情况下，可能需要控制生成的区域，可以通过指定坐标来定义矩形区域。MapGIS 10 也支持选择一个数据的范围作为生成概视图的范围。

如果不想使用所有栅格数据的金字塔，可通过"像素大小"设置概视图的基础像素大小，其单位与镶嵌数据集的空间参照系单位相同。当该值为 0 时，会根据金字塔自动计算最佳基础像素大小。

"级数"用于设置概视图的最大级别数，当该值为 0 时，MapGIS 10 会自动计算概视图级别的最佳值；当该值为非 0 时，概视图的最大级别为该指定值。

"行数""列数"用于设置概视图的分块大小。行数和列数越大，单张概视图的尺寸就越大，构建概视图的总数量就越少，源栅格数据发生变化时需要重新生成文件的可能性也越大。

"采样系数"用于设置概视图构建等级系数，此系数用来确定后续概视图的大小。例如，如果第一个等级概视图的像素大小为 $n$，采样系数为 3，则下一个概视图的像素大小将为 $3n$。

"重采样方法"用于设置生成概视图的重采样方法。

③ 参数信息设置好之后单击"确定"按钮，即可完成概视图的定义，如图 3-79 所示。

（2）构建概视图。已定义概视图，但未构建或构建的概视图已过时，可通过此功能构建概视图。

① 右键单击已创建好的镶嵌数据集，在弹出的右键菜单中选择"优化→构建概视图"，可弹出如图 3-80 所示的"构建概视图"对话框。

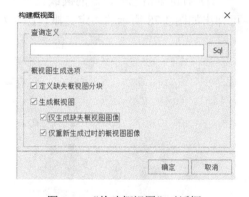

图 3-79　定义概视图成功　　　　　图 3-80　"构建概视图"对话框

② 设置参数信息

在"查询定义"栏中，可通过 SQL 语句来限定只使用符合条件的栅格数据构建概视图；当 SQL 条件为空时，对镶嵌数据集中所有栅格数据进行操作。

在"概视图生成选项"栏中，当镶嵌数据集的范围大于已定义的概视图范围时，勾选"定义缺失概视图分块"选项可对缺失的范围定义概视图。当用户定义概视图后添加栅格数据时，可直接通过此功能定义新增栅格数据范围的概视图，而不必执行定义概视图的操作。当勾选"生成概视图"选项时，生成概视图；反之不生成概视图。当勾选"仅生成缺失概视图图像"选项时，对未处理的概视图进行生成概视图操作；反之，不对该类概视图进行操作。当勾选

"仅重新生成过时的概视图图像"选项时,对过时的概视图进行生成概视图操作;反之,不对该类概视图进行操作。

③ 参数信息设置好之后,单击"确定"按钮即可构建概视图。

**5. 移除栅格**

移除栅格功能是指从镶嵌数据集中移除指定的栅格项,包括源栅格数据和概视图。

(1)右键单击镶嵌数据集,在弹出的右键菜单中选择"移除栅格",可弹出如图 3-81 所示的"移除栅格"对话框。

图 3-81 "移除栅格"对话框

(2)设置参数信息。

"查询定义"栏中的条件不能为空。移除栅格时,必须设置 SQL 语句,只对符合条件的栅格进行操作。

在"其他选项"栏中,当选中的栅格中包括概视图时,勾选"删除概视图图像"选项后可删除概视图图像,镶嵌数据集中依然会有该概视图,但没有图像。当移除镶嵌数据集中的栅格时,勾选"更新像元大小范围"选项后可根据剩余的栅格自动计算像元大小范围;反之,镶嵌数据集中像元大小范围保持不变。当移除镶嵌数据集中的栅格时,勾选"更新边界"选项后可根据剩余的栅格自动更新镶嵌数据集边界;反之,不会更新边界。当移除镶嵌数据集中的栅格时,勾选"标记受影响的概视图"选项后可标记受影响的概视图状态;反之,不会改变概视图状态。当用户移除了部分源栅格数据时,建议勾选该选项,以标记受影响的概视图,只需利用构建概视图功能对此部分概视图进行重新构建,可节约时间成本。

勾选"移除镶嵌数据集项"选项后可移除满足 SQL 语句的栅格项;反之,不移除。

(3)参数信息设置好之后,单击"确定"按钮即可移除栅格,如图 3-82 所示。

**6. 计算项目可见性**

计算项目可见性是指重新计算镶嵌数据集中每一个栅格项的可见性等级,包括源栅格数据和概视图。其结果会修改属性表中的 MinPS 和 MaxPS。当显示小比例范围时,如果只能看到轮廓线,则可通过此功能增大 MaxPS 值,保证小比例尺范围也能看到源栅格数据的拼接效果。

图 3-82　移除栅格成功

（1）右键单击镶嵌数据集，在弹出的右键菜单中选择"修改→计算项目可见性"，可弹出如图 3-83 所示的"计算项目可见性"对话框。

（2）设置参数信息。

在"查询定义"栏中，可通过 SQL 语句限定只对符合条件的栅格数据进行操作；当 SQL 语句为空时，会对镶嵌数据集中所有栅格数据进行操作。

在"其他选项"栏中，"范围系数"用于定义结果相对于 HighPS 的倍增系数，默认为 10，如源栅格的 HighPS 为 1.6，则 MaxPS 为 16。勾选"计算最小像元大小"选项后可重新计算镶嵌数据集中每个选定栅格数据的最小像元大小，即 MinPS；反之，不计算。勾选"计算最大像元大小"选项后可重新计算镶嵌数据集中每个选定栅格数据的最大像元大小，即 MaxPS；反之，不计算。勾选"仅更新缺失值"选项后，仅对镶嵌数据集中 MinPS 和 MaxPS 为空的栅格数据进行重新计算。

（3）参数信息设置好之后，单击"确定"按钮即可计算项目可见性，如图 3-84 所示。

图 3-83　"计算项目可见性"对话框

图 3-84　计算项目可见性成功

# 习题 3

（1）现有如习题（1）图所示的文本文件，将其导入 MapGIS 10 中，发现其并不是闭合曲线，为什么？如何修改才能使曲线闭合？

第3章 空间数据的管理

习题（1）图

（2）现有一幅我国某地区矢量图，空间参照系为"高斯大地坐标系_中国 2000_37 带 3_北 2"且参照系准确，比例尺为 1∶1，单位为米；XMin 为 37444031.2749，YMin 为 4067216.5725，XMax 为 37617174.6221，YMax 为 4288758.0678。现请依据其矢量图生成 1∶1 万的等经纬的梯形分幅，并说明解题步骤和思路。

（3）如何使用 MapGIS 10 将习题（3）表所示的表格数据转换点图层？

习题（3）表

| X | Y | ID | 零星地物编号 | 地类编码 |
|---|---|---|---|---|
| 634737.711264 | 3297293.382607 | 68 | 1 | 122 |
| 634158.628262 | 3297161.106738 | 69 | 1 | 203 |
| 634049.520935 | 3297133.344123 | 70 | 2 | 122 |
| 633964.293408 | 3297077.052437 | 73 | 3 | 122 |
| 634881.330471 | 3297183.238317 | 74 | 2 | 203 |
| 634825.832901 | 3297064.644044 | 77 | 3 | 122 |
| 634842.414713 | 3297042.781085 | 78 | 4 | 203 |
| 634382.709686 | 3296944.222085 | 79 | 5 | 203 |
| 634531.669312 | 3296340.061730 | 106 | 7 | 122 |
| 635355.143762 | 3296476.620381 | 108 | 6 | 203 |
| 634362.232234 | 3296156.631848 | 114 | 8 | 122 |

（4）镶嵌数据集是什么？它有哪些作用？

（5）有一幅有黑边的栅格影像，在将其存储到镶嵌数据集时，如何去掉其黑边并且使其像元大小范围得到更新？

89

# 第4章

# 空间参照系

在 GIS 中，地图图层中的元素都具有特定的地理位置和范围，使得它们能够定位到地球表面或靠近地球表面的位置。精确定位地理要素的能力对于 GIS 来说是至关重要的。要准确地描述地理要素的位置和形状，需要一个用于定义现实世界空间位置的坐标框架。

使用经度和纬度的球面测量值来描述地球表面上的地理位置，此类空间参照系常被称为地理坐标系。经度用于测量东西方向的角度，以本初子午线为起点，往西通常记为负经度，往东记为正经度。纬度用于测量南北方向的角度，以赤道为起点。

由于赤道上方和下方，用来定义经纬线的圆将逐渐变小，最终在南极点和北极点处变为一个点，所以经纬度的度数无法对应某一标准长度，因此无法精确测量距离和面积，也难以准确地在平面地图或计算机屏幕上显示数据。在使用 GIS 进行空间分析和制图时，经常需要使用投影坐标系提供的平面坐标框架。

由于地球是球体，所以 GIS 用户所要面临的一个挑战就是如何使用平面坐标系表达真实世界。要体会这种困境，只需要想一想如何将半个篮球变平即可；如果不改变它的形状，就无法做到这一点。将地球曲面表示为平面的过程称之为投影，由此产生了术语——地图投影。

投影坐标系是指用于平面的任何坐标系。与地理坐标系不同，在二维空间范围内，投影坐标系的长度、角度和面积恒定。不过，将地球表面表示为平面地图的所有地图投影会在某些方面（如距离、面积、形状或方向）产生变形。某一地图投影可能用于保持形状不变，而另一投影可能用于保持面积不变（等角投影与等积投影）。用户可通过适合所需用途、特定地理位置和范围的地图投影来解决上述限制。GIS 软件也支持在坐标系之间进行信息转换，以支持对具有不同坐标系的数据集进行整合。

直角坐标系使用 $x$ 值和 $y$ 值描述要素的地理位置和形状，水平轴（$X$）表示东西方向，垂直轴（$Y$）表示南北方向。在三维坐标系里，投影坐标系使用 $z$ 值来测量平均海平面以上或以下的高程。

在为每个 GIS 数据集和地图定义坐标系时，这些属性（地图投影方式、椭球体和基准面）将成为重要的参数。通过为每个 GIS 数据集记录这些属性的详细描述，计算机可以动态地将数据集元素的地理位置重新投影并转换到适当的坐标系中。因为有了空间参照系框架，使得 GIS 能够做到精确定位，这项基本功能构成了几乎所有的 GIS 操作的基础。

空间参照系包含两方面的内容：一是在把大地水准面上的测量成果换算到椭球体面上的计算工作中，所采用椭球的大小；二是椭球体与大地水准面的相关位置不同，对同一点的地理坐标所计算的结果将有不同的值。因此，选定了一个一定大小的椭球体，并确定了它与大地水准面的相关位置，就确定了一个空间参照系。

## 4.1 查看空间参照系

在 MapGIS 10 中，在创建每一个地理数据库时都会同步创建默认的空间参照系。默认空间参照系可分为两大类：地理坐标系和投影坐标系。在"GDBCatalog"目录窗口中的地理数据库节点上，用户可以查看默认空间参照系。

（1）在"MapGISLocal"节点上依次展开"示例数据→空间参照系→地理坐标系"，选择要查看的空间参照系，如"地理坐标系（北京）_度"，如图 4-1 所示。

（2）右键单击"地理坐标系（北京）_度"，在弹出的右键菜单中选择"属性"，可弹出"修改地理坐标系"对话框，如图 4-2 所示。

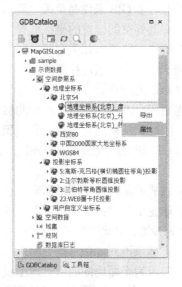

图 4-1 查看空间参照系

图 4-2 "修改地理坐标系"对话框

## 4.2 创建空间参照系

虽然 MapGIS 10 已经提供了非常多的、常用的空间参照系，但是仍然有可能无法完全满足用户个性化的需求。如果用户找不到合适的空间参照系，而这些空间参照系又是用户经常使用的项，那么用户可以通过自定义坐标系功能来制作一个坐标系的制作。在"用户自定义坐标系"节点上根据空间参照系的分类，区分地理坐标系和投影坐标系。

### 4.2.1 创建地理坐标系

（1）在"GDBCatalog"目录窗口中右键单击"用户自定义坐标系"，在弹出的右键菜单中选择"新建地理坐标系",如图 4-3 所示。

(2) 在弹出的"新建地理坐标系"对话框(见图 4-4)中输入空间参照系的名称,并设置标准椭球参数,根据需要修改角度单位后单击"确定"按钮即可完成地理坐标系的创建。

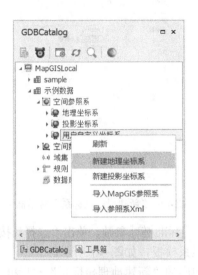

图 4-3  新建地理坐标系　　　　　　　　图 4-4  "新建地理坐标系"对话框

"新建地理参照系"对话框中的参数说明如下:

"名称"新建的地理坐标系的名称。该名称将显示在"GDBCatalog"目录窗口中的相应节点上。

"椭球体"栏中的参数用于设置地理坐标系的参考椭球体,MapGIS 10 提供了 116 种国际上公认的椭球体,用户也可以通过自定义来设置最适合的椭球体参数。

"角度单位"栏中最常用的角度单位为弧度(角度值都是按照弧度的值来计算的)。MapGIS 10 提供了弧度、度、分、秒、梯度以及自定义等角度单位。在选定需要使用的具体角度单位时,MapGIS 10 会自动换算出对应的"弧度/单位"值,如"单位"选择为"度",换算的"弧度/单位"值为"0.0174532925199433",表示 1°≈0.0174532925199433 rad。

"本初子午线"栏中的参数用于设置本初子午线,零经度线称为本初子午线。对于绝大多数地理坐标系而言,本初子午线是指通过英国格林尼治的经线,也有国家和地区也使用通过伯尔尼、波哥大和巴黎的经线作为本初子午线。MapGIS 10 提供了格林尼治和巴黎两个本初子午线选项。另外为满足个性化定制的需求,MapGIS 10 还提供了本初子午线的自定义项。

### 4.2.2  创建投影坐标系

(1) 右键单击"GDBCatalog"目录窗口中的"用户自定义坐标系",在弹出的右键菜单中选择"新建投影坐标系",如图 4-5 所示。

(2) 在弹出的"新建投影坐标系"对话框(见图 4-6)中对不同的参数进行设置,如名称、投影参数(包括投影类型以及相应的参数值)、水平比例尺、长度单位等,在特殊需求下还要输入图形平移量 dX 和 dY。

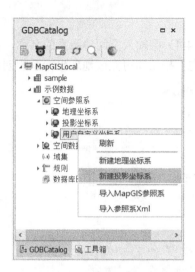 

图 4-5  新建投影坐标系　　　　　　　　图 4-6  "新建投影坐标系"对话框

（3）设置"地理坐标系"部分，即设置投影坐标系的标准椭球参数，单击"选择"按钮，在弹出的"选择空间参照系"对话框中选择已有的参照系模板，如图 4-7 所示。

也可以单击"新建"按钮来新建地理坐标系，在弹出的"新建地理坐标系"对话框中设置对应参数，单击"确定"按钮即可，如图 4-8 所示。

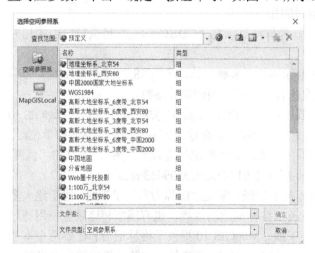 

图 4-7  "选择空间参照系"对话框　　　　图 4-8  "新建地理坐标系"对话框

还可以单击"修改"按钮来对已经设置好的地理坐标系进行修改，如图 4-9 所示。

（4）设置完"地理坐标系"的信息后单击"确定"按钮，即可完成投影坐标系的设置，如图 4-10 所示。

在"新建投影坐标系"对话框中的参数说明如下：

"名称"用于设置新建的投影坐标系的名称，该名称将显示在"GDBCatalog"目录窗口中相应的节点上。

在"投影参数"栏中，MapGIS 10 提供了 26 种投影类型，用户可选择提供的投影类型，然后设置对应投影类型的参数，包括投影时的偏移（投影北偏、投影东偏），投影中心点经度

（中央经线），以及投影区内任意点纬度（投影原点纬度）等。

图 4-9　修改地理坐标系　　　　图 4-10　完成投影坐标系的设置

"水平比例尺"是应用于地图投影中心点或中心线的无单位值。当投影类型为兰勃特等角圆锥投影时，存在"水平比例尺"这一参数。圆锥投影通常基于两条标准纬线，从而使其成为割投影。也可使用单条标准纬线和水平比例尺定义圆锥投影，如果比例尺因子不等于 1.0，投影实际上将变成割投影。

MapGIS 10 提供了常用的 10 种长度单位，选定"长度单位"后，系统会自动换算出"米/单位"的值，如"长度单位"选择为"毫米"，则"米/单位"值为"0.001"，表示 1 mm=0.001 m。

在"地理坐标系"栏中，可以选择与定义的投影坐标系对应的地理坐标系。通过"地理坐标系"栏右侧的"导入"或"新建"按钮可以选择或新建一个地理坐标系。若已选择了地理坐标系，也可以通过"修改"按钮来修改地理坐标系。

## 4.3　设置空间参照系

对于简单要素类数据，可以在创建数据时设置空间参照系，或者修改已有数据的空间参照系，这里假设地理数据库中的简单要素类数据"道路"使用上面创建的空间参照系，设置方法如下。

（1）右键单击"道路"数据节点，在弹出的右键菜单中选择"空间参照系"，如图 4-11 所示。

（2）在弹出的"设置空间参照系-道路"对话框（见图 4-12）中设置空间参照系，可从下方的列表中选择正确的参照系，也可通过右侧相应的按钮新建、导入、修改、另存和移除空间参照系，选择好空间参照系后单击"确定"按钮即可保存设置。

 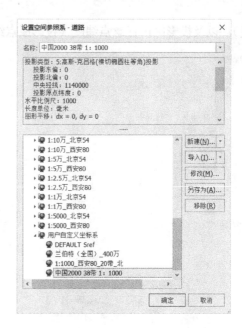

图 4-11 设置空间参照系　　　　图 4-12 "设置空间参照系-道路"对话框

## 4.4 导入空间参照系

### 1. 导入 MapGIS 中已存在的空间参照系

下面将"GDBCatalog"目录窗口所管理的地理数据库中已经存在的空间参照系导入到指定的数据库节点中，操作方法如下：

（1）右键单击"GDBCatalog"目录窗口中的"用户自定义坐标系"，在弹出的右键菜单中选择"导入 MapGIS 参照系"，如图 4-13 所示。

（2）在弹出的"选择空间参照系"对话框中选择要导入的空间参照系，单击"确定"按钮即可，如图 4-14 所示。

图 4-13 导入 MapGIS 参照系　　　　图 4-14 "选择空间参照系"对话框

## 2. 导入外部以 Xml 格式保存的空间参照系

下面将外部以 Xml 格式保存的空间参照系导入到指定的数据库节点中，操作方法如下：

（1）右键单击"GDBCatalog"目录窗口中的"用户自定义坐标系"，在弹出的右键菜单选择"导入参照系 Xml"，如图 4-15 所示。

（2）在弹出的"打开"对话框中选择需要导入的空间参照系，单击"打开"按钮即可，如图 4-16 所示。

图 4-15 导入参照系 Xml

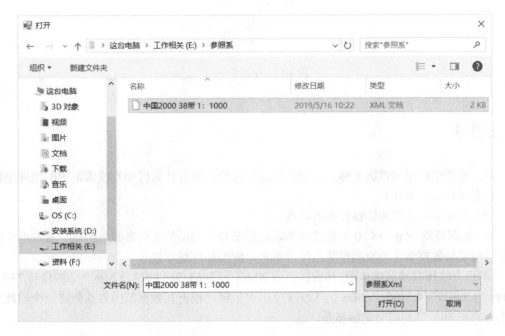

图 4-16 "打开"对话框

## 4.5 导出空间参照系

MapGIS 10 可以将空间参照系导出为 Xml 格式，从而实现空间参照系的转换和备份。MapGIS 10 中提供的所有空间参照系都能够以 Xml 格式导出。

（1）右键单击"空间参照系"节点下要导出的空间参照系，在弹出的右键菜单中选择"导出"，如图 4-17 所示。

（2）在弹出的"另存为"的对话框中选择保存的路径和文件名，单击"保存"按钮即可导出空间坐标系。

图 4-17　坐标系导出

## 习题 4

（1）地理坐标系和投影坐标系分别是什么？它们之间有什么区别？我国常用的地理坐标系和投影坐标系有哪些？

（2）简述兰勃特等角圆锥投影的特点。

（3）如何查看 MapGIS 10 工作空间中新地图节点下图层的空间参照系信息？若发现空间参照系信息与数据本身的空间参照系信息不符，应当如何进行修改？

（4）现有我国某地区的地图，其数据范围 XMin 为 38631986.8413，YMin 为 3291245.7391，XMax 为 38637774.5164，YMax 为 3297379.0191。现请根据其数据范围为其创建一个地理坐标系为西安 80（度）的空间参照系。

# 第 5 章 域集和规则

## 5.1 域集

属性的域是描述字段类型允许值的规则,用于约束表、要素类或子类型的特定属性的允许值。每个要素类或表都有一组应用于不同属性的属性域。地理数据库中的不同要素类和表可以共用给定的属性域。如果要素类具有子类型,每个子类型均可具有一个与给定属性相关联的不同属性域。

在 MapGIS 10 中,每个地理数据库都专门提供了域集管理节点,方便用户对域集进行添加、编辑等管理操作,具体操作方法如下。

### 5.1.1 添加和编辑域集

(1)右键单击"域集"节点,在弹出的右键菜单中选择"管理",可弹出"域集管理"对话框,如图 5-1 所示。

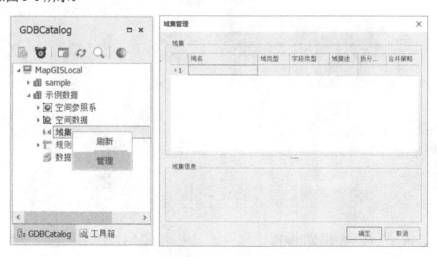

图 5-1 "域集管理"对话框及其弹出方法

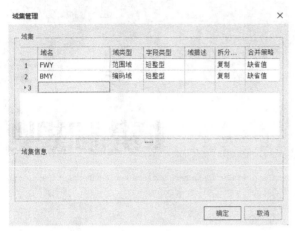

（2）在弹出的"域集管理"对话框中，单击表单的空白表格，可以添加一个域，并可对域名、域类型、字段类型、域描述、拆分策略、合并策略进行编辑，如图 5-2 所示。

"域类型"可分为范围域和编码域。范围域：用于限制一个值域范围内任何对象或对象中的任一数值型属性值。编码域：如果许多属性是要素的类别，就可以用固定的一系列值表示它的取值范围。

"拆分策略"：一个属性字段被设置为范围域或编码域，当要素被拆分时属性同时也要改变，所以要声明在要素被拆分时

图 5-2  添加一个域

发生的属性的拆分策略。拆分策略如下：

复制：被拆分出的要素的属性值具有与原始要素相同的属性值。

缺省值：缺省值应用在两个被拆分出的要素的属性值中。

比例值：可以按拆分的面积或长度值的比例来定义两个被拆分出的要素属性值。

"合并策略"用于要素的合并，合并策略如下：

缺省值：缺省值被应用到合并的要素的属性值中。

累加值：两个属性值的和作为合并的要素的属性值。

加权平均：合并要素的属性值是原始要素的属性值的加权平均。

在"域集信息"栏中可以对范围域或编码域的属性值进行编辑，MapGIS 10 会根据当前域集的域类型自动切换内容。对于范围域，设置属性值的最大值和最小值，如图 5-3 所示；对于编码域，需要编写其编码信息，如图 5-4 所示。

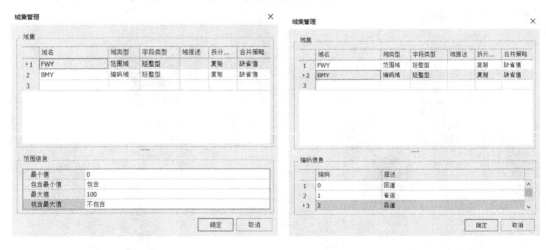

图 5-3  范围域属性值的编辑    图 5-4  编码域属性值的编辑

（3）单击"确定"按钮即可完成域集的创建管理，在"GBDCatalog"目录窗口中显示创

建的域集如图 5-5 所示。

图 5-5　在"GBDCatalog"目录窗口中显示创建的域集

注：域集一般与属性规则配合使用。

### 5.1.2　删除域集

删除域集的方法有以下两种：

（1）在"域集管理"对话框中右键单击要删除的域集（如"FWY"），在弹出的右键菜单中选择"删除"即可删除域集，如图 5-6 所示。

（2）在"域集"节点下右键单击要删除的域集（如"FWY"），在弹出的右键菜单中选择"删除"即可删除域集，如图 5-7 所示。

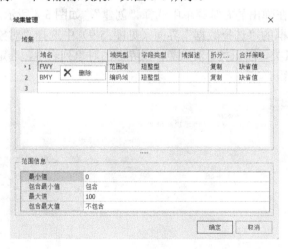

图 5-6　在"域集管理"对话框中删除域集

图 5-7　在"域集"节点下删除域集

## 5.2　规则

在现实世界中，对象的存在或改变都必须遵循一定条件，可以用这些条件来限制几何网络中的元素，或者定义这些元素关联的对应基数。这些条件统称为规则。MapGIS 10 中的规则分为4种类型：属性规则、关系规则、拓扑规则和连接规则。规则可以作用在类上，也可以作用在子类型上。

## 5.2.1 属性规则

属性规则用于约定某个字段的缺省值，限定取值范围，设置合并策略和拆分策略。属性规则是通过域类型来表达的，取值可分为连续型和离散型，相应地把域类型分为了范围域和编码域。

范围域适用于数值型、日期型、时间型等可连续取值类型的字段，编码域除了可以适用于连续取值类型的字段，还可用于字符串等类型的字段。

合并策略和拆分策略用于定义要素合并和拆分时属性字段的变化规则，合并策略包括缺省值、累加值、加权平均，拆分策略包括缺省值、复制、比例值。例如地块合并，合并后的要素属性"地价"可定义为累加值策略。

属性规则用来限制属性表中的记录，这些记录的值必须符合特定域的约束条件。要有效地使用属性规则，则需要经过以下流程：

（1）在创建属性规则之前，需要设置属性的约束条件，即设置属性域。

（2）有了属性域，就可以创建属性规则了。属性规则的创建是属性管理的前提。

（3）完成属性规则的创建后，再进行属性规则检查，这个完整的过程能够保证属性数据的正确性和完整性。

### 1．创建属性规则

（1）右键单击"属性规则"节点，在弹出的右键菜单中选择"创建"，如图5-8所示。

（2）在"属性规则创建向导"对话框的"选择数据"界面（见图5-9）中选择"对象类型"，用户可选的对象类型包括简单要素类、注记类、对象类；在界面的对象列表中，选定要创建规则的类，然后单击"下一步"按钮。

图5-8 属性规则创建

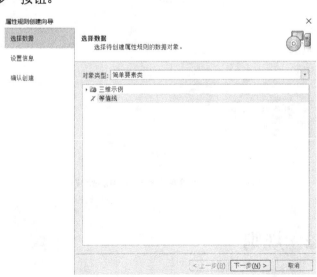

图5-9 "选择数据"界面

（3）在"设置信息"界面（见图 5-10）上设置属性规则的相关信息，然后在"选择域"的下拉列表中选择域名，若域名不存在，则可单击" … "按钮设置域。单击" + "按钮可将选定的域添加到列表中，单击" - "按钮可将从列表中删除域。添加好域后单击"下一步"按钮。要使一个字段匹配约束它的域，需要保证这个字段的数据类型和域的数据类型一致。例如，某个数据类型为短整型的域，也只能约束数据类型为短整型的字段，否则不能进行匹配。

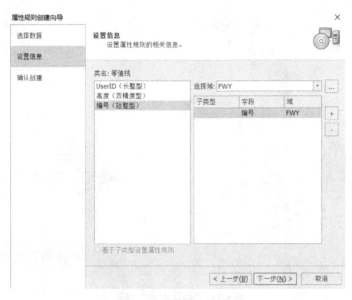

图 5-10 "设置信息"界面

子类型并非创建属性规则的必要条件，但是，当选择的简单要素类具有子类型时，在创建属性规则时可勾选"设置信息"界面上的"基于子类型设置属性规则"，然后创建基于子类型的属性规则，如图 5-11 所示。

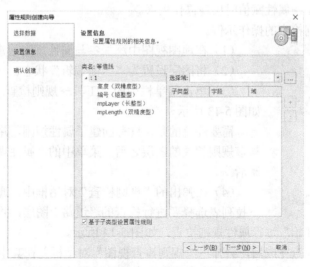

图 5-11 创建基于子类型的属性规则

（4）在"确认创建"界面（见图 5-12）中仔细检查输入的属性规则创建信息是否正确，若有误，则可单击"上一步"按钮在"属性规则创建向导"对话框的相应位置进行修改；若正确无误，则可单击"完成"按钮完成属性规则的创建。

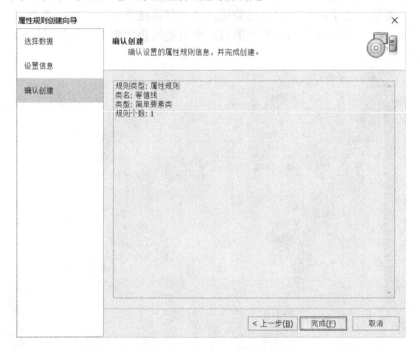

图 5-12 "确认创建"界面

### 2．属性规则检查

为确保要素属性值集合或范围的合法性，MapGIS 10 使用属性域对其进行约束。在创建属性域和属性规则之后，还需要使用属性规则检查对其进行验证。属性域和属性规则检查的配合使用，可以避免在属性赋值时出现操作失误。

以下是属性规则检查的操作示例。

（1）在地图视图中添加参与属性规则创建的图层。

（2）将图层设置为"当前编辑"状态。

（3）单击菜单栏中的"工具→规则检查→属性规则检查"，如图 5-13 所示。

需要注意的是，只有创建了属性规则，并在地图文档中激活与该规则相关的图层之后，菜单中的"属性规则检查"项才会被激活。

图 5-13 属性规则检查菜单

（4）在弹出的"规则检查"对话框中，通过"检查图层"的下拉列表选择要进行检查的"道路"图层，并选中要进行检查的属性规则，单击"开始"进行属性规则检查，如图 5-14 所示。

（5）属性规则检查完成后，会弹出"规则检查视图"对话框并在其中列出违反属性规则的项。用户可以通过右键单击"规则检查视图"中的违反属性规则的项来删除它，如图 5-15 所示。

图 5-14 "规则检查"对话框

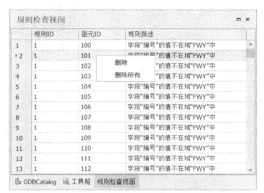

图 5-15 删除违反属性规则的项

在"规则检查视图"对话框中删除违反属性规则的项时,也会删除其对应的空间数据,因此在进行删除操作时需要谨慎处理。

### 5.2.2 关系规则

关系规则随着关系的产生而产生,用于限定对象之间关系映射的数目。例如,源类和目的类之间建立了 N-M 的关系,可通过关系规则限定关系的源对象数是 1-3,目的对象数是 0-5,即源类中的每个对象与目的类中至少 1 个、最多 3 个对象建立关系;而目的类中的对象可以和源类中的对象没关系,但最多只能与 5 个源类中的对象有关系。

通过关系规则可以明确规定源类中的对象和目的类中的对象的映射基数。对于 1-1 的关系,其源类中的对象和目的类中的对象的最小、最大映射基数都是 1,如果用户输入的基数大于 1,则这个规则无法创建。同理 1-M 的关系的源类中的对象的最小、最大映射基数只能是 1,如果用户输入的基数大于 1,则这个规则也无法创建。但是对于 N-M 关系的源类中的对象和目的类中的对象的最小、最大映射基数没有限制,只要源类中对象的最小映射基数小于源类中对象的最大映射基数,目的类中的对象的最小映射基数小于目的类中的对象的最大映射基数即可。

关系规则可以应用于两个类的对象之间、两个类的子类型的对象之间、一个类的对象和另一类的子类型的对象之间。

完整地应用一个关系规则,需要经过以下流程:

(1)关系类的创建,可以参考矢量数据管理中关系类的相关内容。

(2)在关系类已经存在的前提下,创建关系规则是关系规则检查的前提。

(3)为了保证关系类符合规定的映射关系,在创建完成关系规则后,需要进行关系规则检查。

**1. 创建关系规则**

(1)右键单击"关系规则"节点,在弹出的右键菜单中选择"创建",如图 5-16 所示。

(2)在"关系规则创建向导"对话框的"选择数据"界面(见图 5-17)中选择要创建关系规则的关系类,然后单击"下一步"按钮。

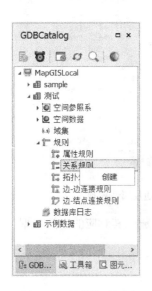 

图 5-16　创建关系规则　　　　　　　图 5-17　"选择数据"界面

（3）在"关系规则创建向导"对话框的"设置信息"界面（见图 5-18）中设置"源最小值""目的最小值""源最大值""目的最大值"，可通过"+"按钮或"-"按钮来添加或删除关系规则，设置完成后单击"下一步"按钮。

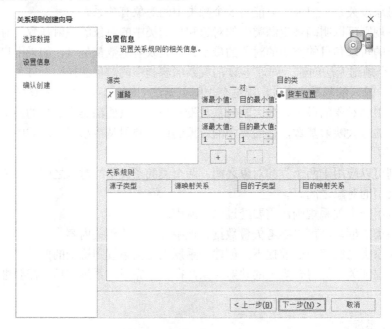

图 5-18　"设置信息"界面

在"设置信息"界面添加要验证的关系规则时，如果在关系类中创建的是 1-1 的映射关系，那么在源最小值、源最大值和目的最小值、目的最大值中，默认（不可修改）的映射关系为"1-1"，表示源类的每个对象与目的类的每个对象必须建立 1-1 的映射关系，否则为不合法。

如果在关系类中创建的是 1-$M$ 的映射关系,那么在创建关系规则时,系统默认的源最小值和源最大值为 1,目的最小值和目的最大值可由用户进行设定。假设用户设定目的最小值和目的最大值为 2-3,即源映射关系为 1-1,目的映射为 2-3,表示源类的每个对象与目的类的每个对象必须建立 1-2 或 1-3 的映射关系,否则为不合法。

同理,当关系类的映射关系是 $N$-$M$ 时,用户可以设置源和目的最小/最大值。假设用户设定的源映射关系为 1-2,目的映射关系为 2-3,表示源类的每个对象与目的类的每个对象可以建立 1-2、1-3、2-2、2-3 的映射关系,否则为不合法。

(4)在"确认创建"界面中检查关系规则的设置是否正确。确认创建信息正确无误后单击"完成"按钮即可创建关系规则,如图 5-19 所示。

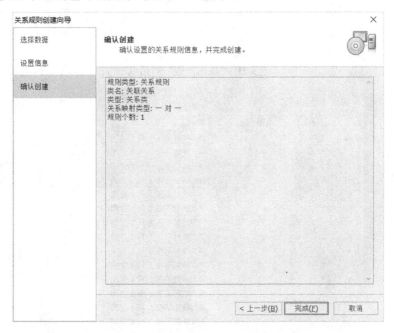

图 5-19 "确认创建"界面

### 2. 关系规则检查

(1)在"工作空间"的新地图中添加创建了关系规则的图层。

(2)将图层设置为"当前编辑"状态。

(3)单击菜单栏中的"工具→规则检查→关系规则检查",如图 5-20 所示。

(4)在"规则检查"对话框中选择要进行检查的图层(如"货车位置"),并选择要进行检查的关系规则,单击"开始"按钮即可开始关系规则检查,如图 5-21 所示。

图 5-20 关系规则检查菜单

(5)关系规则检查完毕后,会弹出"规则检查视图"对话框并在其中列出违反关系规则的项,以及对应的规则描述,如图 5-22 所示。

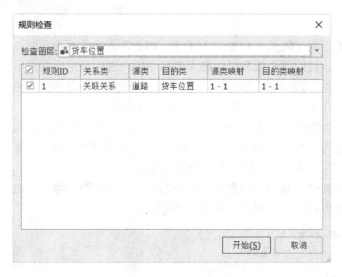

图 5-21 "规则检查"对话框

图 5-22 "规则检查视图"对话框

在"规则检查视图"对话框中，不仅可以查看到违反关系规则的项，还可以通过右键菜单来删除违反关系规则的项。但是，需要注意的是，删除违反关系规则的项会删除对应空间的图形信息，且不可恢复，因此进行删除操作需慎重。

### 5.2.3 拓扑规则

拓扑将 GIS 行为应用到空间数据上，使得 GIS 软件能够解决诸如邻接、连通、邻近和重叠之类的问题。拓扑为用户提供了一种灵活有力的方式来确定和维护空间数据的质量及完整性。拓扑的实现依赖于一组完整性规则，它定义了空间相关的地理要素和要素类的行为。

拓扑规则包括三种：点拓扑规则、线拓扑规则、多边形拓扑规则。

在采集和编辑空间数据的过程中，会不可避免地出现一些错误。例如，同一个点或同一条线被数字化了两次，相邻面对象在采集过程中出现裂缝或者相交、不封闭等，这些错误往往会产生假点、冗余点、悬线、重复线等拓扑错误，导致采集到的空间数据之间的拓扑关系和实际地物的拓扑关系不符合，会影响到后续的数据处理、分析工作，并影响到数据的质量和可用性。此外，这些拓扑错误通常量很大，也很隐蔽，不容易被识别出来，通过人工方法不易去除，因此，需要进行拓扑处理来修复这些冗余和错误。

完整地应用一个拓扑规则的流程如下：

（1）应用拓扑规则的第一步是创建拓扑规则。拓扑规则的创建与其他规则的创建相比，相对比较简单，只需要数据库中包含至少可用的线或者区要素即可。

（2）完成了拓扑规则的创建后，即可进行拓扑规则检查，检查不符合拓扑规则的几何要素。

### 1．创建拓扑规则

（1）右键单击"拓扑规则"节点，在弹出的右键菜单中选择"创建"，如图 5-23 所示。

（2）在"拓扑规则创建向导"对话框中的"选择数据"界面（见图 5-24）中选择要创建规则的类。若要对两个不同的类进行拓扑规则的创建，则勾选"创建二元拓扑规则"，然后单击"下一步"按钮。

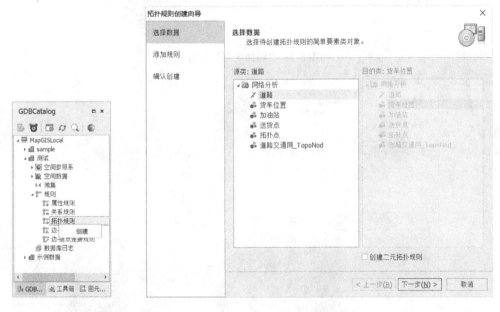

图 5-23　创建拓扑规则　　　　　图 5-24　"选择数据"界面

（3）在"拓扑规则创建向导"对话框的"设置信息"界面（见图 5-25）上，勾选要创建的拓扑规则（可选择多个），完成拓扑规则选择后单击"下一步"按钮。

（4）在"拓扑规则创建向导"对话框的"确认创建"界面（见图 5-26）上，查看设置拓扑规则的信息。若拓扑规则信息确认无误，则单击"完成"按钮完成拓扑规则的创建。

### 2．拓扑规则检查

拓扑规则检查是为了检查出点、线、区数据集本身及不同类型数据集相互之间不符合拓扑规则的对象，主要用于数据编辑和拓扑分析预处理。在进行区拓扑规则检查时，先对区要素进行抽稀再进行拓扑规则检查，可以提高检查效率。操作方法如下：

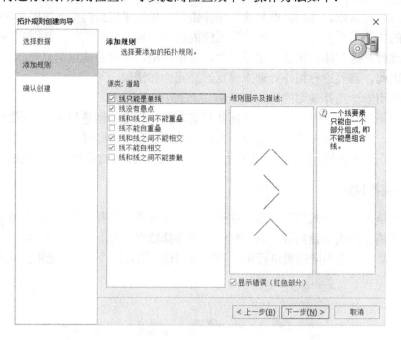

图 5-25 "添加规则"界面

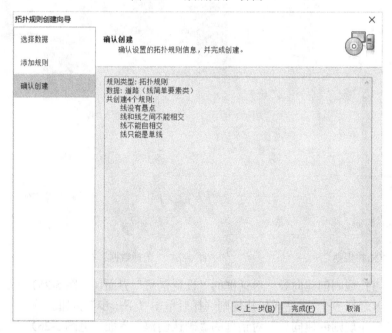

图 5-26 "确认创建"界面

（1）在"工作空间"的新地图中添加创建了拓扑规则的图层。

（2）将图层设置为"当前编辑"状态。

（3）单击菜单栏中的"工具→规则检查→拓扑规则检查"，如图 5-27 所示，可弹出"规则检查"对话框。

（4）在"规则检查"对话框（见图5-28）中显示的是该图层创建的所有拓扑规则，选择需要检查的规则后单击"开始"按钮，即可开始拓扑规则检查。

（5）规则检查完成会弹出"规则检查视图"对话框（见图5-29），该对话框显示了检查结果。在"规则检查视图"对话框中，不仅可以查看到违反拓扑规则的项，还可以通过右键菜单来删除违反拓扑规则的项。需要注意的是，删除违反拓扑规则的项会删除对应空间的图形信息，且不可恢复，因此进行删除操作需慎重。

图 5-27　拓扑规则检查

图 5-28　"规则检查"对话框

图 5-29　规则检查视图

MapGIS 10 提供了一元拓扑规则和二元拓扑规则，分别如表 5-1 和表 5-2 所示。

表 5-1　一元拓扑规则

| 要素类型 | 规 则 名 称 | 规 则 描 述 | 图　示 |
|---|---|---|---|
| 区 | 区和区不能重叠 | 图层的区要素之间不能重叠 | |
| | 区和区之间不能有空隙 | 图层的区要素之间不能有空隙 | |
| 线 | 线只能是单线 | 一个线要素只能由一个部分组成，即不能组合线 | |
| | 线没有悬点 | 线要素的端点必须与另一条线接触 | |
| | 线和线之间不能重叠 | 图层中的线要素之间不能重叠 | |
| | 线不能自重叠 | 一个线要素本身不能有重叠的地方 | |
| | 线和线之间不能相交 | 图层中的线要素之间不能相交（包括重叠） | |
| | 线不能自相交 | 一条线要素本身不能有交点 | |
| | 线和线之间不能接触 | 一个线要素的终点不能和另一条线接触 | |

表 5-2　二元拓扑规则

| 源类 | 目的类 | 规则名称 | 规则描述 | 图示 |
|---|---|---|---|---|
| 点 | 线 | 点必须在另一类线的端点上 | 源类上的点要素必须在目的类中的线要素的端点上 | |
| | 线 | 点必须在另一类的线上 | 源类中的点要素必须在目的类中的线要素上 | |
| | 区 | 点必须在另一个类的区内部 | 源类中的点要素必须在目的类中区要素内部 | |
| | 区 | 点必须在另一个类的区边线上 | 源类中的点要素必须在目的类中区要素的边线上 | |
| 线 | 点 | 线端点必须被另一个类的点覆盖 | 源类中，线要素的端点必须被目的类中的点要素覆盖 | |
| | 线 | 线不能和另一个类的线重叠 | 源类中的线要素不能和目的类中的线要素重叠 | |
| | 线 | 线必须被另一个类的线覆盖 | 源类中的线要素必须被目的类中的线要素覆盖 | |
| | 区 | 线必须被另一个类的区边线覆盖 | 源类中的线要素必须被目的类中的区要素的边线覆盖 | |
| 区 | 点 | 区内部必须包含另一个类的点 | 源类中的区要素内部必须包含目的类中的点要素（至少一个） | |
| | 线 | 区边线必须被另一个类的线覆盖 | 源类中的区要素的边线必须被目的类中的线要素覆盖 | |
| | 区 | 区不能和另一个类的区重叠 | 源类中的区要素不能和目的类中的区要素重叠 | |
| | 区 | 区必须和另一个类的区相互重叠 | 源类中的区要素必须和目的类中的区要素相互重叠 | |
| | 区 | 区边线必须被另一个类的区边线覆盖 | 源类中区要素的边线必须被目的类中区要素的边线覆盖 | |
| | 区 | 区要素必须被另一个类的区覆盖 | 源类中的区要素必须被目的类中的区要素覆盖 | |
| | 区 | 区必须被另一个类单一的区覆盖 | 源类中的区要素必须被目的类中的单一区要素覆盖 | |

用户可以参考表 5-1 和表 5-2 中不同要素之间可创建的拓扑规则来进行拓扑规则的创建。在处理拓扑规则时，需要对不同规则设置相应的容限，以达到最佳处理效果。

### 5.2.4　连接规则

连接规则主要应用在几何网络中，有两种连接规则：边-边连接规则、边-节点边连接规则。在创建几何网络时，可以在该几何网络中创建边-节点连接规则、边-边连接规则。几何网络是建立在要素数据集上的，但在大多数网络中，并非所有的边都可以连接到所有的节点上；同样，并非所有的边都可以通过特定的节点连接到所有其他的边上。例如，只有通过转换器才能将一个 10 in（1 in≈2.54 cm）的传输干道连接到一个 8 in 的传输干道。面对类似的问题，我们可以通过建立网络连通性规则来解决。在几何网络中，连通性可以维护网络要素的完整性，连通性规则可以约束可能和其他要素相连的网络要素的类型，以及可能和其他任何特殊类型相连的要素的数量。连通性规则分为边-节点连接规则和边-边连接规则。

边-节点连接规则（GDB_JNCONNRULES）：用于约束哪种类型的边可以和另一种类型的节点相连。

边-边连接规则（GDB_EDGECONNRULES）：用于约束哪种类型的边通过一组节点可以与另一种类型的边相连。

完整应用一个连接规则的步骤如下：

（1）创建一个连接规则的前提条件是创建一个网络类。关于网络类的创建，可以参考第19章中的相关内容。

（2）连接规则分为两种，需要根据应用需求来选择。

（3）完成连接规则的创建后，即可进行连接规则检查，MapGIS 10 能够根据用户的设置检查出不符合连接规则的项。

### 1．创建连接规则

1）创建边-边连接规则

（1）右键单击"边-边连接规则"节点，在弹出的菜单中选择"创建"，如图 5-30 所示，可弹出"边-边连接规则创建向导"对话框。

（2）在"边-边连接规则创建向导"对话框的"选择数据"界面（见图 5-31）中，选择要创建连接规则的网络类对象，完成选择后单击"下一步"按钮。

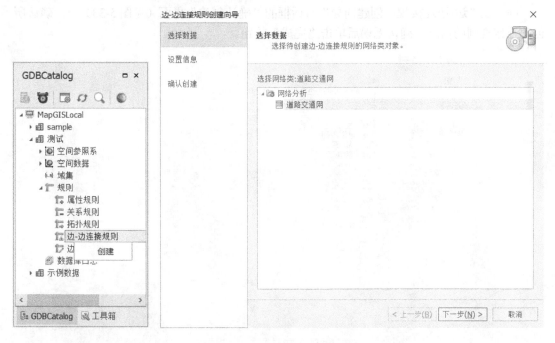

图 5-30　边-边连接规则　　　　图 5-31　"选择数据"界面

（3）在"边-边连接规则创建向导"对话框的"设置信息"界面（见图 5-32）上，选择要创建连接规则的源边、目的边及连接点，完成选择后单击"下一步"按钮。该连接规则表示目的边要通过连接点来和源边相连,否则为不合法。

图 5-32 "设置信息"界面

(4) 在"边-边连接规则创建向导"对话框的"确认创建"界面(见图 5-33)上,确认所创建连接规则的信息,确认无误后单击"完成"按钮。

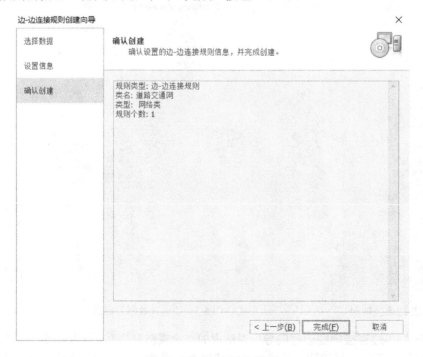

图 5-33 "确认创建"界面

2)创建边-节点规则

(1)右键单击"边-节点连接规则"节点,在弹出的右键菜单中选择"创建",如图 5-34 所示,可弹出"边-节点连接规则创建向导"对话框。

(2)在"边-节点连接规则创建向导"对话框的"选择数据"界面(见图 5-35)中,选择要创建规则的网络类对象,完成选择后单击"下一步"按钮。

图 5-34　边-节点连接规则　　　　图 5-35　"选择数据"界面

(3)在"边-节点连接规则创建向导"对话框的"设置信息"界面(见图 5-36)上,选择要创建规则的边类和点类,用户通过设置边或点的最小/最大基数,来确定各自的映射关系。

边或点的基数含义如下:

① 边和点的最大/最小基数为"-1 to -1",表示不创建连接规则。

② 其中一个类为默认设置,另一类设置为有效的基数范围。例如,保持默认的边基数,设置点基数为"0 to 1",表示在创建连接规则时(或进行连接规则检查时),要求每个点能够连接的边端点数最多为 1 个,最少为 0 个,否则为不合法。

③ 可以将两个类都设置为有效的基数。例如,设置边基数为"2 to 2",点基数为"1 to 2",表示在网络类中的每个端点必须连接两条线,每条线的端点上至少有 1 个点要素类,这两个连接规则是互不影响的。

由于线要素只有两个端点,所以点基数最大为 2。只有设置的基数合法时,用于添加连接规则的"+"按钮才会被激活,此时单击该按钮可以将对应的类和连接规则添加到"边-节点连接规则"列表中。完成连接规则的添加后单击"下一步"按钮。

(4)在"边-节点连接规则创建向导"对话框的"确认创建"界面(见图 5-37)上,查看连接规则的信息,确认无误后单击"完成"按钮即可创建边-节点连接规则,如图 5-37 所示。

**2. 连接规则检查**

连接规则检查的操作方法如下:

（1）在"工作空间"的新地图中添加创建了连接规则的图层。
（2）将图层设置为"当前编辑"状态。
（3）单击菜单栏中的"工具→规则检查→连接规则检查",如图5-38所示。

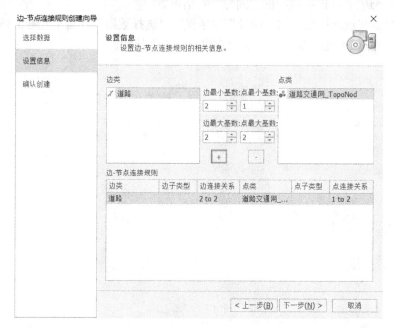

图5-36 "设置信息"界面

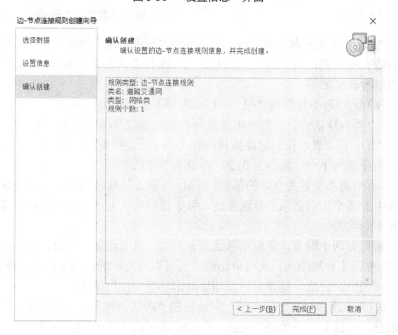

图5-37 "确认创建"界面

（4）在"规则检查"对话框中，勾选要检查的连接规则，然后单击"开始"按钮，即可对网络类对象（如"通路交通网"）进行连接规则检查，如图5-39所示。

图 5-38 连接规则检查    图 5-39 对网络类对象进行连接规则检查

（5）完成连接规则检查后会弹出"规则检查视图"对话框（见图 5-40），在该对话框中显示了检查结果。用户不仅可以查看到违反连接规则的项，还可以通过右键菜单来删除违反连接规则的项。需要注意的是，删除违反连接规则的项会删除对应空间的图形信息，且不可恢复，因此进行删除操作需慎重。

图 5-40 "规则检查视图"对话框

# 习题 5

（1）域集是什么？它的作用有哪些？
（2）在 MapGIS 10 中，规则分为哪几种类型？它们的主要作用是什么？
（3）请根据 5.2.1 节的内容，创建一个基于子类型的属性规则。
（4）若有一某地区的河流线图层，请根据其自身性质，为其创建相应的拓扑规则，并对此河流线图层进行拓扑规则检查，若有拓扑错误则修改之。

# 第6章 其他数据源的配置和使用

在 MapGIS 10 中,既可以创建基于 HDF 文件的地理数据库,也可以创建基于 SDE 的地理数据库。地理数据库适用于海量存储管理,并可多人共享使用。MapGIS 10 支持 Oracle、SQLServer、MySQL、DB2、DM、Sybase 等多种数据源,下面以配置 SQLServer 和 Oracle 数据源为例介绍地理数据库的配置与使用。

## 6.1 基于 SQLServer 的地理数据库

安装 SQLServer 软件并配置数据库后,才能在 SQLServer 数据库管理系统中创建地理数据库。目前 MapGIS 10 中支持的 SQLServer 数据库版本有 SQLServer 2000、SQLServer 2005 以及 SQLServer 2008。如果用户已经安装好 SQLServer 软件,则无须在 SQLServer 服务器端上进行特别设置,只需要在 MapGIS 10 中进行 SQLServer 数据源的配置,就可以在对应的数据源节点下创建地理数据库。

### 6.1.1 配置 SQLServer 数据源

(1)启动 MapGIS 10 后,单击"GDBCatalog"目录窗口上方的" "按钮,可弹出如图 6-1 所示的"客户端配置管理"对话框,在该对话框中选择"数据源"。

(2)在"客户端配置管理"对话框中单击"添加"按钮,可弹出如图 6-2 所示的"添加数据源"对话框,在"选择数据源类型"列表中选中"SQL SERVER 数据源",在"选择服务"的下拉列表中会列出 MapGIS 10 可以访问的本地或网络上所有的 SQLServer 服务器,用户也可手动输入 SQLServer 服务器地址,如图 6-2 所示。

(3)选择需要使用的 SQLServer 数据库的服务名称,填写数据源名称(如"SQLServer",该数据源名称也就是"GDBCatalog"目录窗口中的数据源名称)。数据源名称既可以按照服务名称自动生成,也可以由用户自定义修改,单击"确定"按钮即可完成数据源的添加,如图 6-3 所示。

(4)为确保数据源的正确性,需要对数据源进行连接测试。在"客户端配置管理"对话框中的"数据源"界面上,选中之前添加上的数据源,单击界面下方的"测试"按钮可弹出"连接到 SQLServer"对话框,输入用户名和密码(对应 SQLServer 数据库服务器端的

"SQLServer"的登录名和密码）后，单击"确定"按钮即可进行测试，如图6-4所示。

图6-1 "客户端配置管理"对话框

图6-2 "添加数据源"对话框

图6-3 设置数据源名称

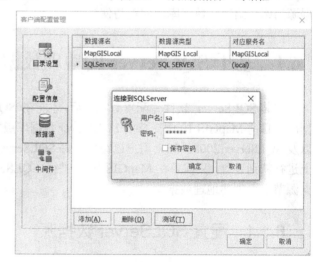

图6-4 测试数据源

（5）连接测试成功后，单击"客户端配置管理"对话框中的"确定"按钮，可将数据源"SQLServer"添加到"GDBCatalog"目录窗口中。当用户使用该数据源时，需要先连接数据源，输入用户名和密码后单击"确定"按钮。成功后，就可在该数据源下创建地理数据库并进行相关等操作，如图6-5所示。

## 6.1.2 创建地理数据库

在MapGIS 10中操作SQLServer数据库中的数据源时，数据源下必须有"MPDBMASTER"这个主数据库。如果没有该主数据库，则可以通过数据源"SQLServer"右键菜单中的"创建数据库"来创建主数据库（不允许修改主数据库名称）。

以下创建地理数据库的过程是在MPDBMASTER主数据库已经存在的前提下进行的。

（1）右键单击已经配置好的基于 SQLServer 数据库的地理数据库服务器节点（即 SQLServer），在弹出的右键菜单中选择"创建数据库"，如图 6-6 所示，可弹出"地理数据库创建向导"对话框。

图 6-5　连接到数据源　　　　　　　　　图 6-6　创建地理数据库

（2）在"地理数据库创建向导"对话框中的"基本信息"界面（见图 6-7）中，选择"新建地理数据库"或"在现有数据库中初始化地理数据库"。

当"建库方式"选中"新建地理数据库"后，可在基于 SQLServer 数据库服务器节点（SQLServer）下新建一个地理数据库。若用户使用这种方式创建一个新的地理数据库，那么需要自定义数据库名和管理员名称，然后输入管理员口令并确认，完成设置后单击"下一步"按钮。

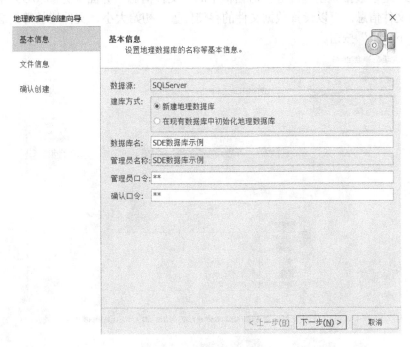

图 6-7　"基本信息"界面

当"建库方式"选中"在现有数据库中初始化地理数据库"后，将已经在 SQLServer 数据库服务器中创建好的数据库初始化为地理数据库。选择该方式创建地理数据库时，用户可以在"数据库名"中输入要初始化的数据库名，单击"下一步"按钮，如图 6-8 所示。

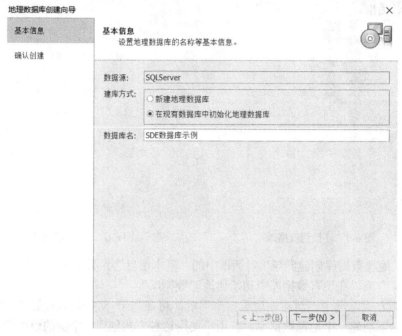

图 6-8　在现有数据库中初始化地理数据库

（3）在"地理数据库创建向导"对话框中的"文件信息"界面（见图 6-9）中，设置数据库对应的文件信息，可以设置数据文件的存储位置、初始大小、文件增长等信息，完成设置后单击"下一步"按钮。

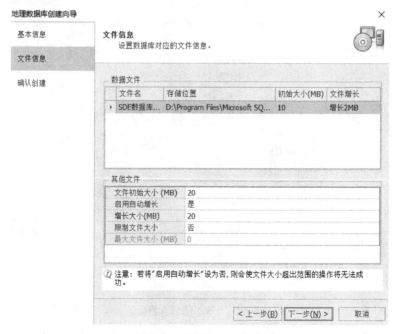

图 6-9　"文件信息"界面

（4）在"地理数据库创建向导"对话框中的"确认创建"界面（见图6-10）中，确认设置的数据库信息，若信息无误，则单击"完成"按钮即可完成数据库的创建。

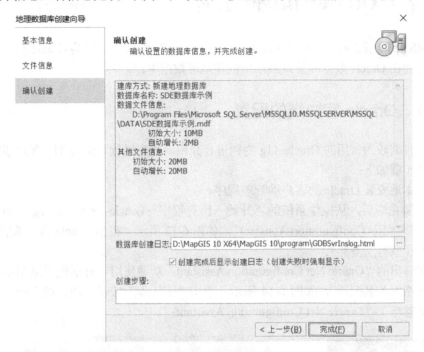

图6-10 "确认创建"界面

## 6.1.3 附加基于 SDE 的地理数据库

（1）在"GDBCatalog"目录窗口中，右键单击要附加地理数据库的数据源"SQLServer"，在弹出的右键菜单中选择"附加数据库"，如图6-11所示。

（2）在弹出的"附加地理数据库"对话框（见图6-12）中，在"数据库"的下拉列表中选择基于 SQLServer 数据库服务器创建的数据源，在"管理员口令"和"确认口令"中输入登录口令后单击"确定"按钮即可完成地理数据库的附加。

图6-11 附加数据库

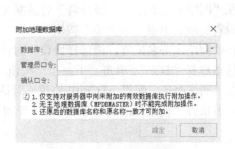

图6-12 "附加地理数据库"对话框

## 6.2 基于 Oracle 的地理数据库

MapGIS 10 目前支持 Oracle 9.0 及以上版本的 Oracle 数据库。安装 Oracle 软件并配置数据库后，才能在 Oracle 数据库管理系统中创建地理数据库。

### 6.2.1 Oracle 客户端的配置

本节以目前较为常用的 Oracle 11g 为例进行介绍。首先进行 Oracle 11g 客户端的配置，配置的具体步骤如下：

（1）在本地安装 Oracle 的客户端管理程序。

（2）安装完毕后，从操作系统的"开始→所有程序→Oracle-OraClient11g_home1"下启动 Oracle 程序"Net Configuration Assistant"，如图 6-13 所示（根据 Oracle 客户端版本不同，快捷方式路径或有所差异）。

（3）在弹出的"Oracle Net Configuration Assistant：欢迎使用"对话框（见图 6-14）中选择"本地网络服务名配置"，如图 6-14 所示，单击"下一步"按钮。注：在不产生歧义的前提下，下文省略了"Oracle Net Configuration Assistant："。

 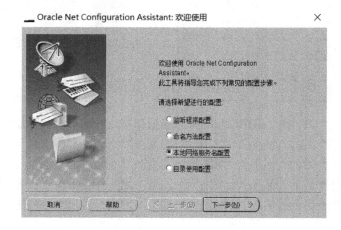

图 6-13 控制台管理程序　　　　　　　图 6-14 "欢迎使用"对话框

（4）在"网络服务名配置"对话框（见图 6-15）中选择"添加"，单击"下一步"按钮。

（5）在"网络服务名配置，服务名"对话框（见图 6-16）中对 Oracle 数据源进行服务名称设置，设置完成后单击"下一步"按钮。

（6）在"网络服务名配置，请选择协议"对话框（见 6-17）中选择用于要访问的数据库的协议，这里选择"TCP"，单击"下一步"按钮。

（7）在"网络服务名配置，TCP/IP 协议"对话框（见图 6-18）中输入数据库所在计算机的主机名，并选择"使用标准端口号 1521"，设置完成之后继续单击"下一步"按钮。

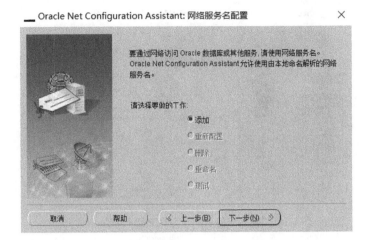

图 6-15 "网络服务名配置"对话框

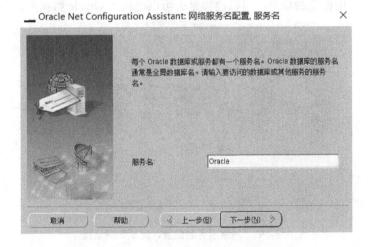

图 6-16 "网络服务名配置,服务名"对话框

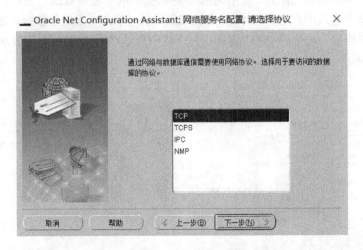

图 6-17 "网络服务名配置,请选择协议"对话框

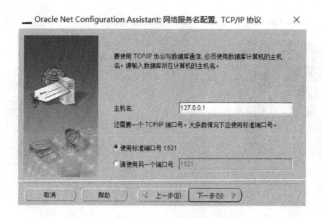

图 6-18 "网络服务名配置，TCP/IP 协议"对话框

(8) 在"网络服务名配置，测试"对话框（见图 6-19）中选择"是，进行测试"，通过执行连接测试并使用提供的数据，可以检验是否可以连接到 Oracle 数据库。

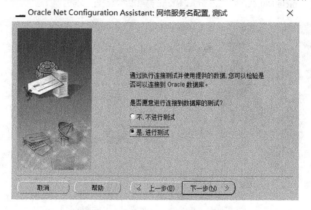

图 6-19 "网络服务名配置，测试"对话框

(9) 单击"网络服务名配置，正在连接"对话框中的"更改登录"按钮，在弹出的"更改登录"对话框中输入用户名和口令，如图 6-20 所示，单击"确定"按钮。如果在"网络服务名配置，正在连接"对话框中的"详细信息"栏中显示"测试成功"，则表示连接数据库成功，如图 6-21 所示。

图 6-20 "更改登录"对话框

图 6-21 连接数据库成功

## 6.2.2 配置基于 Oracle 的数据源

在连接基于 Oracle 的地理数据库之前,必须先添加数据源节点,也就是添加基于 Oracle 地理数据库的 MapGIS 数据源(Oracle 网络服务名),具体操作方法如下:

(1)启动 MapGIS 10 后,在"GDBCatalog"目录窗口上方单击" "按钮,可弹出如图 6-22 所示的"客户端配置管理"对话框,在该对话框中选择"数据源"。

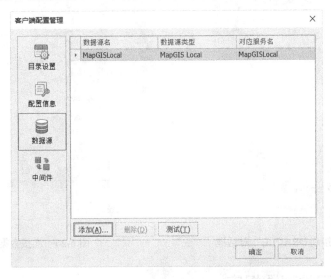

图 6-22 "客户端配置管理"对话框

(2)单击"添加"按钮可弹出"添加数据源"对话框(见图 6-23)。在对话框的"选择数据源类型"列表中选择"ORACLE 数据源",在"服务名称"的下拉列表中选择用户在 Oracle 数据库服务器端配置好的数据库。

(3)选择需要使用的 Oracle 数据库服务名称后,还需要填写数据源名称(该数据源名称是在"GDBCatalog"目录窗口中数据源名称),数据源名称既可以按照服务名称自动生成,也可以由用户自定义修改,单击"确定"按钮即可完成数据源的添加,如图 6-24 所示。

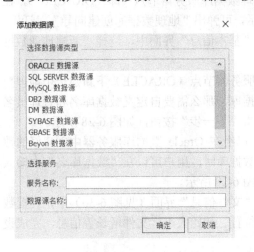

图 6-23 "添加数据源"对话框　　　　图 6-24 设置数据源名称

（4）为确保数据源的正确性，需要对数据源进行连接测试。在"客户端配置管理"对话框中的"数据源"界面选中之前添加上的数据源，单击界面下方的"测试"按钮可弹出"连接到ORACLE"对话框（见图6-25），输入用户名和密码后单击"确定"按钮即可进行测试。

（5）数据源通过连接测试后，表示数据源可以被使用。在"客户端配置管理"对话框中单击"确定"按钮，可将数据源添加到"GDBCatalog"目录窗口中。当用户需要使用该数据源时，还需要连接数据源，输入用户名和密码后单击"确定"按钮即可连接数据源，如图6-26所示。

图 6-25 "连接到 ORACLE"对话框

图 6-26 连接数据源

### 6.2.3 创建地理数据库

在MapGIS 10中操作基于Oracle的数据源时，数据源下必须要有"MPDBMASTER"主数据库，这个主数据库包含相关配置信息，不可删除。如果没有主数据库，可以通过数据源（如"ORACLE"）的右键菜单中的"创建数据库"来创建主数据库（创建主数据库时，不允许修改主数据库名称，否则会创建不成功）。以下介绍的创建地理数据库的操作是在"MPDBMASTER"主数据库已经存在的前提下进行的。

（1）右键单击已经配置好的基于Oracle的地理数据库服务器节点（即"ORACLE"），在其右键菜单中选择"创建数据库"，如图6-27所示，可弹出"地理数据库创建向导"对话框。

（2）在"地理数据库创建向导"对话框中的"基本信息"界面中，选择"新建地理数据库"或"在现有数据库中初始化地理数据库"。

"新建地理数据库"可在基于Oracle数据库服务器节点（ORACLE）下新建一个地理数据库。若用户使用这种方式创建一个新的地理数据库，那么需要自定义数据库名和管理员名称，然后输入管理员口令并确认，完成设置后单击"下一步"按钮，如图6-28所示。

"在现有数据库中初始化地理数据库"用于将已经在Oracle数据库服务器中创建好的数据库初始化为地理数据库。选择该方式创建地理数据库时，用户可以在"数据库名"中输入要初始化的数据库名，单击"下一步"按钮，如图6-29所示。

（3）在"地理数据库创建向导"对话框中的"文件信息"界面（见图6-30）中，设置数据库对应的文件信息，可以设置数据文件的存储位置、初始大小、文件增长等信息，完成设置后单击"下一步"按钮。

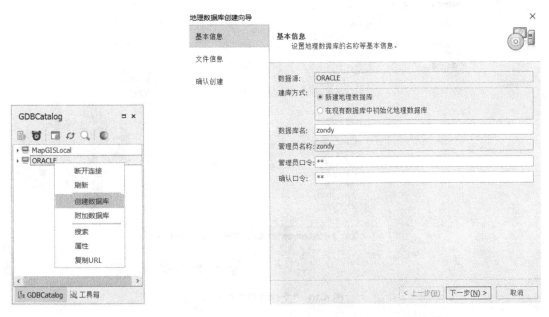

图 6-27 创建数据库 　　　　　图 6-28 新建地理数据库

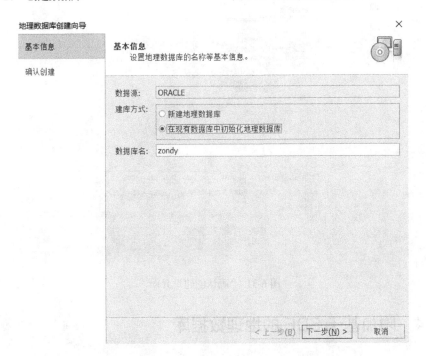

图 6-29 在现有数据库中初始化地理数据库

（4）在"地理数据库创建向导"对话框中的"确认创建"界面（见图 6-31）中，确认设置的数据库信息，若信息无误，则单击"完成"按钮即可完成数据库的创建。

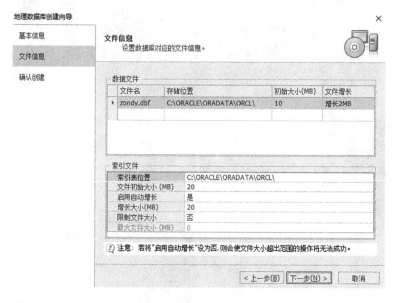

图 6-30 "文件信息"界面

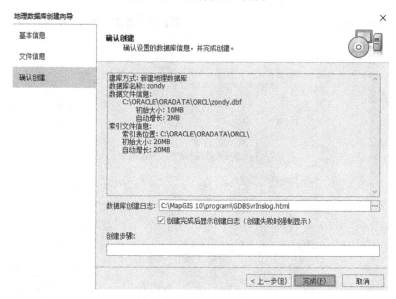

图 6-31 "确认创建"界面

## 6.2.4 附加基于 SDE 的地理数据库

（1）在"GDBCatalog"目录窗口中，右键单击要附加 Oracle 数据库的数据源（如"ORACLE"），在弹出的右键菜单中选择"附加数据库"，如图 6-32 所示，可弹出"附加地理数据库"对话框。

（2）在"附加地理数据库"对话框中，在"数据库"的下拉列表中基于选择 Oracle 数据库服务器下创建的数据源，单击"确定"按钮即可完成地理数据库的附加。

图 6-32　附加数据库

## 习题 6

（1）列举在 MapGIS 10 中使用的其他数据源（如 Oracle、SQLServer）与本地数据库之间的异同。

（2）在其他数据源下创建地理数据库时，新建地理数据库和在现有数据库中初始化地理数据库有什么区别？分别会得到什么结果？

（3）如何将 MapGIS 10 中的本地数据库迁移到其他数据源（如基于 SQLServer 数据库服务器下的数据源）下？

（4）如何对 SQLServer 数据库进行备份和恢复？

# 第 3 部分

# GIS 数据输入及可视化

数据采集和输入是一项十分重要的基础工作,是建立地理信息系统不可缺少的一部分。没有数据的采集和输入,就不可能建立一个数据实体,更不可能进行数据的管理、分析和结果输出。准确、实时的数据是建立地理信息系统的前提条件,因此必须认真对待数据采集和输入。数据的选择要确保数据的真实,除了一些不可避免或无法预料的原因,输入的数据应力求准确,否则将会影响最终结果的正确分析和评价。数据的采集、标准化、综合和自动录入是 GIS 数据采集的主要功能。

GIS 地图可视化是指运用计算机图形学、图像处理技术和地图学的表达方式,将空间数据输入、处理、查询、分析的结果用图形、图像结合图表、文字、表格、视频等可视化方式显示并进行交互处理的理论、方法和技术。具体地说,就是利用可视化原理、技术和方法,对大量的空间数据进行处理,形象、具体地显示其空间特性,使研究人员能直观地进行观察和模拟,从而丰富科学发现的过程,给予人们深刻与意想不到的空间洞察力。

# 第 7 章 地图文档与地图管理

地图文档是用于记录所有图层的存储、排列显示、编辑状态、专题配置、版面布置等综合信息的文件，通常保存为*.mapx 文件，但是地图文档并不存储空间实体要素。通常，GIS 是将一个项目中或某区域内所有图层集中于一个地图文档进行操作的，地图文档下可以包含多幅二维地图和三维场景。

## 7.1 新建地图文档

右键单击工作空间中的空白处，在弹出的右键菜单中选择"新建"，如图 7-1 所示，可弹出"新建文档"对话框。

在"新建文档"对话框中选择"空文档"，即地图文档节点下无内容，然后选择"样式"或"模板"中任意一个选项，即可按照专题要求在创建地图文档时配置相关要素图层。例如，选择"样式"下的"二调"后，在创建地图文档时会按照二调建库的规范来配置相关要素图层，如图 7-2 所示。

图 7-1 右键菜单

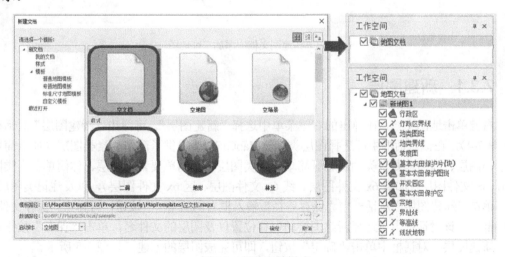

图 7-2 新建文档样式

## 7.2 打开地图文档

打开地图文档的方式有以下三种：

方式一：直接双击地图文档文件。

方式二：单击菜单栏中的"文件→打开"，或者在工作空间中的空白处单击鼠标右键，在弹出的右键菜单中选择"打开"，然后在弹出的对话框中找到地图文档文件，双击该文件即可将其添加到工作空间中。

方式三：单击菜单栏中的"文件→最近打开"，从下拉列表中选择所需的地图文档并打开。

## 7.3 添加二维地图

地图文档下可以包含多幅二维地图，一幅二维地图可将同一地区或相同专题特性的多个栅格图层或矢量图层组织起来进行操作。在地图文档节点的右键菜单中选择"添加地图"可在地图文档中创建一幅新的空二维地图，选择"导入地图"可将其他地图文档下的二维地图添加到当前的地图文档中，如图 7-3 所示。

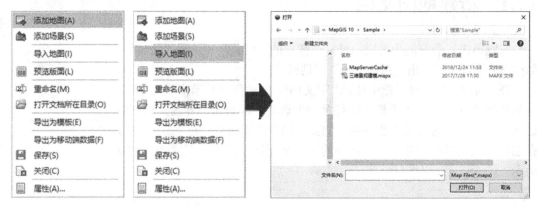

图 7-3　在地图文档中添加二维地图

### 7.3.1 新建图层

右键单击地图文档，在弹出的右键菜单中选择"新建图层"，可弹出"新建图层"对话框（见图 7-4），在该对话框中可选择图层类型。MapGIS 10 提供了简单要素类图层（如点简单要素类图层、线简单要素类图层、区简单要素类图层、面简单要素类图层、体简单要素类图层）、6x 文件图层（如点 6x 文件图层、线 6x 文件图层、区 6x 文件图层），以及注记类图层。

单击"新建图层"对话框中"保存路径"输入框右侧的"…"按钮，可弹出"保存文件"对话框，在该对话框中可选择新建图层的保存位置以及图层的文件名，单击"保存"按钮后在"新建图层"对话框中单击"确定"按钮，即可完成图层的创建，如图 7-5 所示。

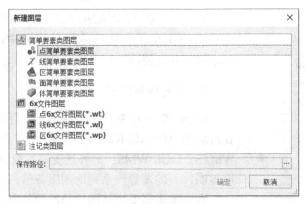

图 7-4 "新建图层"对话框

图 7-5 新建图层

## 7.3.2 打开图层

### 1. 打开简单要素类图层

打开简单要素类图层的方式有以下两种：

方式一：右键单击需要添加图层的地图节点，在弹出的右键菜单中选择"添加图层"，可弹出如图 7-6 所示的"打开文件"对话框。用户既可以选择数据库中的文件，也可以选择本地的 6x 文件或其他常用的 GIS 格式文件。MapGIS 10 支持同时打开多个文件（可直接打开 .shp 数据、.e00 数据、.dxf 数据）。

图 7-6 "打开文件"对话框

方式二：在"GDBCatalog"目录窗口中直接选择对应的文件并拖曳至工作空间或地图视窗中，如图 7-7 所示，MapGIS 10 支持同时拖曳多个文件。

### 2. 打开服务图层

MapGIS 10 中新增了服务图层，目前支持 MapGIS HDF 瓦片服务，MapGIS IGServer 地图服务，以及 IGServer 中 OGC WMTS、OGC WMS；另外还支持谷歌地图、Bing 地图、雅虎地图、天地图等一系列地图服务信息的查看。

右键单击需要添加图层的地图节点，在弹出的右键菜单中选择"添加服务图层"，可弹出"添加服务图层"对话框，在该对话框中可选择对应的服务类型，并输入其服务路径（系统自带的地图的服务图层已有对应的路径，不需要重复输入），在下方的"权限设置"里输入 Token 码（发布的服务未设置权限时不需要输入），单击"确定"按钮即可添加服务图层，如图 7-8 所示。由于天地图的官方机制发生了改变，在使用天地图时只需要将"服务类型"设置为"天地图"，然后输入获取到的 Token 码即可添加天地图的服务图层。

图 7-7 拖曳添加图层

图 7-8 添加服务图层

### 3. 图层状态

在 MapGIS 10 中，图层有四种状态："可见""不可见""编辑""当前编辑"如图 7-9 所示。在图层上单击鼠标右键可切换图层的状态。

"可见"：图层可以被看见，但无法对其进行编辑。

"不可见"：图层不可被看见，同时也无法对其进行编辑。对于非不可见的图层，单击其左侧的状态，即可快速切换到不可见状态。

"编辑"：图层可以被看见，并且可以对其内图元的参数、属性等进行编辑，但不能对其内图元进行添加和删除等操作。

"当前编辑"图层可以被看见,并且可以对其内图元进行各种编辑。双击不处于当前编辑状态的图层,即可快速将其切换到当前编辑状态。每一种图层类型(点、线、面、注记四类)最多只能有一个图层处于当前编辑状态,当某一种图层类型中有新的图层切换到了当前编辑状态,之前处于当前编辑状态的图层会自动切换到编辑状态。

图 7-9 图层状态

### 7.3.3 图层排序

在加载显示地图时,以工作空间中第一个图层为底层,这意味着目录窗口中越靠下的图层,反而显示在最上层。当图层过多时,各个图层之间的压盖需要通过调节图层的排序来控制。图 7-10 所示为两个相同图层,由于不同的图层排序导致不同的显示结果。

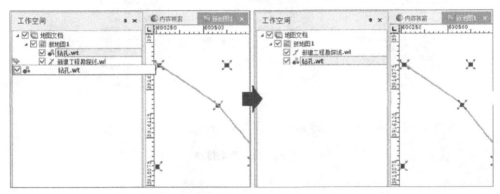

图 7-10 两个相同图层、不同图层排序导致不同的显示结果

#### 1. 手动排序

在工作空间中选中图层,并按住鼠标左键不放,移动鼠标将其拖动到所需位置上;当出现向上或向下的蓝色箭头时,即可松开鼠标。手动排序同样适用于组图层内及各类图层间,且支持跨地图拖曳,如图 7-11 所示。

#### 2. 自动排序

在 MapGIS 10 中,图层的自动排序包括按约束类型排序和更多方式排序两种。

(1)按约束类型排序。在"地图"节点的右键菜单中提供了自动排序功能的选项。在工作空间中右键单击"地图"节点,在弹出的右键菜单中选择"按约束类型排序",MapGIS 10 会按照地图集、组图层、栅格和其他数据、区图层、线图层、点图层、注记图层的先后顺序对地图图层进行排序,如图 7-12 所示。

(2)更多排序方式。在工作空间中右键单击"地图"节点,在弹出的右键菜单中选择"更多排序方式",可弹出"排序"对话框,在该对话框中可选择排序方式,MapGIS 10 提供了 5 种排序方式,如图 7-13 所示。

"名称":按图层名称进行排序,分为正序和逆序。正序指按字母表先后顺序排序,逆序指按字母表逆序排序。

"路径":按图层路径前后位置进行排序。需要注意的是:本地数据的路径在 GDB 数据的路径之前；当数据主路径相同时，会按照图层名称进行排序。按路径排序也包括正序和逆序。

"图层类型"：按照图层的点、线、区等类型进行排序，相同类型的再按照名称排序。

图 7-11　手动排序

图 7-12　按约束类型排序

"状态"：按照图层状态进行排序，用户可设置不同图层状态的相对顺序，相同状态的再按照名称排序。

"约束类型"：按照如图 7-12 所示的约束类型进行图层排序，相同类型的再按照名称排序。

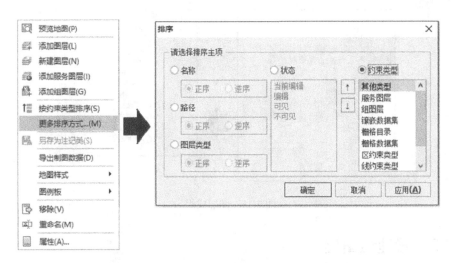

图 7-13　更多排序方式

## 7.3.4　图层成组

图层成组的方式有以下两种：

方式一：右键单击地图节点，在弹出的右键菜单中选择"添加组图层"，即可在该地图下添加组图层，如图 7-14 所示。添加完组图层后，可将图层拖曳到组图层下或在组图层下新建图层，从而在组内对图层进行统一管理。

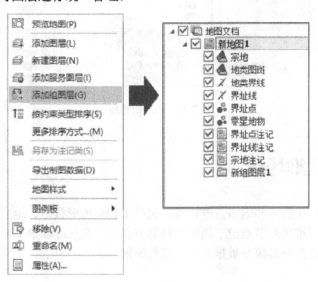

图 7-14　添加组图层

方式二：在地图中选中多个图层，单击鼠标右键，在弹出的右键菜中选择"成组"，则可将多个图层组成一个组图层，如图 7-15 所示。

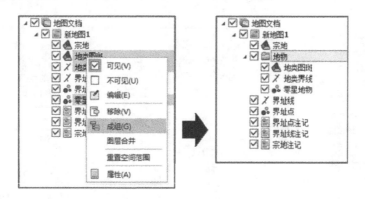

图 7-15　图层成组

### 7.3.5　管理组图层

图层成组后可对组内图层进行统一的管理,如统改状态、移除、重命名等。右键单击组图层,在弹出的右键菜单中选择"属性"可打开"属性"对话框,在该对话框中可修改名称、状态、关联图例的分类码,如图 7-16 所示。

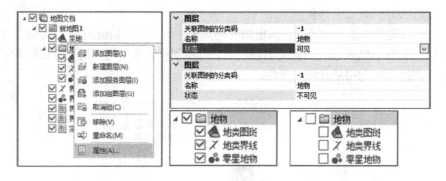

图 7-16　图层组管理

## 7.4　添加三维场景

三维场景主要用于展示和编辑三维模型,包括 DEM 地形模型、地上建筑景观模型、地下地质体模型等。三维场景节点位于地图文档总节点下,在三维场景节点下可添加三维要素图层,并可在三维视图中对模型数据进行浏览与编辑。

### 7.4.1　新建三维场景

用户可通过选择菜单"文件→新建"来创建一个新的三维场景,如图 7-17 所示。

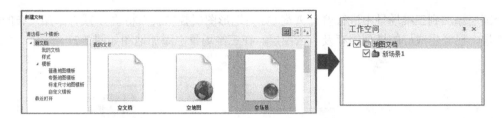

图 7-17　新建三维场景

也可在工作空间中的已有地图文档节点上,通过右键菜单添加一个或多个三维场景,如图 7-18 所示。

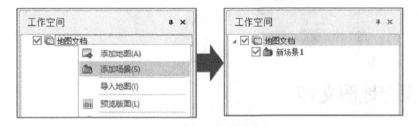

图 7-18　添加三维场景

添加完三维场景后,可通过三维场景节点右键菜单中的"属性"来设置三维场景的显示与配置参数,如视图模式与动态投影等信息,其中,视图模式包含平面与球面两种,动态投影则可将当前空间参照系动态投影至另一空间参照系。

## 7.4.2　在三维场景中添加图层

右键单击工作空间中的三维场景节点,在弹出的右键菜单中选择"添加图层→添加地形层",如图 7-19 所示,可弹出"打开文件"对话框,在该对话框选择所需的图层即可将其添加到三维场景中。添加图层之后也可通过图层右键菜单中的"属性"来对图层显示的效果进行调整。

同样,三维场景的右键菜单也提供了自动排序功能。右键单击三维场景节点,在弹出的右键菜单中选择"按约束类型排序",MapGIS 10 会按照不同图层类型在显示中的压盖情况进行排序。

图 7-19　在三维场景中添加图层

## 7.4.3　浏览三维场景模型

在三维场景中添加好图层后,可通过场景节点右键菜单中的"预览场景"来浏览三维场景模型,如图 7-20 所示,此时会在主视窗中新增三维场景,并可通过主视窗上方的按钮进行切换。

在三维场景中,不仅可以添加一般的图层数据,还可以将工作空间打开的地图文档作为一个图层添加到三维场景中进行叠加浏览（如为地形图层叠加表面材质），或者添加发布的服务图层、已经生成好的模型缓存及点云图层。在三维场景中添加地图如图 7-21 所示。

图 7-20　预览场景

图 7-21　在三维场景中添加地图

## 7.5　保存地图文档

右键单击工作空间中的空白处，在弹出的右键菜单中选择"保存"，或者在菜单中选择"文件→保存"，均可弹出地图文档"保存"对话框，如图 7-22 所示，可在该对话框中将地图文档保存为.mapx 格式的文件。需要值得注意的是，.mapx 格式的文件仅记录相关配置信息，并不保存实体要素，在提交数据时要同时提交.HDF 数据库文件。

地图文档除了可以保存为.mapx 格式的文件，还可以保存为.mbag 格式的地图包文件。与.mapx 格式的文件不同的是，.mbag 格式的地图包文件在存储相关配置信息的同时，也会保存实体要素，在提交数据时不需要同时提交.HDF 数据库文件。

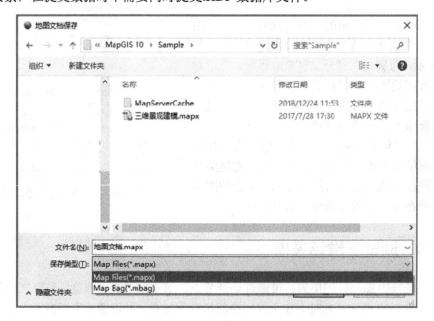

图 7-22　"地图文档保存"对话框

## 习题 7

（1）请简述地图文档、地图、三维场景及图层之间的关系。

（2）如果需要矢量化习题（2）图所示的地图，请说明需要新建哪些图层。

习题（2）图

（3）数据库中现有一个 DEM 数据，以及对应的彩色影像数据，两个数据的位置关系保持一致，请在三维场景中以影像为贴图显示 DEM 数据。

（4）现有一大批数据，包含点、线、区及注记图层，请简述如何快速添加数据并处理好压盖关系。

（5）请简述.mabag 格式的地图包文件和.mapx 格式的文件的优缺点。

# 第8章 图元的输入编辑

MapGIS 10 中的地图编辑集成了矢量要素的创建、编辑、更新、修饰等功能，能够满足用户一系列的编辑要求，提供了多种地理数据可视化方式，揭示了潜在的趋势及分布状况，提供了完备的编辑工具，支持复杂、动态地表达地理数据。在进行矢量化绘制前，首先要添加校正后的栅格底图，进行读图，对要矢量化的底图进行充分了解并分析地图要素，然后根据读图结果创建对应类型的要素图层，最后进行数据采集和编辑。

## 8.1 基本图元的输入与编辑

基本图元包括点、线、区、注记，它们的输入与编辑是通过 Ribbon 菜单栏（见图 8-1）上的"点编辑""线编辑""区编辑"来实现的。

|  | 地图编辑 |  |  |  | 栅格编辑 | 制图综合 |
| --- | --- | --- | --- | --- | --- | --- |
| 点编辑 | 线编辑 | 区编辑 | 通用编辑 | 制图编辑 | 栅格编辑 | 制图综合 |

图 8-1  Ribbon 菜单栏

### 8.1.1 点的输入与编辑

**1．输入点**

输入点是指在创建的点图层中添加新的点，操作方法如下：

（1）将点图层设置为"当前编辑"状态，单击菜单栏中的"点编辑→造子图"，然后选择一个输入点的方式，这里选择"造子图（参数缺省）"，如图 8-2 所示。

（2）当地图视图中鼠标指针变为"+"时，表示处于单击加点（输入点）状态，可在适当的位置加点。用户也可以通过输入坐标来精确加点，在英文输入状态下按下"A"键，可弹出如图 8-3 所示的"地图坐标"对话框，在该对话框中输入坐标后单击"确定"按钮即可完成精确加点。

（3）在地图视图刷新时可以看到新加的点，如图 8-4 所示。

图 8-2 造子图（参数缺省）　　　　图 8-3 "地图坐标"对话框　　　　图 8-4 输入点的示例

其他输入点的方式：

"造子图（参数输入）"：在输入点的同时会弹出点参数对话框，用于设置点参数。

"造组合点"：将多个点组合成一个要素，共享图形参数和属性，可以通过菜单栏中的"通用编辑菜单→高级工具→组合要素"或"分解要素"进行多个点的组合和分解。

"沿线布点"：沿选中的线（线图层应设为编辑状态）来布点，布点方式可分为按线上各点位置加点（线上各节点）和按间隔距离布点（每隔相应的距离布点）两种，输入的点既可以组合为一个点要素，也可以作为单独的点。

### 2. 修改点参数

（1）在工作空间中将点图层设置为"编辑"或"当前编辑"状态。

（2）单击菜单栏中的"点编辑→修改参数"。

（3）在数据视图点选中第一次输入的点，此时会弹出"修改图元参数"对话框，在此对话框可设置新的图元参数，确定参数后关闭该对话框即可看到修改后效果。

（4）若选择的是单个点，则会在弹出的"修改图元参数"对话框中显示当前点的 ID 及参数信息，用户可在右侧窗口中修改相关参数，如图 8-5（a）所示。

（5）若选择的是多个点，则会在弹出的"修改图元参数"对话框左侧窗口中显示所有选中点的 ID，在右侧窗口显示可统改点参数。若用户需要查看或修改某个点的参数，可在左侧窗口中选中该点的 ID，即可在右侧窗口中查看或修改该点的参数，如图 8-5（b）所示。

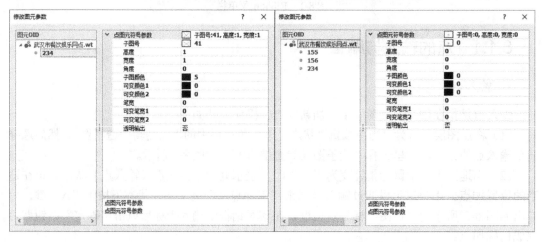

（a）选择单个点时的对话框　　　　　　　　（b）选择多个点时的对话框

图 8-5 "修改图元参数"对话框

### 3. 修改点属性

（1）在工作空间中将点图层设置为"编辑"或"当前编辑"状态。

（2）单击菜单栏中的"点编辑→修改属性"，在数据视图中选择点。

（3）若选择的是单个点，则会在弹出的"修改图元属性"对话框中显示当前点的 ID 及属性信息，用户可在右侧窗口中修改该点的属性，如图 8-6（a）所示。

（4）若选择的是多个点，则会在弹出的"修改图元参数"对话框左侧窗口中显示所有选中点的 ID，在右侧窗口中可统改点的属性字段值。若用户需要查看或修改某个点的属性字段值，可在左侧窗口中选中该点的 ID，在右侧窗口中查看或修改该点属性，如图 8-6（b）所示。

（a）选择单个点时的对话框　　　　　（b）选择多个点时的对话框

图 8-6 "修改图元属性"对话框

### 4. 删除点

（1）在工作空间中将待修改的图层设置为"编辑"或"当前编辑"状态。

（2）单击菜单栏中的"点编辑→删除"。

（3）在数据视图中点选或框选将要删除的点，点即可被删除。

### 5. 移动点

（1）在工作空间中将待修改的图层设置为"编辑"或"当前编辑"状态。

（2）单击菜单栏中的"点编辑→移动"。

（3）在数据视图中点选或框选将要移动的点。

（4）在鼠标指针变为"✥"状态时，按住鼠标左键不放，将鼠标移动到指定位置，松开鼠标左键，点即可被移动。

（5）重复上一步骤，可再次将点移动到其他位置上，直至单击鼠标右键结束操作。

移动点可用以下快捷键：选中点后，按下 Ctrl 键，拖动鼠标可将点只沿水平方向移动；选中点后，按下 Shift 键，拖动鼠标可将点只沿竖直方向移动；选中点后，按方向键可以进行微移；选中点后，按下 A 键可弹出"移动距离设置"对话框，在该对话框中输入平移量或目标位置坐标，单击"确定"按钮可精确地移动点。

### 6. 复制点

（1）在工作空间中将待修改图层设置为"编辑"或"当前编辑"状态。
（2）单击菜单栏中的"点编辑→复制"。
（3）在数据视图区中框选或点选需复制的点。
（4）按住鼠标左键，将鼠标的红色方框移动到目的位置，松开鼠标左键即完成点复制。
（5）重复上一步骤，可将点多次复制到不同的位置，直至单击鼠标右键结束操作。

复制点可用以下快捷键：选中点后，按下 Ctrl 键，拖动鼠标可将点只沿水平方向移动；选中点后，按下 Shift 键，拖动鼠标可将点只沿竖直方向移动；选中点后，按下 A 键可弹出"移动距离设置"对话框，在该对话框中输入目标位置坐标，单击"确定"按钮即可完成点复制。

### 7. 对齐坐标

（1）在工作空间中将待修改图层设置为"编辑"或"当前编辑"状态。
（2）单击菜单栏中的"点编辑→对齐"。
（3）在数据视图框选要进行操作的点，系统会弹出"对齐坐标"对话框。
（4）在对话框中选择对齐方式及参考点后，单击"确定"按钮即可完成坐标对齐。

其中沿竖直方向对齐是指根据对话框下方选中的参照点，将需要对齐的点在竖直方向对齐，其结果是所有点对齐在一条竖直线上；沿水平方向对齐是指根据对话框下方选中的参照点，将需要对齐的点在水平方向对齐，其结果是所有点对齐在一条水平线上；目的横/纵坐标是对话框下方所选参照点的坐标值。

### 8. 旋转点

（1）在工作空间中将待修改图层设置为"编辑"或"当前编辑"状态。
（2）单击菜单栏中的"点编辑→旋转"。
（3）在数据视图中点选要旋转的点，所选的点开始闪烁，按下鼠标左键后拖动鼠标可修改点的角度。
（4）重复上一步骤，可再次将点旋转到其他角度，直至单击鼠标右键结束操作。

选中点后按下"A"键，会弹出对话框，该对话框中的旋转角度是指在现有角度的基础上旋转输入值大小，精确定位方向是指定位点到某个角度。

### 9. 清除重复点

（1）在工作空间中将待修改图层设置为"当前编辑"状态。
（2）单击菜单栏中的"点编辑→清除重复"。
（3）操作结束后弹出结果提示窗口，如图 8-7 所示，单击"确定"按钮即可清除重复点。

图 8-7 清除重复点提示

## 8.1.2 线的输入与编辑

### 1. 输入线

输入线是指在线图层中添加线。注意：在线图层中可能会涉及多种类型的线，如公路、河流、等高线等，一般在地图上会用不同的线型符号及不同的参数表示。

(1) 将线图层设为当前编辑状态，单击菜单栏中的"线编辑→造折线"，如图 8-8 所示。

(2) 当地图视图中的鼠标指针为"十"状态时，按下 A 键可以依次在弹出的对话框中输入线上点的坐标，

图 8-8  造折线

也可以通过单击鼠标直接在地图视图中加点，一条线输入完毕单击鼠标右键结束。

输入线的其他方式如下：

造光滑曲线：在输入过程中根据输入的点来拟合曲线，最终的线是按照曲线方式在原有点基础上插点而生成的。

造正交线：初始线段确定一个方向，此后的线只能在已有线段垂直方向上延伸。

造双线：初始设置双线的间距，然后由鼠标加点，在点两侧同时生成两条线。

用点连线：根据已有点连线。

键盘输入线：按顺序输入一条线的所有点坐标生成线。

造解析组合线：在输入线的过程中，单击鼠标右键可以在指定线长、方向输入下一个点。

需要注意的是，线的输入方式是指生成线的过程，默认情况下生成的是都是折线。在修改线参数时可以看到线型，线型分为折线和光滑线两种，选择光滑线时线会通过原有的点拟合曲线，但是实际存储的点并没有增加。

**2．修改线参数**

(1) 在工作空间中将点图层设置为"编辑"或"当前编辑"状态。

(2) 单击菜单栏中的"线编辑→修改参数"。

(3) 在地图视图点选或者框选一条已输入的线，此时会弹出"修改图元参数"对话框，在此对话框中可设置新的图元参数，关闭对话框后即可看到修改后的效果。

(4) 若选择的是单条线，则在弹出的"修改图元参数"对话框中会显示当前线的 ID 及参数信息，用户可在右侧窗口中修改相关参数，如图 8-9 (a) 所示。

(5) 若选择的是多条线，则在弹出的"修改图元参数"对话框左侧窗口中会显示所有选中线的 ID，在右侧窗口中可统改线参数。若用户需要查看或修改某条线的参数，在左侧窗口中单击该条线的 ID，即可在右侧窗口中查看或修改这条线的参数，如图 8-9 (b) 所示。

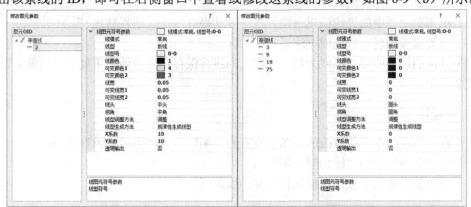

(a) 选择单条线时的对话框　　　　　　　　(b) 选择多条线时的对话框

图 8-9  "修改图元参数"对话框

### 3. 修改线属性

（1）在工作空间中将线图层设置为"编辑"或"当前编辑"状态。

（2）单击菜单栏中的"线编辑→修改属性"。

（3）在地图视图中选择线，若选择的是单条线，则会在弹出的"修改图元属性"对话框中显示当前 ID 号及属性信息，用户可在右侧窗口中修改这条线的属性，如图 8-10（a）所示。

（4）若选择的是多条线，则会在弹出的"修改图元属性"对话框左侧窗口中显示所有选中线的 ID，在右侧窗口中可统改线属性字段值。若用户需要查看或修改某条线的属性字段值，则可在左侧窗口中选中这条线的 ID，这时可在右侧窗口中查看或修改这条线的属性信息，如图 8-10（b）所示。

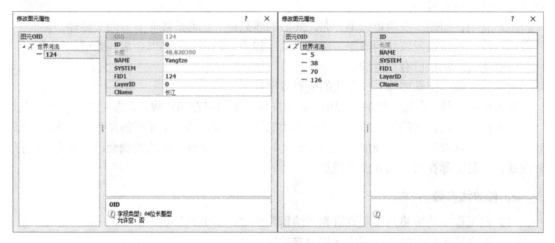

(a) 选择单条线时的对话框　　　　　　　　(b) 选择多条线时的对话框

图 8-10　"修改图元属性"对话框

注："修改图元属性"对话框中的"长度"字段受系统保护，不允许在属性编辑中修改。

### 4. 手动提取线

（1）将工作空间中需要提取线的区图层设置为"编辑"或"当前编辑"状态，将存储结果的线图层设置为"当前编辑"状态。

（2）单击菜单栏中的"线编辑→输入线→手动提取线（区边界转线）"。

（3）在数据视图区中点选或框选要提取的区。

（4）该区的边界即可被提取为线，提取出的线将保存在当前地图下处于"当前编辑"状态的线要素中。

### 5. 删除线

（1）在工作空间中将待修改的线图层设置为"编辑"或"当前编辑"状态。

（2）单击菜单栏中的"线编辑→删除"。

（3）在数据视图区中点选或框选将删除的线即可。

### 6. 移动线

（1）在工作空间中将待修改的线图层设置为"编辑"或"当前编辑"状态。
（2）单击菜单栏中的"线编辑→移动"，在数据视图中点选或框选将要移动的线。
（3）当鼠标指针变为"✥"时，按住鼠标左键不放，拖动鼠标到指定位置后松开鼠标左键，线即可被移动。
（4）单击鼠标右键结束操作。
移动线也可用快捷键，具体可以参考移动点的快捷键。

### 7. 复制线

（1）在工作空间中将待修改的线图层设置为"编辑"或"当前编辑"状态。
（2）单击菜单栏中的"线编辑→复制"。
（3）在数据视图中点选或框选需复制的线，被选中的线开始闪烁。
（4）按住鼠标左键，拖动鼠标到适当位置，松开鼠标左键即完成线的复制。
（5）重复上一步骤，可多次将线复制到不同位置，直至单击鼠标右键结束操作。
复制线也可用快捷键，具体可以参考复制点的快捷键。

### 8. 剪断线

在工作空间中将待操作的线图层设置为"编辑"或"当前编辑"状态，单击菜单栏中的"线编辑→剪断线"即可进行剪断线的操作。剪断线又分为有剪断点、无剪断点及剪断一条线。

（1）有剪断点：单击线上要剪断处，在单击处会出现一个绿色的剪断点，表示该线将在此处被剪断。若还需在这条线上其他地方进行剪断，则可继续单击鼠标左键设置剪断点。当单击鼠标右键时，该线将在所有的绿色剪断点处被剪断，同时结束剪断操作。
（2）无剪断点：单击线上要剪断处，若单击处的两端少于两个点，系统会报错，若单击处的两端都至少有两个点，则离单击处最近的两个点间的线段将被剪去。
（3）剪断一条线：先在弹出的"比例设置"对话框中选择剪断方式（中点、分段比例或距离），然后在地图视图中选择要剪断的线，则将从该线的线头开始找到对应的比例处并剪断。

### 9. 相交剪断

相交剪断可在地图视图区中相交线的相交处进行剪断处理。相交剪断分为剪断母线、不剪断母线和全图自动剪断三种剪断方式，前两种剪断方式的操作方法相同，即先选择一条线作为母线，再选择一条要剪断的线。

（1）在工作空间中将待操作的线图层设置为"当前编辑"状态（全图自动剪断可在"编辑"状态下运行）。
（2）单击菜单栏中的"线编辑→相交剪断"后，再选择相交剪断类型。
① 剪断母线：默认母线也被剪断，即被选择的两条线在相交处都被剪断。
② 不剪断母线：母线不剪断，另一条线在相交处被剪断。
③ 全图自动剪断：所有的线在相交处都被剪断，此操作不能撤销，所以建议谨慎操作。选择这种剪断方式后，单击弹出的提示框中的"是"按钮，系统自动将全图相交线剪断。

### 10. 连接线

（1）在工作空间中将待操作的线图层设置为"编辑"或"当前编辑"状态。

（2）单击菜单栏中的"线编辑→交互连接线"。

（3）单击鼠标左键选中第一条线，选中线会开始闪烁，单击鼠标左键选中第二条线，此时系统会将第一条线的尾端与离第二条线距离最近的一端相连。

（4）若还需继续在该线上连线，可继续单击鼠标左键进行操作，直至单击鼠标右键结束。

连接线还可以使用"自动连接线"方式，用户可选择是用邻接关系还是属性关系进行自动连接线。

### 11. 交点平差

由于数字化误差，几条线或弧段在交叉处会留有空隙，即交点处没有闭合。为了拓扑处理的需要，也为了保证拓扑关系的严格性，需要将它们在交叉处的点捏合起来，即使交点处的坐标重合。需要说明的是，捏合后的结果仅仅只是坐标重合，并非连接为一条线。

（1）在工作空间中将待操作的线图层设置为"编辑"或"当前编辑"状态。

（2）单击菜单栏中的"线编辑→线节点平差"。

（3）接下来的操作和"圆心半径造圆"类似，在想要将捏合的地方按住鼠标左键，拖动鼠标拉出一个圆（平差圆），将需要捏合的点都圈进来，落入平差圆中的线头坐标都将落到平差圆的圆心处。

### 12. 线上点操作

1）线上加点

（1）在工作空间中将待操作的线图层设置为"编辑"或"当前编辑"状态。

（2）单击菜单栏中的"线编辑→线上点编辑→线上加点"。

（3）在地图视图中用鼠标点选或框选一条线，该线开始闪烁且线上所有点都将高亮显示。

（4）在线上单击鼠标左键加点，添加成功的点会高亮显示在线上，若还需在这条线上加点可继续单击鼠标左键添加。

（5）若一条线的加点操作完成可单击鼠标右键结束，此时可选择其他线继续进行加点操作。

2）线上删点

（1）在工作空间中将待操作的线图层设置为"编辑"或"当前编辑"状态。

（2）单击菜单栏中的"线编辑→线上点编辑→线上删点"。

（3）在地图视图中用鼠标左键点选或框选一条线，该线开始闪烁且线上所有点都将高亮显示。

（4）在线上单击鼠标左键选中要删除的点，该点即可被删除。

（5）可重复上一步骤，直至该线剩下两个点（即端点），若一条线的删点操作完成可单击鼠标右键结束，此时可选择其他线继续进行删点操作。

3）线上移点

（1）在工作空间中将待操作的线图层设置为"编辑"或"当前编辑"状态。

(2) 单击菜单栏中的"线编辑→线上点编辑→线上移点"。

(3) 在视图地图中用鼠标左键点选或框选一条线，该线开始闪烁且线上所有点都将高亮显示。

(4) 把鼠标移动到线上某点处，按住鼠标左键并拖动鼠标以改变点的位置，松开鼠标后点的位置即可被确定。

(5) 可重复上述操作，若一条线的移点操作完成可单击鼠标右键结束，此时可选择其他线继续进行移点操作。

选中线后，按下 A 键可弹出"输入地图坐标"对话框，当前修改过点会用蓝色标记，输入需要移至的坐标位置值，单击"下一点"按钮可逐点进行准确定位，单击"完成"按钮后点会被自动移动到所输入的位置。

### 13. 延长线

(1) 在工作空间中将待操作的线图层设置为"编辑"或"当前编辑"状态。

(2) 单击菜单栏中的"线编辑→延长缩短线→延长线"。

(3) 在地图视图中单击鼠标左键选择一条线，选中后即可在该线终点通过加点、删点等操作延长或者缩短该线，其操作同"输入线"。

(4) 同时可使用快捷键"F9"来删点、使用"F11"来改变输入方向，从而辅助完成延长或缩短线的操作。

### 14. 靠近线

(1) 在工作空间中将待操作的线图层设置为"当前编辑"状态。

(2) 单击菜单栏中的"线编辑→延长缩短线→靠近线"或"靠近线（母线加点）"。

(3) 在地图视图中先单击鼠标左键选择一条线作为母线，再单击鼠标左键选择需要靠近的线，被选中线将被延长和母线相交。

母线不加点是指靠近后母线不加点，在对交点处进行无级放大时有可能出现不套合情况。母线加点是指靠近母线后在相交位置为母线增加一个点，使得母线发生改变，在这种情况下，对交点处进行无级放大始终为套合。需要注意的是，选择的被延长线必须保证在其被延长后可以与母线相交，否则对选择的被延长线不做任何处理。

### 15. 修改线方向

(1) 在工作空间中将待操作的线图层设置为"编辑"或"当前编辑"状态。

(2) 单击菜单栏中的"线编辑→修改线方向"。

(3) 在地图视图中单击鼠标左键选择单条线，被选择的线上会出现用于指示线方向的箭头。

(4) 此时每单击一次鼠标左键，线方向便会随之改变，单击鼠标右键可确定线方向。

### 16. 抽稀、光滑、钝化线

1）抽稀线

(1) 在工作空间中将待操作的线图层设置为"编辑"或"当前编辑"状态。

（2）单击菜单栏中的"线编辑→抽稀线"，可弹出"抽稀参数"对话框。

（3）在"抽稀参数"对话框中输入抽稀值后单击"确定"按钮，然后在地图视图中点选或框选需要抽稀的线（可同时选择多条线），系统将自动完成抽稀操作。

上一步操作可执行多次。

"抽稀参数"对话框中的抽稀值越大，线就被抽稀得越厉害，即线上删除的点就越多。需要注意的是，不能对只有两个点的线进行抽稀操作，当抽稀值大于线上点的最小距离时，不会进行抽稀操作。

2）光滑线

（1）在工作空间中将待操作的线图层设置为"编辑"或"当前编辑"状态。

（2）单击菜单栏中的"线编辑→光滑线"，可弹出"光滑参数"对话框，用户可根据需要在该对话框中设置光滑类型并输入插值密度，接着单击"确定"按钮。

（3）在地图视图中点选或框选需要光滑的线（可同时选择多条线），系统将自动完成光滑操作。

上一步操作可执行多次。

插值密度越小，光滑度就越高。如果插值密度太小，则系统会提示并给出一个经验值供用户参考。需要注意的是，无法对只有两个点的线进行光滑。

3）钝化线（交互方式）

（1）在工作空间中将待操作的线图层设置为"编辑"或"当前编辑"状态。

（2）单击菜单栏中的"线编辑→钝化线→交互方式"。

（3）在尖角两边取点后系统会弹出橡皮条弧线，将橡皮条弧线移到合适位置单击鼠标左键，即可将原来的尖角变成了圆角。

此功能的原理是根据用户在两条线上取的两点间距离作为三角形的底边，绘制外接圆弧作为钝化效果。

4）钝化线（半自动方式）

（1）在工作空间中将待操作的线图层设置为"编辑"或"当前编辑"状态。

（2）单击菜单栏中的"线编辑→钝化线→半自动方式"，可弹出"倒角半径设置"对话框。

（3）在"倒角半径设置"对话框中输入倒角半径后单击"确定"按钮，然后在地图视图中选择要操作的线，系统便自动对线进行钝化。

（4）如果需要修改倒角半径可按下 D 键进行重新设置。

倒角半径决定了钝化角时的圆弧半径，此功能适合对花坛、田径场等类似矩形的数据进行操作。

### 17. 缩放线

（1）在工作空间中将待操作的线图层设置为"编辑"或"当前编辑"状态。

（2）单击菜单栏中的"线编辑→缩放"。

（3）在地图视图中点选或框选要缩放的线（可同时选择多条线），被选中的线将显示其外包矩形和缩放手柄，且默认所选线的外包矩形中心为缩放参考点（图中用"+"标注）。

（4）更改缩放参考点，将鼠标移至当前参考点位置，待鼠标指针变为"✥"时，按住鼠标左键并将参考点拖动到目标位置,松开鼠标后再将鼠标指针移动到手柄处,待鼠标指针变为可缩放状后,按住鼠标左键(不松开)拖动鼠标开始缩放,松开鼠标则停止缩放。

(5)当鼠标指针在外包矩形内时,按住鼠标也可以进行缩放,单击鼠标右键可结束操作。

选中某条线后,按方向键可以整数倍缩放(0、1、2…),上或右方向键为放大,下或左方向键为缩小;变换线时,按下快捷键 A 可弹出"缩放参数设置"对话框,用户可手动设置缩放比例和中心点。

**18. 旋转线**

(1)在工作空间将待操作的线图层设置为"编辑"或"当前编辑"状态。

(2)单击菜单栏中的"线编辑→旋转"。

(3)在地图视图中点选或者框选要旋转的线(可选多条线),此时鼠标指针变为旋转状,且默认所选线的外包矩形中心为旋转参考点(图中用"+"标注)。

(4)更改旋转参考点,将鼠标指针移至当前参考点位置,待鼠标指针变为"✥"状态时,按住鼠标左键不放,将参考点拖动到目标位置,松开鼠标可确定旋转参考点,再次按住鼠标左键并拖动鼠标可开始旋转。

(5)单击鼠标右键可结束操作。

选中某条线后,按方向键可以进行 30°为步长的旋转;按下 A 键,可弹出"旋转参数(度)"对话框,用户可在该对话框中输入旋转度数及中心点坐标,从而完成旋转。

## 8.1.3 区的输入与编辑

**1. 输入区**

在 MapGIS 10 中,输入区与输入线有些类似,区是由边界围成的封闭范围,因而一般输入区就是输入边界,边界自动封闭即可生成区。

(1)将区图层设为"当前编辑"状态,单击菜单栏中的"区编辑→输入区→造折线区",如图 8-11 所示。

(2)当地图视图中的鼠标指针为"+"时,既可以直接单击地图视图即可加点,也可以按下 A 键可以设置点的准确坐标,点输入完毕后单击鼠标右键边界会自动闭合形成区。

输入区的其他方式:大多数方式与输入线类似,其中造带洞区、画线造拓扑区与手动拓扑造区较为特殊。

① 造带洞区。在输入带洞区时首先通过造折线方式输入外边界,单击鼠标右键结束输入外边界时选择"完成部分",然后输入内边界,单击鼠标右键结束输入内边界时单击"完成"按钮即可。在特殊情况下,一个区不仅有一条外边界,可能还会有若干条内边界,也就是说,内边界围成的部分不输入外部的大区。带洞区如图 8-12 所示。

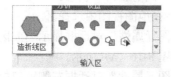
图 8-11 造折线区

图 8-12 带洞区

② 画线造拓扑区。画线造拓扑区是指使用现有面的几何来创建互不重叠或没有间隙的相邻面，采用该方式所造的相邻面具有公共边界，同时可以避免两次数字化边界或使面之间出现重叠或间隙。采用画线造拓扑区方式时，首先需保证处于"当前编辑"状态的图层中有区，如图8-13（a）所示的①区和②区，若需要造③区与①区、②区虚线所标注的边界，采用此方式时，MapGIS 10将分别捕获①区和②区的左下节点，完成③区其他点的绘制后单击鼠标右键结束，将生成如图8-13（b）所示的③区。用户可以通过这种方式填充带洞区，如图8-13（c）所示的①区，MapGIS 10将沿着图8-13（c）中的轨迹绘制一个封闭区（需完全覆盖1区的洞），绘制完成后单击鼠标右键结束，则生成如图8-13（d）所示的②区。

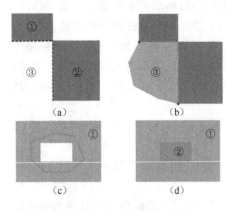

图8-13 画线拓扑造区示例

③ 手动拓扑造区。有时线图层中有完全封闭的线，如果想以此为边界创建区，则可以通过手动拓扑造区的方式来实现。操作步骤为：将线图层设置为"编辑"状态，如图8-14（a）所示；将区图层设为"当前编辑"状态后，单击菜单栏中的"区编辑→输入区→手动拓扑造区"，或在"区编辑"工具条上选择"输入区→手动拓扑造区"，然后在封闭线范围内单击鼠标左键，在弹出的对话框中设置区参数后单击"确定"按钮后退出，此时MapGIS 10根据图8-14(a)所示的线创建了如图8-14（b）所示的区。需要注意的是，手动拓扑造区的线应为首尾相接的封闭线。

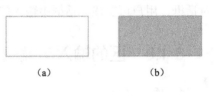

图8-14 拓扑造区

### 2. 修改区参数

（1）在工作空间中将区图层设置为"编辑"或"当前编辑"状态。

（2）单击菜单栏中的"区编辑→修改参数"，在地图视图中选择区。

（3）若选择的是单个区，则会在弹出的"修改图元参数"对话框中显示当前区的ID及参数信息，用户可在右侧窗口中修改相关参数，如图8-15（a）所示。

（4）若选择的是多个区，则会在弹出的"修改图元参数"对话框左侧窗口中显示所有选中区的ID，可在右侧窗口中统改区参数。若用户需要查看或修改某个区的参数，可在左侧窗口中单击该区的ID，即可在右侧窗口中查看或修改该区的参数，如图8-15（b）所示。

### 3. 修改区属性

（1）在工作空间中将区图层设置为"编辑"或"当前编辑"状态。

（2）单击菜单栏中的"区编辑→修改区属性"，在地图视图中选择区。

（3）若选择的是单个区，则会在弹出的"修改图元属性"对话框显示当前区的ID及属性信息，用户可在右侧窗口中修改该区的属性，如图8-16（a）所示。

（4）若选择的是多个区，则会在弹出的"修改图元属性"对话框左侧窗口中显示所有选中区的ID，可在右侧窗口中统改区属性字段值。若用户需要查看或修改某个区的属性字段值，可在左侧窗口中单击该区的 ID，即可在右侧窗口中查看或修改该区的属性，如图 8-16（b）所示。

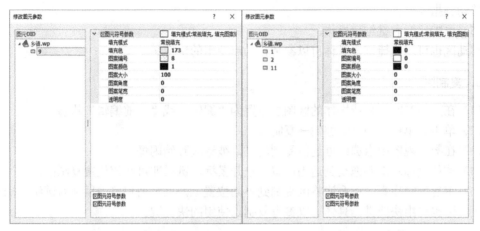

（a）选择单个区时的对话框　　　　　　（b）选择多个区的对话框

图 8-15　"修改图元参数"对话框

注：区的"mpArea"（面积）、"mpPerimeter"（周长）字段受系统保护，不允许在属性编辑中修改。

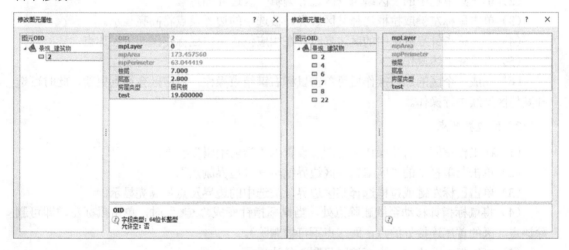

图 8-16　修改区属性

### 4．删除区

（1）在工作空间中将待操作的区图层设置为"编辑"或"当前编辑"状态。

（2）单击菜单栏中的"区编辑→删除"。

（3）在数据视图中点选或者框选将删除的区后，区即可被删除。

### 5．移动区

（1）在工作空间中将待操作的区图层设置为"编辑"或"当前编辑"状态。

（2）单击菜单栏中的"区编辑→移动"。

（3）在数据视图中点选或框选将要移动的区。

（4）当鼠标指针变为"✥"时，按住鼠标左键并拖动到指定位置，松开鼠标左键，区即可被移动到指定位置。

（5）单击鼠标右键结束操作。

移动区也可用快捷键，具体可以参考移动点使用的快捷键。

### 6. 复制区

（1）在工作空间中将待操作的区图层设置为"编辑"或"当前编辑"状态。

（2）单击菜单栏中的"区编辑→复制"。

（3）在数据视图中点选或框选需复制的区，被选区开始闪烁。

（4）按住鼠标左键并拖动到适当位置，松开鼠标左键后即可在该位置复制区。

（5）重复上一步骤，可多次将区复制到不同位置上，直至用户单击鼠标右键结束操作。

复制区也可用快捷键，具体可以参考复制点使用的快捷键。

### 7. 区边界编辑

**1）区边界加点**

（1）在工作空间中将待操作的区图层设置为"当前编辑"状态。

（2）单击菜单栏中的"区编辑→区边界编辑→区边界加点"。

（3）单击鼠标左键或拉框选择某区边界，被选中的边界及点将高亮显示。

（4）当鼠标指针靠近选中的区边界时，在相应位置单击鼠标左键即可添加点。

（5）可重复上述操作。

（6）完成一个区的加点操作后可单击鼠标右键结束操作，相应区会得到更新，此时可选择其他区继续进行操作。

**2）区边界删点**

（1）在工作空间中将待操作的区图层设置为"当前编辑"状态。

（2）单击菜单栏中的"区编辑→区边界编辑→区边界删点"。

（3）单击鼠标左键或拉框选择某区边界，被选中的边界及点将高亮显示。

（4）将鼠标指针移动至欲删除点处，当鼠标指针变成"✥"时，单击鼠标左键即可删除该点（区的首尾连接处的点，即端点不可被删除）。

（5）可重复上一步骤，直至该区只剩 3 条边界。

（6）完成一个区的删点操作后可单击鼠标右键结束操作，相应区会得到更新，此时可选择其他区继续进行操作。

**3）区边界移点**

（1）在工作空间中将待操作的区图层设置为"当前编辑"状态。

（2）单击菜单栏中的"区编辑→区边界编辑→区边界移点"。

（3）单击鼠标左键或拉框选择某区的边界，被选中的边界及点将高亮显示。

（4）将鼠标指针移动至某点处，当鼠标指针变成"✥"时，按住鼠标左键后拖动鼠标即可改变点的位置。

（5）松开鼠标右键，点位置即被确定。
（6）可重复上一步骤。
（7）完成一个区的移点操作后可单击鼠标右键结束操作，相应区会得到更新，此时可选择其他区继续进行操作。

### 8．抽稀、光滑区

1）区边界抽稀

（1）在工作空间中将待操作的区图层设置为"当前编辑"状态。
（2）单击菜单栏中的"区编辑→抽稀与光滑→区边界抽稀"。
（3）单击鼠标左键或拉框选择某区边界，被选中的边界及点将高亮显示，同时会弹出"区边界抽稀"对话框。
（4）在"区边界抽稀"对话框中输入"抽稀半径"后单击"确定"按钮，即可对选中弧段进行抽稀操作。
（5）若输入的"抽稀半径"过大，系统将弹出提示框。

在"区边界抽稀"对话框中设置的抽稀半径越大，抽稀就越严重，即删除的区边界点就越多，边界变形就越严重。

2）区边界光滑

（1）在工作空间中将待操作的区图层设置为"当前编辑"状态。
（2）单击菜单栏中的"区编辑→抽稀与光滑→区边界光滑"。
（3）鼠标左键单击或拉框选择某区边界，被选中的边界及点将高亮显示，同时会弹出"光滑参数"对话框（参数设置可参考光滑线相关内容）。
（4）在"光滑参数"对话框中选择光滑类型并输入插值密度后单击"确定"按钮即可对选中边界进行光滑处理。

3）整区抽稀

整区抽稀与区边界抽稀类似，与区边界抽稀不同的是，整区抽稀支持对一个区图层中多个区同时进行光滑处理。

### 9．区的分割与合并

1）用线分割区

（1）在工作空间中将待操作的区图层设置为"当前编辑"状态，同时，用线分割区时还需要有一个同样处于"当前编辑"状态的线图层。
（2）单击菜单栏中的"区编辑→分割区→用线分割区"。
（3）点选或框选线图层中的线（只能选择一条线，若选择多条线则系统会弹出对话框让用户确定多条线的某一条线），单击该线时被该线所贯穿的区则会被分割。

需要注意的是，若分割线没有完全贯穿与其相交的区，则单击分割线后区将保持不变，用于分割的线与区相交的部分不能有自相交现象。用线分割区如图8-17所示。

2）画线分割区

（1）在工作空间中将待操作的区图层设置为"当前编辑"状态。

（2）单击菜单栏中的"区编辑→分割区→画线分割区"。

（3）在地图视图中用画折线的方式分割区（所画线必须贯穿该区），单击鼠标右键结束画线后，区自动被该线分割，如图 8-18 所示。

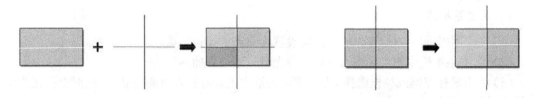

图 8-17　用线分割区示意图　　　　　　　图 8-18　画线分割区示意图

3）合并区

（1）在工作空间中将待操作的区图层设置为"当前编辑"状态。

（2）单击菜单栏中的"区编辑→交互合并"。

（3）在地图视图区框选需要合并的相邻区，框选到的相邻区被合并为一个区。

（4）同时也可分别点选每一个需要进行合并的相邻区进行操作。

合并区操作仅对相邻区有效，不包括重叠区和相交区。另外，还可以使用"自动合并"的方式能对整个区图层按照邻接关系或属性关系进行合并。

10．旋转区

（1）在工作空间中将待操作的区图层设置为"当前编辑"或"编辑"状态。

（2）单击菜单栏中的"区编辑→旋转"。

（3）在地图视图中点选或拉框选择要旋转的区（可选择多个区），此时鼠标指针将变为旋转状，并且以默认所选区的外包矩形中心为旋转参考点（图中用"+"标注）。

（4）更改旋转参考点，将鼠标指针移至当前参考点，待鼠标指针变为"✥"时，按住鼠标左键并将参考点拖动到目标位置后松开鼠标左键。

（5）确定旋转参考点后，按住鼠标左键并拖动鼠标则可开始旋转区。

（6）单击鼠标右键结束操作。

选中区后，也可通过按方向键以 30°为步长进行旋转。选中区后，按下 A 键，系统会弹出"旋转参数（度）"对话框，用户可以在该对话框中输入"旋转度数"和"中心点坐标"来完成旋转。

11．变换区

（1）在工作空间中将待操作的区图层设置为"当前编辑"或"编辑"状态。

（2）单击菜单栏中的"区编辑→缩放"。

（3）在地图视图中框选或点选要缩放的区（可选择多个区），被选中区将显示其外包矩形和缩放手柄，且默认所选区的外包矩形中心为变换缩放参考点（图中用"+"标注）。

（4）更改旋转参考点，将鼠标指针移至当前参考点位置，待鼠标指针变为"✥"时，按住鼠标左键并将参考点拖动到目标位置，松开鼠标左键。将鼠标指针移动到手柄处，待鼠标指针变为可缩放状后，按住鼠标左键后拖动鼠标则开始缩放区，松开鼠标则停止缩放区。

（5）当鼠标指针在区的外包矩形内时，单击鼠标也可以进行区缩放。

（6）单击鼠标右键结束操作。

选中区后，按方向键可以以整数倍缩放（0、1、2…），上或右方向键为放大，下或左方向键为缩小；变换区时，按下 A 键，可弹出"缩放参数设置"对话框，用户可在该对话框中手动设置"缩放比例"和"中心点"。

### 12. 叠置运算

区叠置（叠加）是指将多个区按照运算法则进行叠置运算，并可分析得出最终结果。MapGIS 10 提供了五种区叠置操作：求并、求交、交集求反、擦除、擦除外部。

（1）在工作空间中将待操作的区图层设置为"当前编辑"状态。

（2）在地图视图中至少选择两个区，在"区编辑"菜单中选择"叠置运算"下某一命令项，弹出对话框。

（3）单击"确定"按钮，系统自动执行相应操作。

叠置运算的原理及效果图如表 8-1 所示。

表 8-1 叠置运算的原理及效果图

| 叠置运算 | 原 理 | 效 果 图 |
|---|---|---|
| 求并 | 将同一区图层中的多个区合并成一个区 | |
| 求交 | 求同一区图层中两个区的相交部分 | |
| 交集求反 | 将同一区图层中两个区除去相交的部分 | |
| 擦除 | 设 A 为被擦除区，B 为擦除区，擦除操作后的结果为 A 区减去相交部分后剩余的区加上 B 区 | |
| 擦除外部 | 设 A 为被擦除区，B 为擦除区，擦除外部操作后的结果为 A 区与 B 区相交的部分加上 B 区 | |

### 13. 拓扑重建

拓扑重建可对当前处于"编辑"状态的区图层内所有区进行拓扑关系的整理，如相交区的分割、组合区的打散等。

（1）在工作空间中将待操作的区图层设置为"当前编辑"状态。

（2）单击菜单栏中的"区编辑→拓扑重建"。

（3）在弹出的对话框中单击"是"按钮，MapGIS 10 将自动完成拓扑重建的操作。

拓扑重建在 MapGIS 6.7 与 MapGIS 10 中是不一样的，在 MapGIS 6.7 中是指对存在的封闭弧段进行拓扑造区，而在 MapGIS 10 中是指对相交区进行切割来生成新区。

### 14. 自动挑子区

若处于"当前编辑"状态的区图层中有重叠区（必须为重合，不包括相交），较大的区为母区，较小的区为子区，自动挑子区则会将母区上与子区重合的部分除去。

（1）在工作空间中将待操作的区图层设置为"当前编辑"状态。

（2）单击菜单栏中的"区编辑→挑子区→自动挑子区"。

（3）在弹出的对话框中单击"是"按钮，MapGIS 10 将自动完成全图层的挑子区操作。

### 15. 交互挑子区

交互挑子区与自动挑子区的意义相同，区别在于：交互挑子区是对选择的区挑子区，自动挑子区是对整个图层下的所有区挑子区。

（1）在工作空间中将待操作的区图层设置为"当前编辑"状态。

（2）单击菜单栏中的"区编辑→挑子区→交互挑子区"。

（3）在地图视图区选择母区，MapGIS 10 将自动对母区挑子区，即将母区上与子区重叠的部分删除。

### 16. Label 点

1）创建 Label 点

MapGIS 10 可将区的属性及图元参数保存到 Label 点文件里，该操作类似于数据备份。

（1）在工作空间中将待操作的区图层设置为"当前编辑"状态。

（2）单击菜单栏中的"区编辑→Label 点处理→创建 Label 点"，可弹出"保存文件"对话框。

（3）在"保存文件"对话框中输入新建的 Label 点要素类的名称，选择结果要素类所存放的位置后，单击"确定"按钮即可完成 Label 点要素类的创建。

查看新生成并自动加载到当前区图层下的 Label 点文件的属性信息，可发现各区的属性参数都保存到了与其对应的 Label 点文件中了。

2）Label 点归并

Label 点归并用于把与区对应的 Label 点文件中参数、属性连接到区中，该操作类似于利用备份的数据完成数据恢复。

（1）将区文件添加到地图文档中并设置为"当前编辑"状态。

（2）单击菜单栏中的"区编辑→Label 点处理→Label 点归并"，可弹出"打开文件"对话框。

（3）在"打开文件"对话框中选择对该区创建的 Label 点文件，单击"确定"按钮后 Label 点文件中保存的信息将会被归并到当前激活的区图层中，即该区的参数属性信息将恢复到创建 Label 点中。

### 17. 区边界转线

区边界转线是指根据区的边界生成线，并自动将生成的线加载到当前区图层中。

（1）在工作空间中将待操作的区图层设置为"当前编辑"状态。

（2）单击菜单栏中的"区编辑→区边界转线"。

（3）在弹出的对话框中进行相关参数的设置后单击"确定"按钮，MapGIS 10 将自动完成区边界转线的操作。

### 8.1.4 注记的输入与编辑

**1. 输入注记**

地图中的文字内容，如地名等，一般是通过注记表示的，创建注记的方法如下。

（1）将待注记的图层设为"当前编辑"状态。

（2）单击菜单栏中的"点编辑→造注记→造文本注记"。

（3）用户可以在弹出的"输入注记"对话框（见图 8-19）中输入注记的文本内容，单击"确定"按钮即可完成注记输入；也可以单击该对话框中的"设置注记参数信息"按钮，可在弹出的"注记参数"对话框（见图 8-20）中设置注记的参数。

图 8-19 "输入注记"对话框

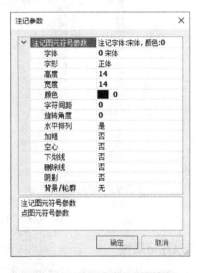

图 8-20 "注记参数"对话框

特殊注记的格式如下：

① 上下标注记：在文字前加"#+""#-"可分别显示上标、下标效果，如果上标、下标后还有其他文字则以"#="作为前缀，例如"中国#+湖北#-武汉#=武昌"在地图视图中的显示如图 8-21 所示。

② 分子式注记：以分子式显示上下两部分内容时，注记格式采用"/上部内容/下部内容/"，例如"/武汉/武昌/"在地图视图中的显示如图 8-22 所示。

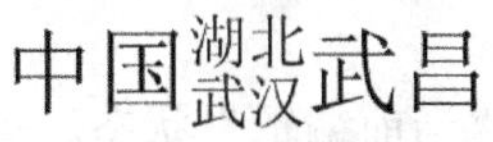

图 8-21 上下标注记的显示效果

图 8-22 分子式注记的显示效果

## 2. 修改注记参数

（1）在工作空间中将注记图层设置为"编辑"或"当前编辑"状态。

（2）单击菜单栏中的"点编辑→修改参数"。

（3）在地图视图点选要修改的注记，此时会弹出"修改图元参数"对话框，用户可以在此对话框中设置新的图元参数，关闭对话框后即可查看修改后的显示效果。

（4）若选择的是单个注记，则会在弹出的"修改图元参数"对话框显示当前注记的 ID 号及参数信息，用户可在右侧窗口中修改相关参数，如图 8-23（a）所示。

（5）若选择的是多个注记，则会在弹出的"修改图元参数"对话框左侧窗口中显示所有选中注记的 ID，在右侧窗口中可统改注记参数。若用户需要查看或修改某个注记的参数，则可在左侧窗口中单击该注记的 ID，即可在右侧窗口中查看或修改该注记参数，如图 8-23（b）所示。

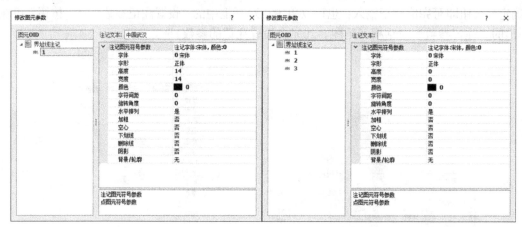

（a）选择单个注记时的对话框　　　　　（b）选择多个注记时的对话框

图 8-23 "修改图元参数"对话框

## 3. 修改注记属性

（1）在工作空间中将注记图层设置为"编辑"或"当前编辑"状态。

（2）单击菜单栏中的"点编辑→修改属性"。

（3）若选择的是单个注记，则会在弹出的"修改图元属性"对话框显示当前注记的 ID 号及属性信息，用户可在右侧窗口中修改该注记的属性，如图 8-24（a）所示。

（4）若选择的是多个注记，则会在弹出的"修改图元属性"对话框左侧窗口中显示所有选中注记的 ID，在右侧窗口中可统改注记属性字段值。若用户需要查看或修改某个注记的属性字段值，则可在左侧窗口中单击该注记 ID，即可在右侧窗口中查看或修改该注记属性，如图 8-24（b）所示。

## 4. 剪断字串

（1）在工作空间将待修改图层设置为"编辑"或"当前编辑"状态。

（2）单击菜单栏中的"点编辑→剪断字串"。

（3）在地图视图区选择一个需要剪断的字串，系统会弹出"剪断字串"对话框。

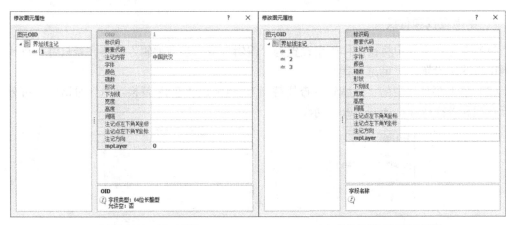

（a）选择单个注记时的对话框　　　　　　　　（b）选择多个注记时的对话框

图 8-24 "修改图元属性"对话框

（4）单击"▼"或"▲"按钮可改变剪断后的两个字串的长度。

若勾选"换行左对齐"选项，则单击"确定"按钮后字串即被分成两个字串，并且第 2 个字串会被换行左对齐，效果如图 8-25 所示；若不勾选"换行左对齐"选项，则剪断后的两个字串位置同剪断前一样。需要注意的是该功能只针对文本注记有效。

图 8-25 剪断字串示意图

### 5．连接字串

（1）在工作空间中将待修改图层设置为"编辑"或"当前编辑"状态。

（2）单击菜单栏中的"点编辑→连接字串"。

（3）在地图视图中选择需要连接的字串（主字串），然后选择另外一个字串，第二次选中的字串将自动连接到主字串的尾部并形成新的主字串，第二次选中的字串在原位置被删除。

需要注意的是该功能只针对文本注记有效。

### 6．修改字串

（1）在工作空间中将待修改图层设置为"编辑"或"当前编辑"状态。

（2）单击菜单栏中的"点编辑→修改参数"，然后选择需要修改的注记。

（3）若选择的是单个注记，则可在弹出的"修改图元参数"对话框中"注记文本"文本框输入修改的内容，关闭该对话框后注记内容即被修改为"注记文本"文本框内的内容。

（4）若选择的是多个注记，则会在弹出的"修改注记参数"对话框显示多个注记的 ID，并且支持统改。

### 7. 字串查找和替换

（1）在工作空间中将待操作图层设置为"编辑"或"当前编辑"状态，若只进行查找操作则可将图层设置为"可见"状态。

（2）单击菜单栏中的"点编辑→查找替换"，可弹出"查找/替换字串"对话框，可分别进行查找和替换操作，如图 8-26 所示。

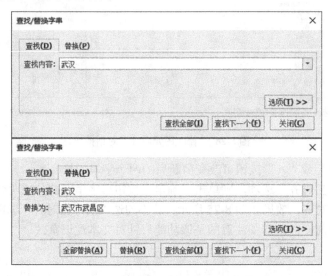

图 8-26 "查找/替换字串"对话框

### 8. 注记赋为属性

（1）在工作空间中将待操作图层设置为"当前编辑"状态。

（2）单击菜单栏中的"点编辑→注记赋属性"，可弹出如图 8-27 所示的"注记赋为属性"对话框。

（3）在"属性字段"的下拉列表中选择要赋值的字段，单击"确定"按钮，MapGIS 10 可自动完成操作。

图 8-27 "注记赋为属性"对话框

进行该操作的注记图层必须有类型为字符串的属性字段，MapGIS 10 会自动过滤非字符型的字段，所以在"属性字段"的下拉列表中只显示该图层属性中类型为字符型的字段名。

注记的删除、移动、复制，对齐坐标，修改角度，清除重复注记等操作与点的相应操作类似，读者可参考 8.1.1 节。

## 8.2 通用编辑工具

通用编辑工具是指对所有图元（包括点、线、区、注记）都适用的编辑工具，可以通过菜单栏上的"通用编辑"中的选项来使用通用编辑工具。"通用编辑"菜单如图 8-28 所示。

图 8-28 "通用编辑"菜单

### 1. 选择图元

单击菜单栏中的"通用编辑→选择图元",或在通用编辑工具条中单击相应的按钮,可以选择处于"编辑"或"当前编辑"状态图层中的点、线、区、注记图元。MapGIS 10 可通过多种交互方式来选择图元。

### 2. 剪切、拷贝、粘贴图元

利用该组功能可将某点、线、区图元从 A 图层剪切或拷贝到 B 图层中,类似编辑文档时的复制粘贴。

(1) 确保将要剪切或拷贝的图元所在的图层(也称为源图层)状态设置为"当前编辑"。

(2) 用"选择图元"工具在地图视图中选择图元,然后在"通用编辑"菜单中选择"剪切"或"拷贝",此时被选图元已拷贝至粘贴板中。

(3) 确保粘贴到的目标图层状态为"当前编辑",选择"粘贴",此时已剪切或拷贝的图元就会被粘贴到目标图层中。

剪切图元后,只有执行粘贴功能,图元才会在原图层中被真正剪切;否则之前的剪切操作将被视为无效。被粘贴的图元在目标图层中的坐标位置与源图层保持一致。也可用快捷键来实现操作,如 Ctrl+X(剪切)、Ctrl+C(拷贝)、Ctrl+V(粘贴)。当目标图层与源图层存在同名同类型的属性字段时,可同时拷贝属性信息,否则将丢失属性信息。

### 3. 删除图元

单击菜单栏中的"通用编辑→删除图元",或在通用编辑工具条中单击相应的按钮,可以删除处于"编辑"或"当前编辑"状态图层中的点、线、区、注记。

### 4. 移动图元

(1) 确保将要移动图元所在的图层状态设置为"当前编辑"或者"编辑"。

(2) 单击菜单栏中的"通用编辑→移动"。

(3) 在地图视图中点选或框选将移动的图元,鼠标指针变为"✥"形状。

(4) 按住鼠标左键并将图元拖动到指定位置,松开鼠标左键后图元即被移动,最后单击鼠标右键结束操作。

移动图元可用快捷键,可以参考移动点所用的快捷键。

### 5. 复制图元

与移动图元不同,复制图元用于将图元复制到同一个图层中的其他位置上。

(1) 确保将要复制图元所在的图层状态设置为"当前编辑"或者"编辑"。

(2) 单击菜单栏中的"通用编辑→复制"。

(3) 框选要复制的图元,此时被框选图元开始闪烁。

（4）按住鼠标左键，并将图元拖动到适当位置，松开鼠标左键即可完成复制。

（5）重复上一步骤，可多次将图元复制到不同位置上，直至按下鼠标右键结束操作。

复制图元可用快捷键，可以参考复制点所用的快捷键。

1）阵列复制

以多行多列的形式复制图元。

（1）确保将要复制图元所在的图层状态设置为"当前编辑"或者"编辑"。

（2）单击菜单栏中的"通用编辑→阵列复制"。

（3）在地图视图中选择要复制的图元，可弹出"阵列复制"对话框。

（4）以所选图元的左下角为基本点，根据"阵列复数"对话框中的行数、列数及间距复制图元。

2）图元镜像

图元镜像是以镜像的方式实现图元复制，MapGIS 10 提供两种图元镜像方式：原点镜像和对称轴镜像。

（1）原点镜像。

① 确保将要操作图元所在的图层状态设置为"当前编辑"。

② 单击菜单栏中的"通用编辑→镜像→原点镜像"。

③ 点选或框选要镜像的图元，在地图视图中单击鼠标左键绘制一点作为原点，以该原点为对称中心，系统自动将选中的图元复制至镜像位置。

④ 单击鼠标右键结束操作。

（2）对称轴镜像。

① 确保将要操作图元所在图层状态设置为"当前编辑"。

② 单击菜单栏中的"通用编辑→镜像→对称轴镜像"。

③ 点选或框选要镜像的图元，在地图视图中绘制一条直线，以该直线为对称轴，系统自动将所选图元复制至镜像位置。

④ 单击鼠标右键结束操作。

在绘制原点和对称轴后，在单击鼠标右键结束本次操作前可按住鼠标左键拖动原点和对称轴至满意的位置。

### 6. 修改参数

单击菜单栏中的"通用编辑→修改参数"，可以修改处于"编辑"或"当前编辑"状态图层中的点、线、区、注记的参数。也可先使用选择图元工具选中图元，然后使用修改图元参数工具对当前选择集中的图元进行参数修改。参数的修改操作分为对单一图元或多个图元进行修改两种情况，具体操作可参考点编辑、线编辑、区编辑、注记编辑的参数修改。

### 7. 修改属性

单击菜单栏中的"通用编辑→修改属性"，可以修改处于"编辑"或"当前编辑"状态图层中的点、线、区图、注记的属性。也可先使用选择图元工具选中图元，然后使用修改图属性工具对当前选择集中的图元进行属性修改。属性的修改操作同样分为对单一图元或多个图元进行修改两种情况，具体操作可参考点编辑、线编辑、区编辑、注记编辑的属性修改。

### 8. 查看信息

单击菜单栏中的"通用编辑→查看信息",可以查看处于"编辑"或"当前编辑"状态图层中的点、线、区图、注记的属性。也可先使用选择图元工具选中图元,然后使用查看图元参数工具对当前选择集中的图元进行属性查看。

选择图元之后会弹出"图元属性"对话框(见图 8-29),在该对话框上半部分会显示选中的图元所在图层及其图元 ID,选择对应的图元 ID 之后,在该对话框中的下半部分会显示对应的属性、空间范围和坐标点,分别如图 8-29(a)、图 8-29(b)和图 8-29(c)所示。在"图元属性"对话框中无法对属性值进行修改,但是在"坐标点"标签项里,单击坐标右边的"…"按钮可以快速修改该坐标,单击下方的"修改坐标点序列"按钮也可以对坐标点进行快速修改。

图 8-29 "图元属性"对话框

### 9. 格式刷

格式刷可以使用某个图元的属性或参数快速地设置同一图层下其他图元的属性或参数。
(1)将图层状态设置为"当前编辑"。
(2)在地图视图中选择一个图元,被选择图元将开始闪烁。
(3)单击菜单栏中的"通用编辑→格式刷"。
(4)当鼠标指针变为刷子状时,在地图视图中选择图元,被选择的图元属性或参数将依据第(2)步中所选图元的属性或参数进行改变,具体改变的是参数还是属性,可以通过"格式刷→格式刷选项"菜单来设置。

格式刷可配合图例板使用,先在图例板上选择图例,再选择格式刷和目标对象,图例的属性或参数就会赋给目标对象。需要注意,如果目标对象的属性或参数的结构与图例不一致,则目标对象的属性或参数不会被修改。

## 10. 交互式空间查询

交互式空间查询是指基于实时绘制的矩形或者多边形及一定的筛选条件，将符合条件的图元提取到新图层中。

（1）在当前地图有可见图层的情况下，单击菜单栏中的"通用编辑→空间查询→交互式空间查询"，可弹出"交互式空间查询"对话框，如图8-30所示。

（2）在"查询图层设置"中勾选被查询的图层，设置结果图层的名称和保存目录，在"交互查询设置"中设置"交互方式""查询选项"。

（3）单击"开始交互"按钮，MapGIS 10将在地图视图中绘制矩形或者多边形，绘制结束后将符合筛选条件的图元提取到新图层中并添加到当前地图中。

其中"交互方式"包含"矩形查询"（绘制矩形）、"多边形查询"（绘制多边形），MapGIS 10将在被查询图层中找出与绘制的图形符合查询选项关系的图元。查询选项提供了包含、相交、相离和外包矩形相交四种关系，外包矩形相交即绘制的图形与图元的外包矩形相交。

图8-30 "交换式空间查询"对话框

## 11. 整图变换

整图变换用于对当前激活的地图文档下处于编辑状态的图层进行平移、旋转等操作。MapGIS 10提供了两种整图变换方式：交互式和键盘定义。

### 1）整图变换（交互式）

通过鼠标来读取变换的参数，对当前地图进行平移、旋转等操作。

（1）在工作空间中将待操作的图层设置为"编辑"或"当前编辑"状态。

（2）单击菜单栏中的"通用编辑→整图变换→交互式"，可弹出"图形变换"对话框，在地图视图中使用鼠标绘制一条橡皮线。

（3）通过鼠标所定义的参数会被置入"图形变换"对话框中并修改相关的参数，单击"确定"按钮后可对地图执行变换操作，此时，需在地图视图中更新窗口才可查看结果。

2）整图变换（键盘定义）

通过键盘输入相应参数来对当前地图进行平移、旋转等操作。

（1）将当前地图下需要做变换的图层设置为"可编辑"状态。

（2）单击菜单栏中的"通用编辑→整图变换→键盘定义"，可弹出"图形变换"对话框。

（3）在"图形变换"对话框中修改相关参数，单击"确定"按钮后可对地图执行变换操作，此时，需要更新地图视图才可查看结果。

### 12. 属参互转

属参互转用于参数与属性的相互转换。

1）参数赋为属性

参数赋为属性可以将简单要素类、注记类和 MapGIS 6x 文件数据的图元参数（如线型、线颜色、线宽等）自动赋值给指定属性字段，从而将图元参数值记录到属性字段中。

（1）单击菜单栏中的"通用编辑→属参互转→参数赋属性"，可弹出"参数赋为属性"对话框。

（2）在"参数赋为属性"对话框中选择对应的图层，在该对话框下方会显示图层的属性字段。

（3）在属性字段右边选择需要赋值的参数名称，单击"确定"按钮即可把图元参数赋给属性字段中。

2）属性赋为参数

属性赋为参数可以将简单要素类、注记类和 MapGIS 6x 文件数据的某一属性字段赋给指定的参数（如线型、线颜色、线宽等），从而批量修改图元参数。

（1）单击菜单栏中的"通用编辑→属参互转→属性赋参数"，可弹出"属性赋为参数"对话框。

（2）在"属性赋为参数"对话框中选择对应的图层，在该对话框下方会显示图层的参数名称。

（3）在需要修改的参数右边下拉列表中选取对应的属性字段，单击"确定"按钮即可把属性赋给图元参数。

### 13. 图层显示控制

单击通用编辑工具条中的""按钮（矢量图层显示控制），可弹出如图 8-31 所示的"矢量图层显示控制"对话框，在对话框中可以查看当前地图下的所有图层，通过各个标签项可以查看处于各状态下的图层。通过勾选各图层的对应参数，如"符号化""显示坐标点""符号随图缩放"，可设置图层数据的显示样式。

图 8-31 "矢量图层显示控制"对话框

### 14. 量算工具

（1）距离量算是指测量起点与终点之间的距离。单击菜单栏中的"通用编辑→量算工具→距离量算"，在地图视图中依次单击鼠标左键选中需要量算的点，直至终点（终点也需通过单击鼠标左键选中），单击鼠标右键完成绘制操作，MapGIS 10 将自动计算从起点到终点的距离（即绘制的折线总长度），并显示在如图 8-32 所示的"距离测量"对话框中。

（2）角度量算是指测量两线之间的夹角。在当前地图下存在可见图层的前提下，单击菜单栏中的"通用编辑→量算工具→角度量算"，在地图视图中先捕获角的顶点，再依次捕获角的两条边线，单击鼠标右键完成绘制操作，MapGIS 10 将自动计算两线间的夹角及优弧，并在弹出的"提示"对话框中显示，如图 8-33 所示。

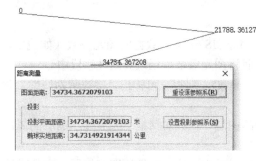

图 8-32 "距离测量"对话框

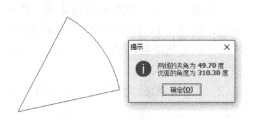

图 8-33 角度测量示例及结果显示

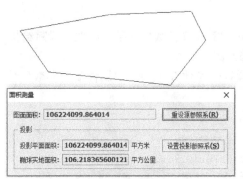

图 8-34 "面积测量"对话框

（3）面积量算是指测量该多边形的面积。在当前地图下存在可见图层的前提下，单击菜单栏中的"通用编辑→量算工具→面积量算"，在地图视图中绘制多边形，单击鼠标右键完成绘制操作，MapGIS 10 将自动计算该多边形的面积，并显示在如图 8-34 所示的"面积测量"对话框中。

（4）图元量算是指计算被选线的图面长度、实地长度，区的图面面积、图面周长、实地面积和实地周长。此功能仅对线、区图层操作有效。在工作空间中将图层状态置为"编辑"或"当前编辑"状态，单击菜单栏中的"通用编辑→量算工具→图元量算"，在地图视图中点选或者框选待查询的图元，MapGIS 10 将自动在弹出的"测量信息"对话框显示计算结果，如图 8-35 所示。

图 8-35 "测量信息"对话框

## 8.3 快速矢量化输入

### 8.3.1 交互式矢量化

如果需要在矢量化过程中进行更多的控制或仅仅需要矢量化图像的一小部分时,则交互式的栅格追踪会很有帮助,交互式矢量化便是其中一种非常有用的方法之一。交互式矢量化的工作原理是沿着栅格数据线的中央跟踪,并将跟踪结果转化为矢量线要素,直至到达栅格线性元素的终点或遇到交点。

(1)在当前地图中添加需矢量化的栅格图层及线图层(用于保存矢量化结果),并将其设置为"当前编辑"状态。

(2)单击菜单栏中的"矢量化→交互式矢量化",当鼠标指针变为"+"形状时,说明已经进入半自动矢量化状态。

(3)将鼠标指针放置到某个栅格单元上,单击被追踪线(该点即矢量化起点),这时会显示出跟踪的踪迹。

(4)沿着线段移动鼠标指针并单击下一个点直至该线段跟踪完毕,在跟踪过程遇到交叉时会停下来,让用户选择下一步的跟踪方向和路径。

(5)当一条线跟踪完毕后,单击鼠标右键即可终止对该线的追踪,此时可以开始下一条线的跟踪。

需要注意的是,加载到工作空间中的数据,上层数据会压盖下层数据,因此需要保证工作空间中线图层的位置在影像文件下面,否则将无法在地图视图中看到矢量化结果。交互式矢量化的跟踪效果与栅格图像质量有关,图片越清晰,矢量化效果就越好。在交互式矢量化过程中,如遇到线相交位置,使用鼠标单击的方式进行自动追踪则容易出错,这时可通过 F8 键在鼠标指针所在位置加点,按 F9 键可以撤销上一个输入点,按 F11 键可改变当前跟踪方向,按 F12 键可在输入线过程中捕获其他线,按 F5 键可放大当前窗口,按 F6 键可移动当前窗口,按 F7 键可缩小当前窗口,按 Ctrl+F、F 键或单击鼠标右键可完成输入,按 Ctrl+鼠标右键或 Z 键可闭合线,按 Q 键可完成输入并清空输入线状态,按 Esc、Ctrl+X、X 键可取消输入。

### 8.3.2 全自动矢量化

全自动矢量化具有无须细化处理、处理速度快、不会出现细化过程中常见的毛刺现象,以及矢量化的精度高等特点。全自动矢量化无须人工干预,MapGIS 10 可进行全自动矢量化,既省事又方便。全自动矢量化对图像的要求较高,要求底图是二值图像、图上线条比较清晰,否则使用全自动矢量化后结果会不太理想。

(1)在当前地图中添加需要进行矢量化的栅格图层以及线图层(用于保存矢量化结果)并将其设置为"当前编辑"状态。

(2)单击菜单栏中的"矢量化→自动矢量化",MapGIS 10 会自动完成矢量化过程,结果可在线图层中查看。

## 习题 8

（1）请对习题 7 中的第 2 题进行矢量化，可参考造光滑曲线、交互式矢量化的操作。

（2）使用量算工具对题目一中矢量化后的区图层的区进行周长、面积的量算，并与属性中的周长、面积进行对比。

（3）现有两个区图层 A 与 B，A 的属性结构中包含一个名为"类别"的属性字段，请将 A 中"类别"字段为"类别 1"的图元放入 B 中，并将这些区图层的颜色改为红色。

（4）如何快速将图层中部分元素的图元参数和属性统一？

# 第9章 地图显示与控制

地图显示比用于控制地图的缩放范围，MapGIS 10 为用户提供了常规的控制方式，包括旋转角度、旋转中心、描述、版面视图可见，这些控制都是针对整个地图进行的。同时，MapGIS 10 还提供了多种方式来调整地图、图层的显示比，可对点、线、区图元按照设置的图元参数来进行绘制和符号化显示。

## 9.1 地图相关控制

### 9.1.1 地图常规控制

MapGIS 10 对地图的常规控制包括数据范围、旋转角度、旋转中心、描述、版面视图可见、初始打开视图、初始打开视图。

(1) 数据范围：表示地图的坐标范围，单位为图面坐标单位，随地图中图层范围的变化而变化，无法手动修改。

(2) 旋转角度：可对地图进行整体旋转，角度的有效范围为-360°～360°，正值按逆时针旋转，负值按顺时针旋转。

(3) 旋转中心：在对地图进行整体旋转时，用于指定的旋转中心坐标，默认为（0，0），可按实际情况设置修改。

(4) 描述：用户在此可以输入对地图的描述信息，方便其他用户阅读地图。

(5) 版面视图可见：当地图在跳转到版面视图中时，用于控制是否显示地图数据。当设置为"否"时，在版面视图中地图数据不可见；当设置为"是"时，为可见。

(6) 初始打开视图：控制在打开文档时是否预览该地图。当设置为"是"时，在工作空间中添加地图文档后，会跳转到地图视图中浏览地图；当设置为"否"时，不跳转。

上述控制的具体操作为：在工作空间中右键单击新地图，在弹出的右键菜单中选择"属性→常规"。常规控制如图9-1所示。

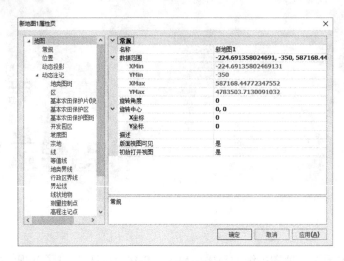

图 9-1 常规控制

## 9.1.2 地图相关显示

虽然电子地图可以无限缩放,但是只有在特定的显示比下,地图所能表达的信息才是最恰当和最完整的。MapGIS 10 提供了多种方式调整地图、图层的显示比。

### 1. 地图显示比

地图显示比在地图属性页的"显示"项中,提供地图最大、最小显示比的设置。地图只允许在最大显示比到最小显示比的范围内任意缩放,最小显示比用于控制地图缩小的上限,最大显示比用于控制地图放大的上限。当最大或最小显示比为 0 时,表示无限制。除了最大、最小显示比,MapGIS 10 还提供了另一种地图显示策略,即设定一些固定比例尺,使地图达到分级显示的效果,类似于目前流行的互联网地图(如谷歌地图)。具体操作为:选择图 9-2 中的"显示"选项,先将"是否固定比例尺显示"设置为"是",再设置"固定比例尺"的数值即可。地图显示比如图 9-2 所示。

图 9-2 地图显示比

需要注意的是，当"是否固定比例尺显示"设置为"是"，且设置了"固定比例尺"的集合时，地图的"最大显示比"和"最小显示比"的设置将被忽略。

**2．图层显示比**

地图显示比用于控制地图的整体缩放范围，图层显示比用于控制图层在哪个范围内可见，两者虽然都称为显示比，但在使用效果上有所差异。MapGIS 10 提供以下两种方式设置图层显示比。

方式一：将地图显示比设置为图层的最大显示比或最小显示比。操作方法是：右键单击需要设置的图层，在弹出的右键菜单中选择"可见显示比"，单击"设置"按钮即可。

方式二：自定义图层的最大显示比和最小显示比。操作方法是：右键单击需要设置的图层，在弹出的右键菜单中选择"属性"，此时会弹出如图 9-2 所示的对话框，在该对话框中选择"显示"选项后，在"常规"选项中可进行图层显示比的设置。

**3．图层显示控制**

不同类型图层的显示参数设置可能会有所差异，例如，只有区图层，才会出现填充模式、边线颜色的设置；只有线图层，才会出现显示线方向、线方向颜色、是否线化简、化简步长等参数的设置。图 9-3 所示为图层显示的通用参数。

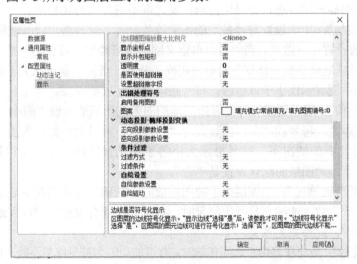

图 9-3 图层显示的通用参数

部分参数说明如下：

（1）"透明度"：设置透明度后，在图层叠加时可增强对比显示效果，数值越大表示该图层越透明。

（2）"显示坐标点"：用于设置图层是否显示坐标点。当设置为"是"时，在地图视图中用"+"标识所有的坐标点。需注意的是，在显示注记的坐标点时，颜色显示以注记颜色为准。

（3）"显示外包矩形"：当设置为"是"时，将显示图层的外包矩形；反之不显示。

（4）"条件过滤"：指通过设定一定的属性过滤条件或空间范围，过滤显示简单要素类和注记类图层中满足条件的图元。基于这一功能，用户可以很方便地在不进行数据处理的情况下，更加直观地查看图层中感兴趣的内容，也便于简单快速地进行数据对比和判断等。

① 过滤方式：包括属性过滤和范围过滤两种方式。

② 过滤条件：当过滤方式为属性过滤时，需输入过滤条件；当过滤方式为范围过滤时，需输入过滤框的矩形范围。

注：执行过滤以后，图层的属性表中也只保留符合条件的图元记录。

## 9.2 符号相关控制

符号化指按照特定的图元参数绘制点、线、区。对于点，将按照设置的子图参数来显示点；对于线，将按设置的线型来显示线；对于区，将会显示区的内部填充图案。相关设置主要集中在属性页的"显示"选项中。

"符号化显示"：当设置为"是"时，按照图元参数绘制点、线、区。

"符号化最大比例尺""符号化最小比例尺"：用于设置符号化显示的最小/最大比例尺范围，超出设置的比例尺范围时，不会进行符号化显示。只有设置符号化显示时，才可设置此参数。当它们均被设置为"<None>"时，任何比例尺下均会进行符号化显示。

"非符号绘制"：用于设置符号化与非符号化显示的分界。当"是否自定义非符号绘制"选择"是"时，表示建立分界。可通过设置"非符号绘制最大显示比率"的值来控制符号化显示，大于该值的显示比则进行符号化显示；反之则不进行符号化显示。

"固定符号绘制"：用于设置符号是否随图缩放的分界。只有当"符号随图缩放"设置为"是"时，此项的设置才有意义。当"是否自定义固定符号绘制"设置为"是"时，表示建立分界。"固定符号绘制最小显示比率"的设置明确了分界，当视图显示比大于该值时，符号不再随图放大；当地图显示比小于该值时，符号跟随地图缩放而缩放。

"符号随图缩放"：用于设置符号是否跟随地图的缩放比例放大或者缩小。当设置为"是"时，地图显示比越大，符号就越大；当设置为"否"时，符号大小始终为图元参数设置的大小（设置了符号比率的情况下，符号显示大小等于图元参数的大小值乘以符号比率）。在MapGIS 10中，新添加图层的默认设置是"否"。

"随图缩放基准比例尺"：当图层处于随图缩放时，在该基准比例尺下显示尺寸与图元的参数设置尺寸一致，放大或缩小显示比例尺时，各符号尺寸会根据比例放大或缩小；当图层处于不随图缩放时，此参数无意义。

"出错处理符号"：数据在多用户之间传输时，有可能会因为符号库的不统一而使得显示效果产生差异，甚至在符号库中找不到对应的符号 ID。用户可以通过设置出错符号来判定图元所使用的符号，在当前系统符号库中没有找到与之匹配的符号 ID 时，可协助用户查找出错符号。

"启用备用图形"：当设置为"是"时，若符号出错，出错符号将按照"图案"中设置的参数显示。

"图案"：用于设置出错符号的显示参数。

## 9.3 自绘驱动

自绘表达是一种特殊的符号化处理手段，它通过一些规则来定义数据的绘制方式，在不对原始数据进行任何处理的前提下，提供了一套完整的符合应用的解决方案，从而实现不同的地图产品中同一数据能够以不同的方式显示。

在工作空间中右键单击图层，在弹出的右键菜单中选择"属性"，可打开图层的属性页对话框，在属性页对话框的左侧窗口中选择"显示"选项，则可在右侧窗口中进行相关设置。自绘驱动设置如图 9-4 所示。

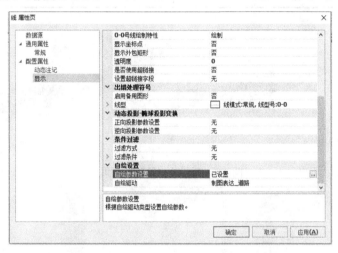

图 9-4　自绘驱动设置

单击"自绘驱动"的下拉列表，可选择自绘驱动方式。目前 MapGIS 10 提供的自绘驱动方式有：ArcGIS 数据绘制驱动、原数据和专题图参数共同使用、河流渐变表达、制图表达_桥梁、制图表达_道路、用点状符号修饰线型、用点状符号填充面要素、立体显示、区边界符号、根据属性旋转子图，共 10 种。自绘驱动方式如表 9-1 所示。其中，比较常用的线要素类型中桥梁的自绘驱动效果如图 9-5 所示。

表 9-1　自绘驱动方式类型

| 简单要素类型 | 自绘驱动方式 | 说　明 |
|---|---|---|
| 点 | 根据属性旋转子图 | 根据图元属性字段中的旋转角度来进行图形的旋转 |
| | 原数据和专题图参数共同使用 | 使用原数据的参数进行专题图的显示 |
| | ArcGIS 数据绘制驱动 | 根据 ArcGIS 的.lyr 图层文件进行显示绘制 |
| 线 | 制图表达_桥梁 | 快速进行桥梁的符号化绘制显示 |
| | 制图表达_道路 | 快速进行道路的符号化绘制显示 |
| | 用点状符号修饰线型 | 用点状符号修饰线型，用单个线图层表达线和点双重含义 |
| | 河流渐变表达 | 用颜色和线宽的渐变来符号化显示河流要素 |
| | 原数据和专题图参数共同使用 | 使用原数据的参数进行专题图的显示 |
| | ArcGIS 数据绘制驱动 | 根据 ArcGIS 的.lyr 图层文件进行显示绘制 |
| 区 | 用点状符号填充区要素 | 将点符号按照平铺的方式填充满整个区 |
| | 立体显示 | 设置平面图颜色及高度，展示立体的显示效果 |
| | 区边界符号 | 配置显示区边界的符号 |

续表

| 简单要素类型 | 自绘驱动方式 | 说　　明 |
| --- | --- | --- |
| 区 | 原数据和专题图参数共同使用 | 使用原数据的参数进行专题图的显示 |
| | ArcGIS 数据绘制驱动 | 根据 ArcGIS 的.lyr 图层文件进行显示绘制 |
| 注记 | ArcGIS 数据绘制驱动 | 根据 ArcGIS 的.lyr 图层文件进行显示绘制 |

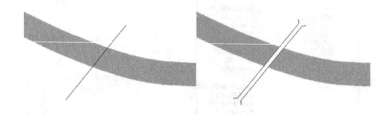

图 9-5　桥梁的自绘驱动效果

## 习题 9

（1）如何在不改变图元参数的情况下，让图元显示得更大？

（2）打开一个点图层之后，图元显示得非常大，无论如何缩小地图，图元的大小都不会改变，只有位置会随着缩小变得集中。这种情况应该进行什么操作才能使点图元正常显示。

（3）如何将区图层的边界显示成虚线的线型？

（4）对于相互交错的道网，怎么样可以让各个路口的显示效果更好？

# 第10章 生成图框与专题图

## 10.1 为地图添加图框

在绘制标准比例尺地形图的过程中，图廓是必不可少的，而且必须符合国家标准。我国于1991年制定了国家标准《国家基本比例尺地形图分幅和编号》（新的替代标准为GB/T 13989—2012），并给出了不同标准比例尺地形图的编绘规范及图式。自1991年起，新绘制和更新的地图必须照此标准进行分幅和编号。为此，利用机助制图功能，根据制定的标准，可以机助生成标准图廓（标准图框）。

### 10.1.1 基本比例尺地形图图框

基本比例尺地形图图框是根据国家标准生成的，其方式分为"输入图幅号"和"选择比例尺"两种。具体操作方法如下：

(1) 单击菜单栏中的"工具→生成图框→基本比例尺地形图图框"。

(2) 在如图10-1所示的对话框中，根据实际情况选择"生成方式"、填写"整饰信息"、设置"输出结果"，单击"完成"按钮即可生成基本比例尺地形图图框。

(3) 如果勾选"添加到地图"，那么生成的基本比例尺地形图图框则会加载到工作空间中，在更新地图视图后即可查看结果。

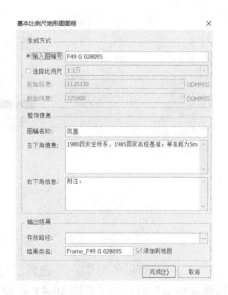

图 10-1 "基本比例尺地形图图框"对话框

### 10.1.2 标准分幅图框

标准分幅图框是按照国家分幅标准进行分幅生成的图框，用户可自定义调节图框的相关参数。具体操作方法如下：

(1)单击菜单栏中的"工具→生成图框→标准分幅图框",可弹出如图10-2所示的对话框。

(2)在"标准分幅图框"对话框中,根据实际情况、选择"生成方式""投影参数",设置"输出结果"。

图10-2 "标准分幅图框"对话框

(3)单击"下一步"按钮,可弹出如图10-3所示的"样式设置"对话框,用户可对"图框样式"对话框中的各项参数进行设置。

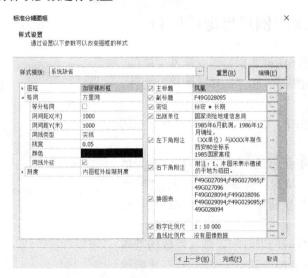

图10-3 "样式设置"对话框

(4)用户可以单击"…"选择已有的样式模板,也可以单击"编辑"按钮,在弹出"整饰模板编辑"对话框(见图10-4)中设置相应图框的样式模板参数。

(5)设置完参数后,单击"确定"按钮,可弹出"另存整饰模板"对话框,用户可保存该样式模板,最后在"样式设置"对话框中单击"完成"按钮,MapGIS 10将自动生成图框。

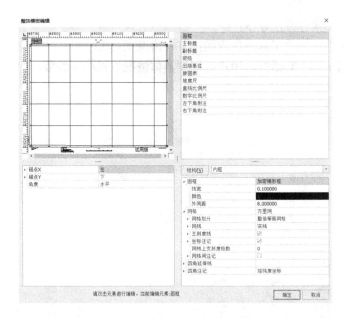

图 10-4 "整饰模板编辑"对话框

## 10.1.3 任意图框

任意图框是指根据用户自定义的比例尺以及图框范围生成的图框,具体操作方法如下:
(1) 单击菜单栏中的"工具→生成图框→任意图框",可弹出如图 10-5 所示的对话框。
(2) 在"任意图框"对话框中,用户可根据具体情况设置相关参数。
(3) 单击"下一步"按钮即可完成操作。

图 10-5 "任意图框"对话框

## 10.1.4 格网工具

格网是由间隔均匀的水平线和竖直线组成的网络,可配合地图数据使用,用于识别地图上的各个位置。具体操作方法如下：

（1）单击菜单栏中的"工具→生成图框下→格网工具"。

（2）在"格网工具"对话框，用户可根据具体情况设置相关参数，参数设置完成后单击"完成"按钮。

图 10-6 "格网工具"对话框

## 10.2 为地图添加专题图

专题图大大增强了信息表达的直观性，既可显示制图信息的空间分布特征，又能表示它们的数量和质量的特征及发展变化。专题图在地理信息系统应用中具有非常重要的作用。MapGIS 10 为用户提供了多种制作专题图的方法，主要分为矢量数据专题图和栅格数据专题图两大类。

### 10.2.1 矢量数据专题图

在工作空间中右键单击需要绘制专题图的图层，在弹出的右键菜单中选择"专题图→创建专题图"，可弹出"创建专题图向导"对话框。

由于点、线、注记图层的属性，这三种图层只有单值、分段、统一这三个专题图，区图层则有单值、分段、统一、随机、四色、统计、密度和等级全部的八个专题图。

#### 1．单值专题图

表现形式：用不同的颜色或图案表示属性字段的每一个不同的值。

专题图用途：强调数据中的类别差异。

操作方法：在"创建专题图向导"对话框中选择"单值专题图"，在"专题图名称"中自定义专题图名称，单击"下一步"按钮，选择要生成专题图的属性字段，可完成专题图的创建。单值专题图如图 10-7 所示，可以在"颜色条"中选择所要显示的颜色，也可以选择"随机色"。

图 10-7　单值专题图

### 2．分段专题图

表现形式：根据每个属性值所在的分段范围赋予相应的显示风格。

专题图用途：分析统计多个数值变量。

操作方法：在"创建专题图向导"对话框中选择"分段专题图"，在"专题图名称"中自定义专题图名称，单击"下一步"按钮，选择要生成专题图的属性字段，可完成专题图的创建。如果用户想自定义字段值的分段，可以单击"设置分段"按钮，在弹出的"设置分段信息"的对话框中设置分段值。分段专题图如图 10-8 所示。

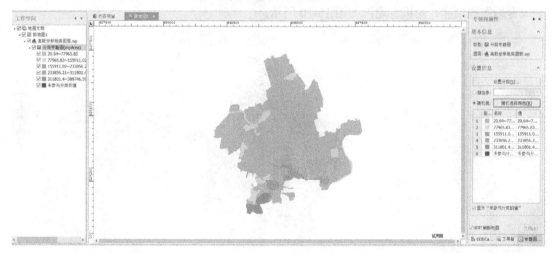

图 10-8　分段专题图

### 3．统一专题图

表现形式：采用单一符号信息配置图层中所有图元。

专题图用途：强调数据的分布特征。

操作方法：在"创建专题图向导"对话框中选择"统一专题图"，单击"完成"按钮即可完成专题图的创建。用户可在"设置图形参数"中自定义各种参数。统一专题图如图10-9所示。

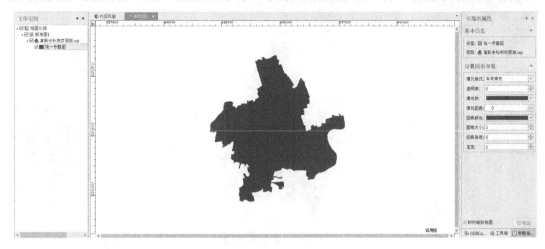

图 10-9　统一专题图

### 4．随机专题图

表现形式：采用随机的不同颜色填充地图的整个区域。

专题图用途：主要用于强调数据的地理位置差异；每个图层仅能创建一个随机专题图，并且在创建后不能进行编辑，但是在每次放大或缩小地图，或者更新或复位窗口时，随机专题图的颜色将随机变化一次。

操作方法：在"创建专题图向导"对话框中选择"随机专题图"，单击"完成"按钮即可完成专题图的创建。随机专题图如图10-10所示。

图 10-10　随机专题图

### 5．四色专题图

表现形式：用4种或多种（最多15种）不同的颜色填充地图的整个区域。

专题图用途：强调数据的地理位置差异。

操作方法：在"创建专题图向导"对话框中选择"四色专题图"，在"专题图名称"中自定义专题图名称，单击"完成"按钮即可完成专题图的创建。四色专题图如图10-11所示。

图10-11　四色专题图

**6．统计专题图**

表现形式：为用户提供多种统计图类型，如直方图、折线图、饼图等。

专题图用途：分析统计多个数值变量。

操作方法：在"创建专题图向导"对话框中选择"统计专题图"，在"专题图名称"中自定义专题图名称，单击"下一步"按钮，选择要生成专题图的单个或多个属性字段，单击"完成"按钮即可完成专题图的创建。用户可在"设置参数信息"中对图元参数进行设置。统计专题图如图10-12所示。

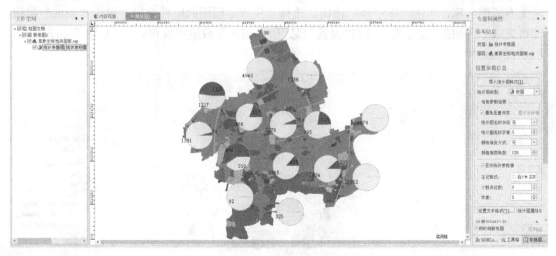

图10-12　统计专题图

**7．密度专题图**

表现形式：用点的密集程度来表示与范围或区域面积相关联的数据值。

专题图用途：适用于表示具有数量特征分散分布的专题。

操作方法：在"创建专题图向导"对话框中选择"密度专题图"，在"专题图名称"中自定义专题图名称，单击"下一步"按钮，选择要生成专题图的属性字段，单击"完成"按钮即可完成专题图的创建。用户可在"设置信息"中对图元参数进行设置。密度专题图如图10-13所示。

图 10-13　密度专题图

### 8. 等级专题图

表现形式：使用符号的大小来反映专题变量的每条记录。

专题图用途：强调数据中的级别差异。

操作方法：在"创建专题图向导"对话框中选择"等级专题图"，在"专题图名称"中自定义专题图名称，单击"下一步"按钮，选择要生成专题图的属性字段，单击"完成"按钮即可完成专题图的创建。用户可在"设置信息"中对图元参数进行设置。等级专题图如图10-14所示。

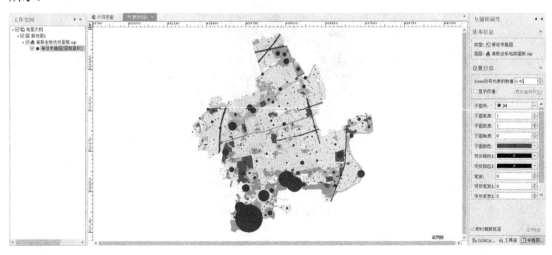

图 10-14　等级专题图

## 10.2.2 栅格数据专题图

栅格专题图与矢量专题图类似，其主要是针对栅格数据进行操作的。MapGIS 10 提供了单值、分段和 RGB 三种栅格专题图。

在工作空间中右键单击需要绘制专题图的图层，在弹出的右键菜单中选择"专题图→创建专题图"，可弹出"创建专题图向导"对话框。

### 1. 单值专题图

表现形式：使用单一颜色显示色表。

专题图用途：强调数据中的级别差异。

操作方法：在"创建专题图向导"对话框中选择"单值专题图"，在"专题图名称"中自定义专题图名称，单击"下一步"按钮，选择要生成专题图的波段，单击"完成"按钮即可生成专题图。单值专题图如图 10-15 所示。

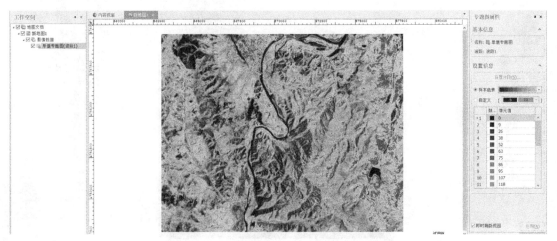

图 10-15　单值专题图

### 2. 分段专题图

表现形式：分段显示色表。

专题图用途：突出显示效果。

操作方法：在"创建专题图向导"对话框中选择"分段专题图"，在"专题图名称"中自定义专题图名称，单击"下一步"按钮，选择要生成专题图的波段，单击"完成"按钮即可生成专题图。分段专题图如图 10-16 所示。

### 3. RGB 专题图

表现形式：根据每个属性值赋予相应对象的显示风格。

专题图用途：强调数值的原始形态。

操作方法：在"创建专题图向导"对话框中选择"RGB 专题图"，在"专题图名称"中自定义专题图名称，单击"下一步"按钮，选择对应的 R 波段、G 波段、B 波段，单击"完成"按钮即可创建专题图。RGB 专题图如图 10-17 所示。

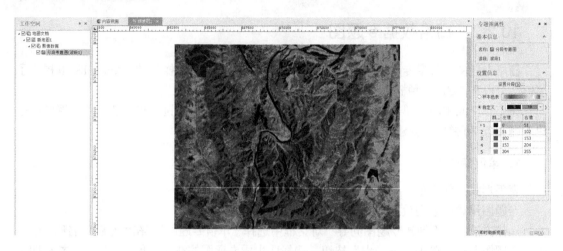

图 10-16　分段专题图

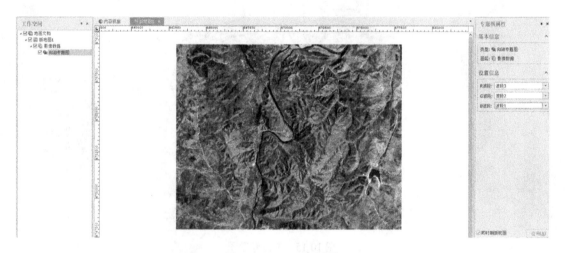

图 10-17　RGB 专题图

## 10.2.3　专题图的应用

### 1. 专题图赋图形参数

专题图赋图形参数是指将生成的专题图参数写入图层的原始参数中,在删除专题图后,图层显示仍可显示专题图效果。

(1) 在专题图上单击鼠标右键,在弹出右键菜单中选择"专题图赋图形参数",如图 10-18 所示。

(2) 在图 10-19 所示的"专题图赋图形参数"对话框中选中"赋值整个图形参数"。

(3) 移除专题图。在专题图上单击鼠标右键,在弹出的右键菜单中选择"删除专题图"。删除专题图的方法及显示效果如图 10-20 所示。

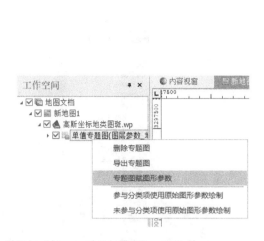

图 10-18　右键菜单中的"专题图赋图形参数"　　　图 10-19　"专题图赋图形参数"对话框

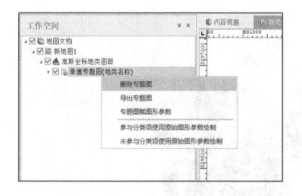

图 10-20　删除专题图的方法及显示效果

### 2．根据图层参数创建单值专题图

在制作土地利用现状图时，为了更直观地看出草地、林地、居民地等不同类型土地的分布区域和范围，通常会给同类型土地赋予相同的颜色或填充风格，此时就是利用单值专题图在进行渲染的。根据图层参数创建单值专题图可以快速地创建单值专题图。

（1）右键单击图层（如高斯坐标地类图斑），在弹出的右键菜单中选择"专题图→根据图层参数创建单值专题图"，如图 10-21 所示。

（2）在如图 10-22 所示的"选择单值标识字段"对话框中选择需要创建的单值专题图的字段名称。

（3）单值专题图显示效果如图 10-23 所示。

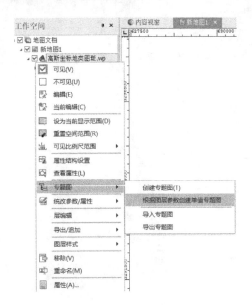

图 10-21 根据图层参数创建单值专题图　　　　图 10-22 "选择单值标识字段"对话框

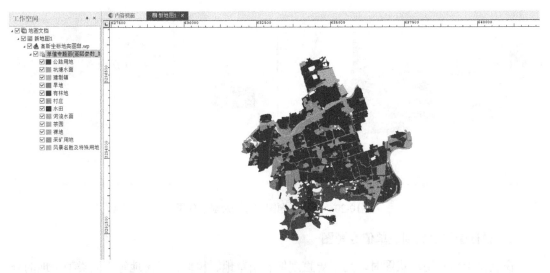

图 10-23 单值专题图显示效果

### 3. 专题图在三维场景中的使用

要想将矢量化的地图在三维场景中显示，可以通过专题图进行显示。如果想根据名称或者区间来显示，则可以通过单值专题图或者分段专题图来进行显示；如果想用单一符号来显示，则可以通过统一专题图来进行显示。关于三维场景的显示内容将在第 7 部分介绍，这里仅做展示。

单值专题图、统一专题图和统计专题图在三维场景中的显示分别如图 10-24、图 10-25 和图 10-26 所示。

图 10-24　单值专题图在三维场景中的显示

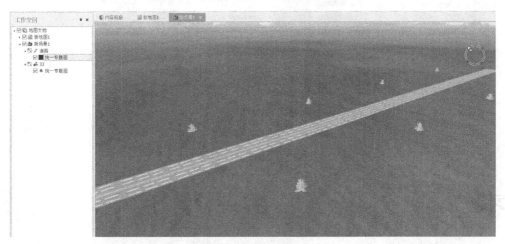

图 10-25　统一专题图在三维场景中的显示

图 10-26　统计专题图在三维场景中展示

#### 4. 专题图的导入与导出

生成的专题图不能保存在数据库中，如果想要保存专题图，则需要将专题图导出（导入操作与导出操作类似），右键单击图层，在弹出的右键菜单中选择"专题图→导出专题图"即可导出专题图，导入专题图时选择"导入专题图"即可，如图 10-27 所示。

图 10-27　导入或导出专题图

## 习题 10

（1）我国基本比例尺包括几种不同比例尺的图框？分别是多少？

（2）请解释图幅号 H50G037007 中各部分的含义。

（3）用任意图框生成非标准数据的图框。

（4）请简述专题图的优点以及单值专题图的用途？

（5）为影像数据生成一个假彩色（321）的专题图？

# 第11章 系统库与样式库

## 11.1 系统库管理

在 MapGIS 10 中，符号是简单要素类中图元的基本参数。系统库包括符号库、三维符号库、颜色库和字体库，可用于对地图中图元的符号以及地图中的颜色、字体进行管理与设计。

符号库和三维符号库用于管理、存储、定义、设计各类符号，符号类型包括点符号、线符号和填充符号。颜色库用于提供颜色的绘制与存储，如打印专色的处理。

"系统库管理"对话框如图 11-1 所示。

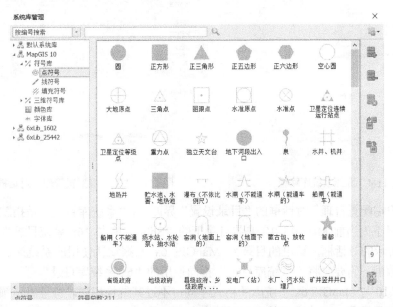

图 11-1 "系统库管理"对话框

（1）新建系统库。新建系统库的方法是：在"系统库管理"对话框中单击"▤"按钮，可弹出如图 11-2 所示的"新建系统库"对话框，输入系统库的名称，若"创建方式"选择"根据已有系统库创建"，则新建系统库内容为下拉列表中所选系统库的内容；若选择"创建空系统库",则新建系统库内容为空(颜色库及字体库中会存在几个基础符号)。

(2)升级 6x 系统库。升级 6x 系统库的方法是:在"系统库管理"对话框中单击" "按钮,弹出如图 11-3 所示的"6x 系统库升级"对话框,在"系统库名称"中输入 6x 系统库的名称,在"符号颜色库"中加载 6x 系统库的 Slib 文件夹,在"字体库"中加载 6x 系统库的 Clib 文件夹,单击"升级"按钮即可将 6x 系统库升级为 MapGIS 10 格式并导入。

图 11-2 "新建系统库"对话框　　　　图 11-3 "6x 系统库升级"对话框

(3)附加系统库。附加系统库的方法是:在"系统库管理"对话框中单击" "按钮,弹出如图 11-4 所示的"浏览文件夹"对话框,在该对话框中选择要附加系统库,单击"确定"按钮可加载 MapGIS 系统库。

(4)设置系统目录。单击菜单栏中的"设置→系统目录",可以弹出如图 11-5 所示的对话框。

图 11-4 选择系统库路径　　　　图 11-5 "客户端配置管理"对话框

在"客户端配置管理"对话框的"目录设置"界面中,"系统库目录"是指默认系统库目录,默认情况下为当前 MapGIS 10 安装目录下的"Slib"。单击"6x 系统目录"项,可打开如图 11-3 所示的对话框,这里的目录为 MapGIS 6x 数据默认使用的系统库。如果要打开 MapGIS 6x 数据,需要先将"系统库目录"指向使用的"6x 系统库目录"。

MapGIS 10 与 MapGIS 6x 系统库的格式不同,不过其结构相同,符号库、颜色库相关文件存储在一个目录下,字体库相关文件存储在一个目录下。

## 11.1.1 符号库

符号库包括点符号、线符号、填充符号,分别用于表现点要素、线要素和区的填充要素。

三维符号库与符号库类似，只是它主要应用于三维场景下。

"符号库"中符号有四个属性：名称、类型、编号、类别，其中类别用于对符号的便捷管理。

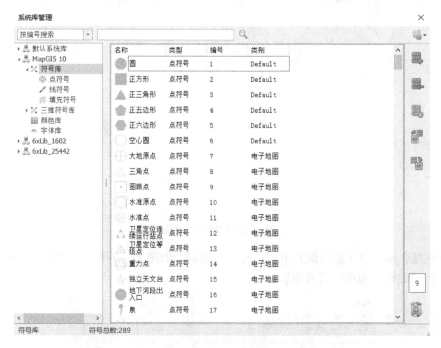

图 11-6　符号库

在"系统库管理"对话框左侧窗口，选择某一系统库（如"MapGIS 10"）下"符号库"（也可继续选择"符号库"下某类型符号库），数据视窗中将显示该库中所有符号，右键单击选择某符号（或右键单击空白处），可弹出如图 11-7 所示的右键菜单；若选择"三维符号库"，可弹出如图 11-8 所示的右键菜单。

图 11-7　系统库的右键菜单　　　　　　　　图 11-8　三维符号库的右键菜单

1. 矢量编辑

（1）在数据视窗中右键单击任意处，在弹出的右键菜单中选择"新建矢量符号"，可弹出"新建点符号"对话框，如图 11-9 所示。

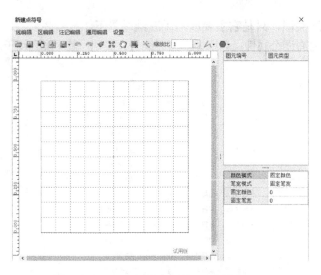

图11-9 "新建点符号"对话框

（2）在绿色编辑框（虚线框）中可进行符号编辑，如图11-10所示。菜单栏中有线编辑、区编辑、注记编辑、通用编辑和设置。

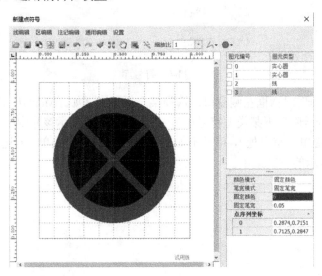

图11-10 符号编辑

（3）图元的颜色设置。图元的颜色可设置为子图颜色、固定颜色和可变颜色。若设置为子图颜色，则用户在使用符号时可以任意改变该图元的颜色；固定颜色是创建者所设定的，用户在使用时不可再对颜色进行改变；可变颜色用于符号中有多个可改变颜色图元的情况，可对图元分别进行颜色设置。

（4）保存绘制的符号。单击工具条中的" "按钮可保存当前编辑的符号。

### 2．栅格编辑

（1）在数据视窗中右键单击任意处，在弹出的右键菜单中选择"新建栅格符号"，可弹出"栅格符号编辑"对话框，如图11-11所示。

图 11-11 "栅格符号编辑"对话框

（2）单击"导入图片文件"会弹出"打开文件"对话框，可在该对话框中选择一幅图片（导入的文件不得超过 64 KB，如果图片过大，则需要事先进行裁剪），可在左侧窗口中的"符号名称"对该符号进行重命名。

（3）单击图片上的任意点，都会在下方窗口会显示该点的 RGB 值，单击"设为透明色"按钮，该 RGB 值的所有像素将会变为透明。

（4）单击"确定"按钮，可将该符号保存至符号库中。

### 3．三维符号编辑

三维符号库如图 11-12 所示，既支持.3ds 和.obj 格式的模型导入，也支持.png、.bmp、.jpg、.tif、.gif 格式的图片导入。

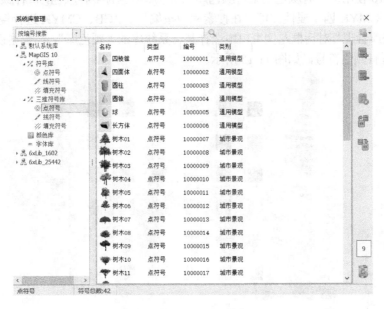

图 11-12 三维符号库

### 4. 符号分类管理

（1）移动到类。移动到类用于将选择的符号（可多选）归入某类别，便于符号管理。操作方法是：右键单击符号，在弹出的右键菜单中选择"移动到类"，如图 11-13 所示，在弹出的对话框中选择类别即可。若该系统库中不存在某类别，则可在右键菜单中选择"移动到类→新建分类"，在弹出的对话框中输入新类别的名称，系统将建立该类别并将选中的符号归入该类；若需将符号分离出某类别，则可在右键菜单中选择"移动到类→未分类"，选中符号分类信息将变为空。

（2）类别管理。类别管理的操作方法是：右键单击符号，在弹出的右键菜单中选择"类别管理"，可弹出如图 11-14 所示的"类别管理"对话框，单击"添加"按钮可新建类别；也在列表中选中某类别，单击"删除"按钮删除该类。

图 11-13　移动到类

图 11-14　类别管理

## 11.1.2　颜色库

MapGIS 10 使用的所有颜色均来自颜色库。颜色库中包含多种颜色，每种颜色都有名称、编号、RGB、CMYK 四个属性。可以在搜索栏中按编号、RGB、CMYK 进行搜索颜色。

在"系统库管理"对话框左侧窗口中选择某一系统库的"颜色库"，在数据视窗中将显示该颜色库中所有颜色符号，如图 11-15 所示。

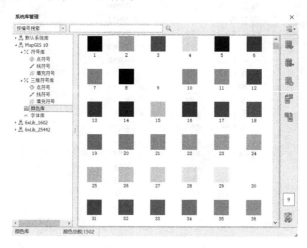

图 11-15　颜色库

1. 新建颜色

创建新颜色的操作方法是：右键单击"颜色库"，在弹出的右键菜单中选择"新建"，可弹出"颜色编辑"对话框，在该对话框中进行相关参数设置后单击"确定"按钮即可完成颜色的创建。

2. 颜色模式

颜色模式包括 RGB、CMYK、灰度三种。若在"颜色模式"中选择"RGB"，则用户可直接输入 R、G、B 的值，也可在颜色块上单击选择 R、G、B 的值，如图 11-16 所示；若选择"CMYK"，则可在右侧直接输入 C、M、Y、K 值，也可通过拖动颜色条来确定颜色符号，如图 11-17 所示；若选择"灰度"，则可利用该模式可快速创建一个黑白色（灰色），可输入"灰度级别"，也可直接在颜色板上单击选择颜色，如图 11-18 所示。

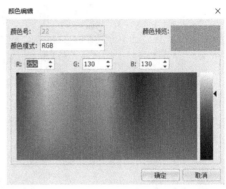

图 11-16　RGB 模式

图 11-17　CMYK 模式

图 11-18　灰度模式

### 11.1.3　字体库

字体库可从 Windows 字体库中筛选并配置用户常用的字体，使得 MapGIS 10 字体更具针对性。操作方法是：在"系统库管理"对话框的左侧窗口中选择某一系统库下的字体库，将会在数据视窗中显示该字体库中所有字体符号，如图 11-19 所示。字体库包括 TTF 字体库和矢量字体库，若该系统库文件夹下包含矢量字体库的文件，则可选择"矢量字体库"进行查看。

（1）添加、修改 TTF 字体。操作方法是：选取一行，若有数据则可修改 TTF 字体，若为空白行则可添加 TTF 字体。单击某行的"中文字体"列，在弹出的下拉列表中选择"中文字体"，"中文样式"列可预览效果；单击某行的"西文字体"列，在弹出的下拉列表中选择字体后，可在"西文样式"列预览效果。

（2）删除字体。操作方法是：选中要删除行，在右键菜单中选择"删除"即可。

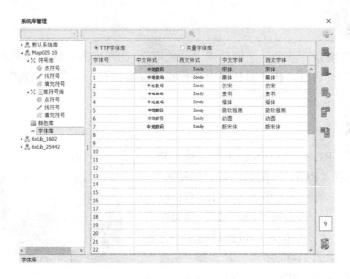

图 11-19　字体库

## 11.2　样式库管理

单击菜单栏中的"设置→样式库管理",如图 11-20 所示,可打开如图 11-21 所示的"样式库管理器"对话框。

图 11-20　样式库管理

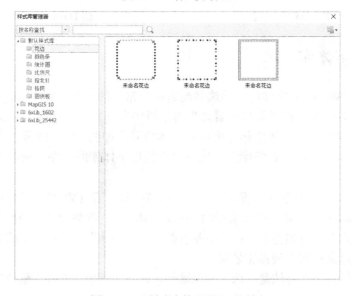

图 11-21　"样式库管理器"对话框

MapGIS 10 中的样式库为用户提供了整饰地图时所需的花边、指北针、比例尺等样式，提供了制作专题图时的颜色条、统计图类型等样式。用户可通过"样式库管理器"对话框对这些样式进行管理。

## 11.2.1 花边

花边可在地图打印输出时添加边框。双击已有花边样式弹出"花边"对话框，如图 11-22 所示。在该对话框中，用户可在原花边的基础上进行修改。右键单击图 11-21 中右侧窗口的空白处，在弹出的右键菜单中选择"新建"可创建一个新的花边样式。

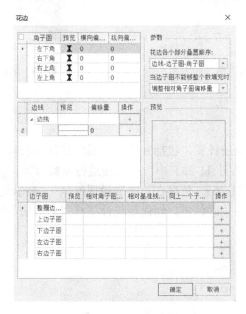

图 11-22 "花边"对话框

"角子图"：勾选"角子图"左侧的方框，角子图就会在花边上显示出来，否则不显示。双击"预览"可以设置角子图的各项参数，"横/纵向偏移量"表现的是角子图相对边框偏移的程度。

"边线"：用于设置边框的线型，单击"+"按钮可增加边线，单击"-"按钮可删除边线，通过设置边线偏移量还可以达到多层边框的效果。

"边子图"：用于为边线设置子图花纹，支持整圈添加和逐边添加。若逐边添加多个子图，则会顺序循环显示。同时，还可以调整子图间的间距、相对偏移量等。

## 11.2.2 颜色条

专题图、模型的关联色表可以在样式库管理器的颜色条中统一管理，双击颜色条样式，在弹出的"颜色条"对话框（见图 11-23）中可直接修改，在该对话框中可对颜色条类型、颜色个数进行预设。在"样式库管理器"对话框左侧列表中选择"颜色条"，在右侧窗口中的空白处单击鼠标右键，在弹出的右键菜单中选择"新建"，即可创建一个新的颜色条样式。颜色条效果图如图 11-24 所示。

图 11-23 "颜色条"对话框　　　　　图 11-24 颜色条的效果图

### 11.2.3 统计图

统计图可用于输出各类统计图，包括专题图、属性统计图表等。双击统计图样式，在弹出的"统计图"对话框（见图 11-25）中，可直接进行参数修改，先在"统计图类型"中选择类型（统计图类型见图 11-26），然后在"参数设置绘制""显示统计参数值""统计图属性设置"中进行参数设计，并关联色表。创建新统计图样式的方法与创建新颜色条样式类似。

 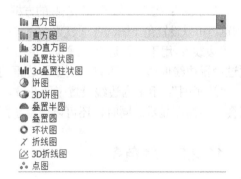

图 11-25 "统计图"对话框　　　　　图 11-26 统计图类型

### 11.2.4 比例尺

"比例尺"对话框如图 11-27 所示，主要参数如下：

"主尺""副尺":比例尺会由主尺和副尺两部分组成,勾"样式"左侧的方框,可分别选择"编辑主尺"和"编辑副尺",若不勾选,则只能选择"编辑主尺"。

"尺身""类型":提供了多种尺身的绘制方式,"主段数"决定了主尺被划分为几个部分,"段宽度(公里)"是每段所代表的公里值,"次段数"和"次段划分"决定了主段的次级划分方式。

"刻度":包括"刻度线长"和"标注间距"等参数,会直接影响比例尺显示的效果。

"单位":用于设置比例尺的单位(如"公里"),"标注类型"可选用中文或英文两种方式,"标注位置"决定单位显示在比例尺上的位置,"标注间距"决定单位距标注的距离。

"其他":用于设置比例尺线宽、线颜色和标注的各项参数。

图 11-27 "比例尺"对话框

### 11.2.5 图例板

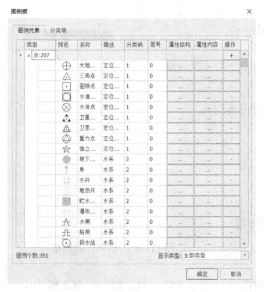

图 11-28 "图例板"对话框

"图例板"对话框如图 11-28 所示,主要参数如下:

"预览":可选择显示符号、设置参数。

"名称":用于输入图例名称,如村落、河流。

"描述":用于对图例添加详细的描述信息。

"分类码":是图例板中图例类别的标志,它是唯一的。首先在"分类项"标签项中进行类别设置,然后在分类码下拉列表中选择分类码即可。在"显示类型"中可以选择某一类型的图例单独呈现。

"属性结构":用于设置图例的属性结构。

"属性内容":用于编辑图例的属性内容。

"操作":用于增删图例,单击"+"按钮可增加图例项,单击"-"按钮可删除图例项。

需要注意的是,属性结构和属性内容生效的前提是编辑图层的属性结构包含图例属性结构的所有字段。

### 11.2.6 指北针

"指北针"对话框如图 11-29 所示,新建指北针,可在该对话框中设置参数,例如可以选取系统库中的点符号作为指北针样式,接下来设置它的颜色和角度即可。

图 11-29 "指北针"对话框

## 11.2.7 格网

"格网"对话框如图 11-30 所示，主要参数如下：

"格网类型"：包括方里网、参考方里网、经纬网、参考经纬网四种。方里网根据距离（m）来划分格网，经纬网根据经差纬差划分格网，网线的数量与地图范围有关。参考方里网和参考经纬网的网线数量是固定的，与地图范围无关。

"网线参数"：可设置网间距 dx_米、网间距 dy_米、网线类型、网线线宽和网线颜色。

"刻度线"：勾选"刻度线"后，则可在格网上可以显示刻度。

"坐标注记"：用于在方里网和经纬网中设置注记信息、X 注记位置和 Y 注记位置。

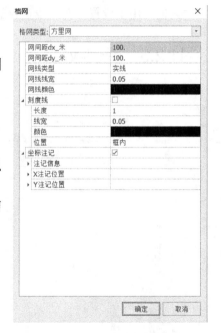

图 11-30 "格网"对话框

## 习题 11

（1）请简述 MapGIS 10 中符号库和颜色库的作用。
（2）请画出图 11-10 中的禁止停车符号。
（3）新建一个图例板并关联在新地图上。
（4）新建一个渐变颜色条，颜色个数为 5，颜色号分别是 289、64、1295、469 和 401。

# 第12章 栅格影像的显示与调节

## 12.1 影像信息

### 12.1.1 打开栅格影像

打开栅格影像是查看栅格影像信息的第一步,可以通过地图节点的右键菜单"添加图层"来打开"GDBCatalog"目录窗口中的栅格影像,也可以打开本地栅格影像,如图12-1所示。

在第一次添加一幅栅格影像时,数据视图窗口会提示用户创建金字塔。创建金字塔的目的是提高显示速度及降低CPU使用率,建议用户单击"是"按钮,如图12-2所示。

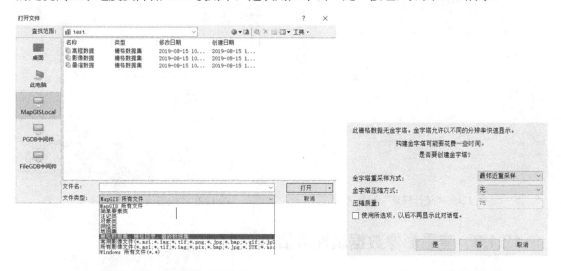

图 12-1 打开本地栅格数据　　　　　图 12-2 创建金字塔

### 12.1.2 查看栅格影像信息

在添加栅格影像数据后,将栅格图层设置为"当前编辑"状态,如图12-3所示。
单击栅格编辑工具条中的" ⓘ "按钮,可弹出"影像数据影像信息"对话框,在该对话框中可以查看当前栅格影像的信息。"影像基本信息""统计信息""投影信息"标签项分别如图 12-4、图 12-5 和图 12-6 所示。

图 12-3 将影像设置为"当前编辑"状态

图 12-4 "影像基本信息"标签项

图 12-5 "统计信息"标签项

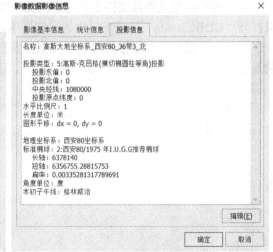

图 12-6 "投影信息"标签项

### 12.1.3 查看影像数据属性页信息

通过"影像数据属性页"对话框（见图 12-7），不仅可以查看栅格影像的信息，还可以进行显示设置。打开"影像数据属性页"对话框的方法是：在工作空间中右键单击栅格影像图层，在弹出的右键菜单中选择"属性"即可。

图 12-7 "影像数据属性页"对话框

在"影像数据属性页"对话框中，可以查看栅格图层的数据源、通用属性、显示设置、影像数据集信息。

（1）在图 12-8 所示的"数据源"界面中，可以查看数据源、数据库名、影像类型等信息。

图 12-8 "数据源"界面

（2）在图 12-9 所示的"通用属性"界面中，可以对查看参照系、图层、可见比例尺范围、栅格显示拉伸设置等进行修改。

（3）在图 12-10 所示的"显示设置"界面中，可以查看并编辑栅格的常用显示、显示模式、亮度/对比度等参数。

（4）在图 12-11 所示的"影像数据集信息"界面中，可查看常规、影像范围等信息，还可以查看各个波段的详细信息。

图 12-9 "通用属性"界面

图 12-10 "显示设置"界面

图 12-11 "影像数据集信息"界面

## 12.2 影像显示

影像显示可以分为两种情况：一种是单幅影像的显示；另一种则是两幅影像的对比显示。对于单幅影像的显示，MapGIS 10 提供了直方图拉伸的方法；对于两幅影像的对比显示，MapGIS 10 提供了卷帘显示、透明显示和闪烁显示三种显示方式。

### 12.2.1 显示设置

环境参数设置是对栅格数据打开后进行的初始化设置，可以在统一的配置对话框中，对栅格数据进行显示、金字塔层、栅格缓存、色表拉伸、上载压缩等初始化参数设置。该对话框中大部分参数都在后面章节中均有介绍，在此不做叙述。

通过栅格编辑工具条的显示设置功能可打开如图 12-12 所示的对话框，"栅格数据集""栅格目录""栅格图层""系统参数"标签项分别如图 12-13、图 12-14、图 12-15 和图 12-16 所示。

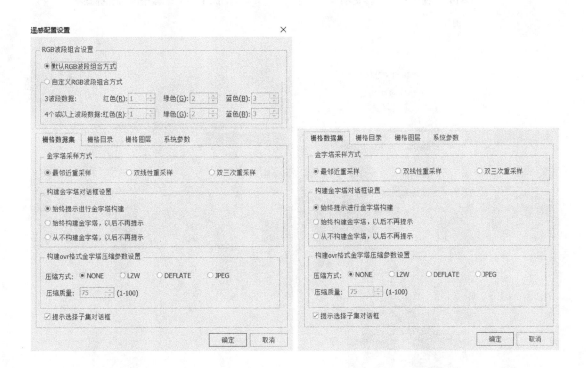

图 12-12 "遥感配置设置"对话框　　　　图 12-13 "栅格数据集"标签项

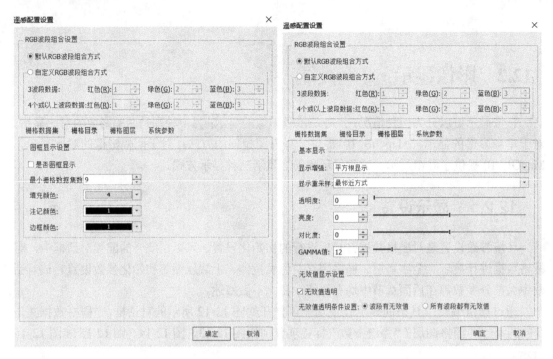

图 12-14 "栅格目录"标签项　　　　图 12-15 "栅格图层"标签项

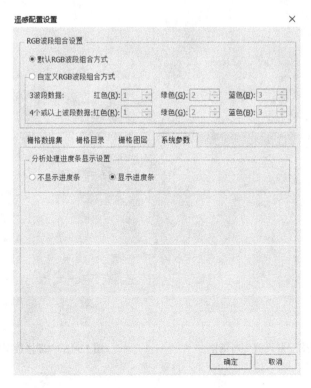

图 12-16 "系统参数"标签项

## 12.2.2 直方图拉伸

直方图拉伸主要通过对当前视图里的影像进行拉伸处理，从而改变影像的显示效果。

（1）设置直方图显示方式的方法。

① 通过右键菜单设置直方图的显示方式。在工作空间中右键单击栅格图层，在弹出菜单中选择"属性"选项，如图12-17所示，可弹出"影像数据属性页"对话框，如图12-18所示，在左侧列表中选择"显示设置"，在右侧的界面中可以设置"直方图显示"。

② 通过栅格编辑工具条设置直方图的显示方式。将栅格图层设置为"当前编辑"状态，通过栅格编辑工具条中"直方图"的下拉菜单也可以选择直方图的显示方式，如图12-19所示。

图 12-17　右键菜单"属性"

图 12-18　"影像数据属性页"对话框

图 12-19　直方图显示方式

（2）MapGIS 10 提供了 8 种直方图显示方式：原始显示、均衡化显示、正规化显示、平方根显示、平方显示、线性显示、反转显示、自适应显示。同一幅栅格影像选择不同的直方图显示时，栅格影像显示的效果并不同。图 12-20 到图 12-27 所示为上述 8 种直方图显示方式的效果。

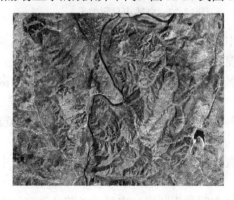

图 12-20　原始显示效果

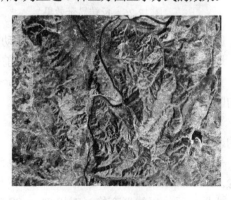

图 12-21　均衡化显示效果

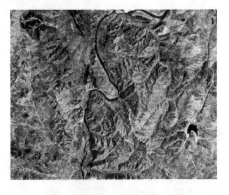
图 12-22　正规化显示效果

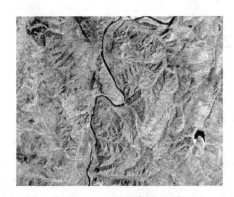
图 12-23　平方根显示效果

图 12-24　平方显示效果

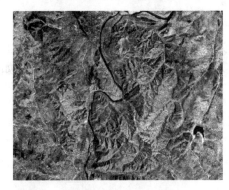
图 12-25　线性显示效果

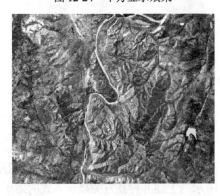
图 12-26　反转显示效果

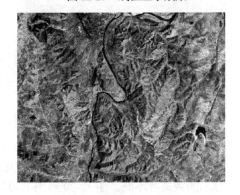
图 12-27　自适应显示效果

原始显示：用原始数据来显示当前活动窗口中的影像。

均衡化显示：用均衡化变换来显示当前活动窗口中的影像。

正规化显示：用正规化变换（对 0.5%～99.5%的直方图数值范围）来显示当前活动窗口中的影像。

平方根显示：用平方根变换（对 0.5%～99.5%的直方图数值范围）来显示当前活动窗口中的影像。

平方显示：用平方变换（对 0.5%～99.5%的直方图数值范围）来显示当前活动窗口中的影像。

线性显示：用线形变换（对 0.5%～99.5%的直方图数值范围）来显示当前活动窗口中的

影像。

反转显示：用反转变换（对 0.5%～99.5%的直方图数值范围）来显示当前活动窗口中的影像。

自适应显示：用自适应变换（在 2 倍均方差拉伸基础上自适应调整）来显示当前活动窗口中的影像。

### 12.2.3 卷帘显示

卷帘显示通过一条位于视窗中可实时控制和移动的过渡线，将视窗中的上层数据文件分为不透明和透明两个部分，通过移动过渡线就可以同时显示上、下两层数据文件，查看其相互关系。

卷帘显示至少要求有两个图层处于"可见"状态，单击栅格编辑工具条中的" "按钮（对比显示），可弹出如图 12-28 所示的"对比显示"对话框。在该对话框中的"卷帘显示"标签项中，可以通过手动输入或拖动滑动按钮来设置过渡线的位置。在该标签项中，若勾选"自动"选项，则可以通过滑动按钮的自动滑动来实现图层的卷帘显示。另外，用户还可以根据实际需要，来选择卷帘显示的方向，如水平方向和垂直方向，水平方向和垂直方向显示效果如图 12-29 和图 12-30 所示。

图 12-28 "对比显示"对话框

图 12-29 水平方向显示效果

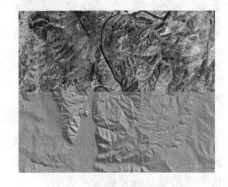

图 12-30 垂直方向显示效果

### 12.2.4 闪烁显示

图 12-31 "闪烁显示"标签项

闪烁显示可以使栅格影像按照一定频率闪烁显示，用于自动比较上、下两层图像的属性差异及其关系，其典型实例是分类专题图像与原始图像之间的比较，也可以用于变化检测分析中。在"对比显示"对话框的"闪烁显示"标签项中，单击"显示前景"/"显示背景"按钮，可以手动地进行图层闪烁的控制。另外，还可以勾选"自动"选项，设置合适的闪烁时间，使图层进行自动的闪烁，如图 12-31 所示。

### 12.2.5 透明显示

图 12-32 "透明显示"标签项

透明显示通过控制两层图像显示的透明度大小，可以使得上、下两层图像进行混合显示。

在"对比显示"对话框中的"透明显示"标签项（见图 12-32）中，可以手动设置上层图层显示透明混合比率，即控制上层图像显示的透明度，MapGIS 10 提供了从不透明（0）到完全透明（100）的一个滑动按钮，可以通过该滑动按钮或者直接输入透明度来手动控制图像的透明度，也可以通过勾选"自动"按钮，来实现滑动按钮的自动滑动，使图像实时自动地进行透明显示，不透明显示和透明显示效果如图 12.33 和图 12.34 所示。

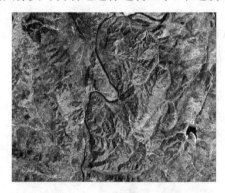

图 12-33 不透明显示效果

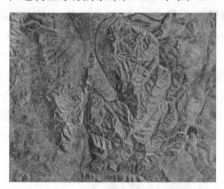

图 12-34 透明显示效果

### 12.2.6 无效值设置

为了更好地显示和分析栅格影像，可以将栅格影像中无用或有干扰的像元值设置为无效值，避免其对栅格影像的显示或分析带来影响。

MapGIS 10 提供了无效值设置功能，可以将栅格影像中需要"屏蔽"掉的像元值替换为无效值。在显示具有无效值（NullVal）的栅格数据时，可将 NullVal 设置为某个颜色或无颜色，MapGIS 10 默认为透明显示。设置无效值步骤如下：

（1）将工作空间中的栅格图层设置为"当前编辑"状态。

（2）右键单击栅格影像图层，在弹出的右键菜单中选择"栅格编辑→无效值设置"，可弹出如图 12-35 所示的对话框。

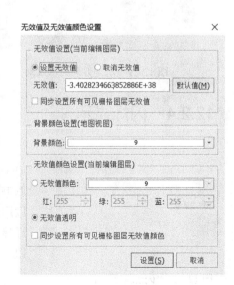

图 12-35 "无效值及无效值颜色设置"对话框

（3）选中"设置无效值"后，可进行无效值的参数设置；选中"取消无效值"，可取消本次无效值设置操作。如图 12-36 和图 12-37 所示是将栅格影像的黑色背景的像元值（即 0）设为无效值后前后的显示效果，无效值采用透明显示。

图 12-36　设置无效值前的显示效果

图 12-37　设置无效值后的显示效果

注：对于一些带有黑边的栅格影像，无效值设置能够起到隐藏黑边的显示效果，但这仅仅是显示，并不能去除黑边。

## 12.2.7　对比度调节

对比度调节主要是指改变栅格影像的亮度显示效果，可以通过对比度调节功能来调整栅格影像显示的亮度、对比度值以及 Gamma 值。实现栅格数据的对比度调节有两种途径：①右键单击数据图层，在弹出的右键菜单选择"属性"，在弹出的"高程数据属性页"对话框（见图 12-38）中进行调节；②单击栅格编辑工具条上的对比度显示按钮，在弹出的"对比度调节"对话框（见图 12-39）中进行调节。对比度调整前后的显示效果如图 12-40 和图 12-41 所示。

图 12-38　"高程数据属性页"对话框

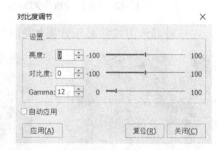
图 12-39　"对比度调节"对话框

图 12-40　调整对比度前的显示效果　　　　图 12-41　对比度调节后的显示效果

### 12.2.8　颜色合成

颜色合成主要是对当前视图里的栅格影像进行颜色的显示设置，MapGIS 10 提供了三种显示方式：原始显示、RGB 显示和索引显示。

在设置栅格影像的颜色合成时，先将栅格图层设置为"当前编辑"状态，单击栅格编辑工具条上的颜色合成按钮，可弹出"颜色合成"对话框，如图 12-42 所示。

在"颜色合成"对话框中可以设置栅格影像的显示方式。选择"原始显示"时需要设置"原始显示波段"；选择"RGB 显示"需要设置"R 波段""G 波段""B 波段"各自对应的波段，也可以单击"组合"按钮，MapGIS 10 会自己计算出最佳的波段组合作为参考，如图 12-43 所示；选择"索引显示"需要设置显示的波段及其对应的色表。

图 12-42　"颜色合成"对话框　　　　　图 12-43　颜色合成中的"RGB 显示"

三种显示方式的显示效果如图 12-44、图 12-45 和图 12-46 所示。

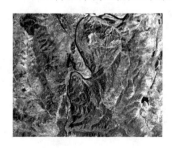
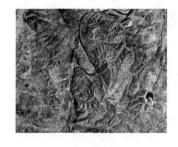

图 12-44　原始显示的显示效果　　图 12-45　RGB 显示的显示效果　　图 12-46　索引显示的显示效果

## 12.2.9 色表编辑

色表编辑主要是针对当前视图中处于"当前编辑"状态的栅格图层，编辑其不同的像元值所对应的色表，从而改变其显示效果。

单击栅格编辑工具条中的"![]"按钮（色表编辑），可弹出"色表样本编辑"对话框，如图 12-47 所示。用户在该对话框中可以设置要编辑的波段以及所选用的样本色表（不同波段、不同色表对应的显示效果不同），还可以手动设置各个区间的左右值和颜色，设置完成后单击"刷新"按钮即可看到显示效果。修改色表后的栅格影像如图 12-48 所示。

图 12-47 "色表样本编辑"对话框　　　　图 12-48 修改色表后的栅格影像

## 习题 12

（1）无效值的作用是什么？
（2）如何查看栅格影像的分辨率、行列数和投影信息？
（3）直方图拉伸有什么作用？MapGIS 10 提供了几种直方图显示方式？
（4）若两幅栅格影像完全重叠在一起，想同时看到两幅栅格影像，应当如何操作？

# 第 4 部分

# 空间数据的处理方法

本部分将从多方面介绍空间数据的处理方法,主要包括属性表格的创建与编辑、误差校正及坐标转换、栅格地图配准、栅格影像的处理分类、瓦片的处理。

属性表格的创建与编辑包括属性结构的创建、属性值的输入与编辑、属性处理,以及如何通过属性值及参数修改地图;误差校正及坐标转换包括矢量地图的误差校正、地图整图变换和地图投影变换;栅格地图配准包括标准分幅栅格地图配准和非标准分幅栅格地图配准;栅格影像的处理分类包括 AOI 编辑、栅格影像重采样、栅格影像镶嵌、栅格影像融合、栅格影像裁剪、投影变换、栅格计算器、栅格影像增强和栅格影像分类;瓦片的处理包括瓦片裁剪、瓦片浏览、瓦片更新、瓦片升级和瓦片合并。

# 第13章 属性表格的创建与编辑

## 13.1 属性结构的创建

对于一个已经创建好的简单要素类，若在创建时，暂未编辑其属性结构，或需要对其属性结构做一些修改，用户可以使用"属性结构设置"功能来完成，具体操作方法如下：

（1）在工作空间中右键单击需要创建属性的图层，在弹出的右键菜单中选择"属性结构设置"，可弹出"属性结构浏览"对话框，如图13-1所示。

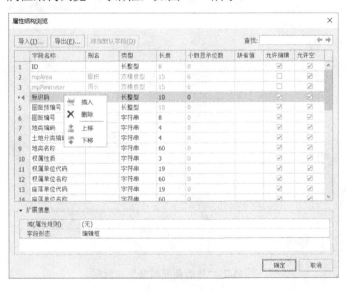

图13-1 "属性结构浏览"对话框

（2）在"字段名称"下方单元格内可以单击输入或修改字段名称，同理也可设置"别名""类型""长度"等参数，单击"确定"按钮后属性内容即可被保存。用户也可以在某字段上单击鼠标右键，在弹出的右键菜单中选择对应功能，如"插入""删除""上移""下移"。

## 13.2 属性值的输入与编辑

设置完图层的属性结构后，还需要输入字段的属性值，MapGIS 10 提供了对属性值的直接和间接的输入与编辑。

### 13.2.1 属性值的直接输入与编辑

属性值的直接输入与编辑是指在 MapGIS 10 中使用可见的方式进行编辑，具体操作方法如下：

（1）在工作空间中将点、线或区图层设置为"编辑"或"当前编辑"状态。

（2）单击"点编辑""线编辑""区编辑"菜单下的"修改属性"，或者单击"通用编辑→修改属性"，在弹出的"修改图元属性"对话框（见图 13-2）中选择子图。在选择子图时，可以单击某个子图来修改属性值，也可框选多个子图进行统改。

（3）用户也可以在工作空间中点、线或区图层的右键菜单中选择"查看属性"，在弹出的"属性视图"中取消勾选"只读"后，双击需要输入或修改的字段来进行编辑。

（4）注记图层属性值的编辑方法与点、线、区图层的编辑方法类似。

图 13-2 "修改图元属性"对话框

### 13.2.2 属性值的间接输入与编辑

属性值的间接输入与编辑是指在 MapGIS 10 中使用不可见的方式进行编辑，具体操作方法如下：

（1）打开属性视图，右击键单击需要修改的，在弹出的右击菜单中选择"查找替换项"，可弹出如图 13-3 所示的"查找与替换"对话框。

（2）该对话框中有 3 个标签项，分别是"查找""替换""高级替换"。

（3）查找即查询字段的属性值，可手动输入查询值，也可单击"SQL"按钮，在弹出的"输入表达式"对话框（见图 13-4）中，输入 SQL 语句来进行查询（如果用户仍会使用此语句，可勾选"保存 SQL 语句"），单击"确定"按钮可返回"查找与替换"对话框，然后通过"查找下一条""查找上一条""全部查找"按钮进行查找，对应的记录将在"属性视图"中以蓝色高亮显示，同时在"序号"里显示当前记录的序号。查找完成后会弹出查找结果提示框，显示共查找出的记录总数。

图 13-3  "查找与替换"对话框         图 13-4  "输入表达式"对话框

（4）替换类似于 Word 中的替换功能，首先是对字段进行查找，可在下拉列表中选择，也可在"字段查找"中输入或者模糊搜索字段名，然后在"文本"和"替换文本"中输入相应内容，选择"匹配方式部位"（包括完全匹配、首部匹配、尾部匹配、任意部位匹配）和"查找方向"（包括向上、向下），可单击"替换"按钮来替换当前属性值或者单击"全部替换"按钮来替换所有符合查询结果的属性值。

（5）高级替换用于查找到特定条件的属性记录后进行替换，包括固定值替换、增量值替换、表达公式替换、前缀后缀替换四种。

"固定值替换"：在"字段名称"中选择或模糊搜索要替换的字段，选择"固定值替换"，取消"置为空值"（若勾选该选项，则替换后的属性值为 NULL），根据情况单击"替换"或"全部替换"按钮，如图 13-6 所示。

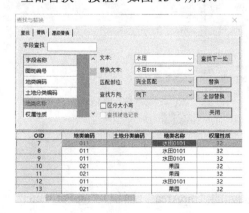

图 13-5  "替换"标签项              图 13-6  固定值替换

"增量值替换":这种替换是针对某一字段的所有值而进行的,在初始值(字段的第一个值)的基础上,以设定的增量值作为累加量(每个字段逐次增加值)来替换被选字段的值。替换结果是该字段值以初始值开始,生成按当前排序依次增加增量值的序列。例如,"初始值"为1,"增量值"为3,替换后字段的属性值依次变为4、7、10……增量值替换如图13-7所示。

"表达公式替换":这种替换是针对长整型、短整型、浮点型、双精度型、数值型字段而进行的。在"字段名称"下拉列表中选择要替换的字段;可直接在"SQL"按钮下方的文本框中输入表达式,或者单击"SQL"按钮,在弹出的对话框中使用运算符或函数来编辑表达式;单击"替换"或"全部替换"按钮即可。表达公式替换如图13-8所示。

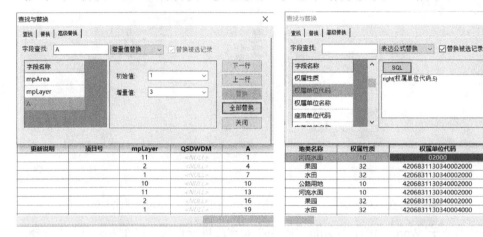

图13-7　增量值替换　　　　　　　　图13-8　表达公式替换

"前缀后缀替换":这种替换仅支持字符串字段的操作,例如,要想在"权属单位名称"中的字段名称前增加"A乡"前缀,则可使用此功能操作。在"字段名称"下拉列表中选择要替换的字段,选择"前缀后缀替换",输入对应的参数值,单击"替换"或"全部替换"按钮即可。前缀后缀替换如图13-9所示。

图13-9　前缀后缀替换

注意:线图元的"mpLength"(长度)字段和区图元的"mpArea"(面积)"mpPerimeter"(周长)受系统保护,不允许在属性编辑中编辑修改。

## 13.3 属性处理

属性处理主要用于对图层属性进行操作,属性处理分为属性检查和属性工具。

### 13.3.1 属性检查

属性检查通过统一的视窗来协助用户检查要素的属性结构与属性值是否一致,主要操作方法如下:

(1)在工作空间中将图层状态设置为"编辑"状态。

(2)单击菜单栏中的"工具→检查工具→属性检查",可弹出如图 13-10 所示的"图层属性检查"对话框。

图 13-10 "图层属性检查"对话框

(3)在"检查图层"的下拉列表中选择要查看的图层,单击左侧"字段列表"中的任一字段,右侧的"检查结果"列表中将显示该字段下所有的属性值。

(4)在"检查结果"列表中单击某属性值,在视窗中对应的图元将闪烁;双击某属性值,对应的图元将高亮并弹出该图元的"修改图元属性"对话框,用户可在该对话框中修改该图元的属性值,修改后关闭该对话框,然后单击"图层属性检查"对话框中的"刷新"按钮,在该对话框中将显示修改后的结果。

注意:当某字段存在重复属性值时,"检查结果"列表中不会重复罗列该属性值,但会在该属性值后的"图元数"中标注图元个数。

### 13.3.2 属性工具

属性工具为用户提供了属性合并、属性连接、属性汇总、属性统计等功能。

## 1. 属性合并

属性合并可用于简单要素类之间、简单要素类和对象类之间的属性合并，通过该功能可以将源类的属性合并到目的类中。

根据属性结构的不同，属性合并可分为相同属性结构合并和不同属性结构合并。

1) 相同属性结构合并

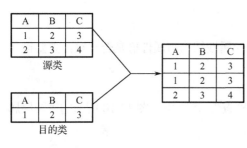

图 13-11 相同属性结构合并示意图

相同属性结构合并直接在目的类记录后追加源类的记录，如图 13-11 所示。

操作方法为：单击菜单栏中的"工具→属性工具→属性合并"，在弹出的"属性合并"对话框（见图 13-12）中选择数据源的目录，可以选择 2 个以上数据进行合并，前提是它们的属性结构相同（属性表中的字段个数相等，且每一字段名称相同、字段类型相同、字段是否允许为空一致）；然后选择合并后的对象类的路径，可放在已有的对象类中，也可自行创建；不勾选"允许不同属性结构合并"，即相同属性结构合并；单击"下一步"按钮后再单击"完成"按钮即可完成操作。

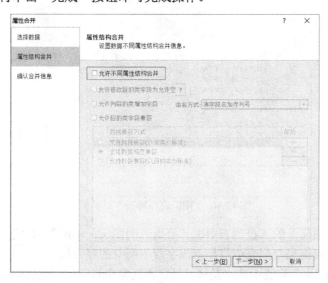

图 13-12 "属性合并"对话框

2) 不同属性结构合并

（1）默认合并。

条件：目的类中每一字段必须允许为空，源类和目的类至少有一字段具有相同的字段名以及字段类型。

方式：直接在目的类记录后追加源类的记录（不修改目的类的属性结构）。在"属性合并"对话框中只勾选"允许不同属性结构合并"。默认合并示意图如图 13-13 所示。

操作方法为：单击菜单栏中的"工具→属性工具→属性合并"，在弹出的对话框中选择数据源的目录时可以选择 2 个以上的数据进行合并，前提是条件必须得到满足；然后选择合并后的对象类的路径，勾选"允许不同属性结构合并"，单击"下一步"按钮后再单击"完成"按钮即可完成操作。

（2）高级合并。

条件 1：目的类中有不允许为空字段。

方式 1：在"属性合并"对话框中勾选"允许修改目的类字段为允许空"，高级合并示意图如图 13-14 所示。

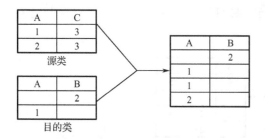

图 13-13　默认合并的示意图

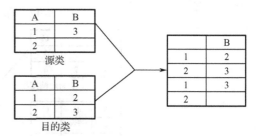

图 13-14　高级合并示意图（一）

条件 2：字段名称相同，字段类型不同且不可以相互转换（兼容）。

方式 2：可以在目的类中增加字段，也可以不增加字段。

在"属性合并"对话框中勾选"允许向目的类增加字段"，高级合并示意图如图 13-15 所示。

在"属性合并"对话框中勾选"允许修改目的类字段为允许空"，高级合并示意图如图 13-16 所示。

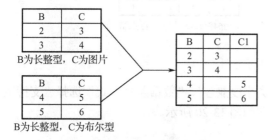

图 13-15　高级合并示意图（二）

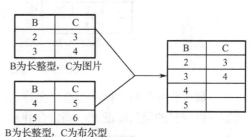

图 13-16　高级合并示意图（三）

条件 3：字段名称相同，字段类型不同且可以相互转换（兼容）。

方式 3：可分为不支持数据兼容、支持数据相互兼容、支持数据兼容（以目的类为标准）、支持数据兼容（以源类为标准）四种方式。

在"属性合并"对话框中取消勾选"允许目的类字段兼容"，即不支持数据兼容，高级合并示意图如图 13-17 所示。

在"属性合并"对话框中勾选"允许目的类字段兼容"，"数据兼容方式"选择"支持数据相互兼容"，高级合并示意图如图 13-18 所示。

在"属性合并"对话框中勾选"允许目的类字段兼容"，"数据兼容方式"选择"支持数据兼容（以目的类为标准）"，高级合并示意图如图 13-19 所示。

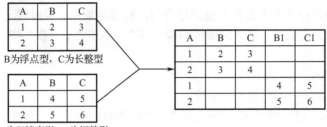

图 13-17　高级合并示意图（四）

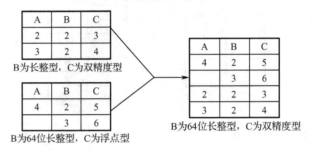

图 13-18　高级合并示意图（五）

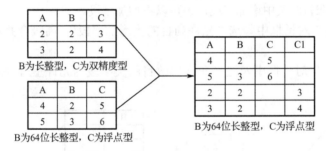

图 13-19　高级合并示意图（六）

在"属性合并"对话框中勾选"允许目的类字段兼容"，"数据兼容方式"选择"支持数据兼容（以源目的类为标准）"，高级合并示意图如图 13-20 所示。

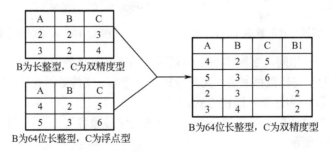

图 13-20　高级合并示意图（七）

## 2. 属性连接

属性连接用于将源类连接到目的类，连接原则是在源类和目的类关键字段的记录值相等且该关键字段类型可以兼容的前提下，在目的类中连入源类字段。按照连接方式的不同，属性连接可分为完全连接和不完全连接,其中系统默认的是完全连接。

完全连接:不改变目的类中的记录数,不能连入的记录在目的类中设为空。

不完全连接:根据关键字段中记录的匹配情况,改变目的类中的记录数,在目的类中删除不能匹配的记录。

下面以完全连接为例介绍属性连接的操作方法。

(1)菜单栏中的"工具→属性工具→属性连接",在弹出的"属性连接"对话框中选择数据 A 和数据 B,如图 13-21 所示。

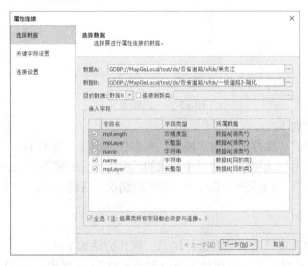

图 13-21　选择数据

(2)单击"下一步"按钮,设置数据 A 和数据 B 的关键字段,如图 13-22 所示。

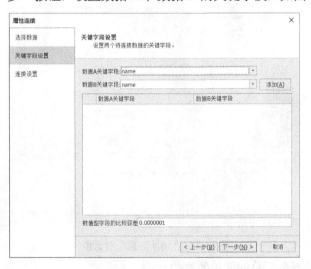

图 13-22　关键字段设置

(3)单击"下一步"按钮,进行连接设置后单击"完成"按钮,即可完成属性连接,如图 13-23 所示。

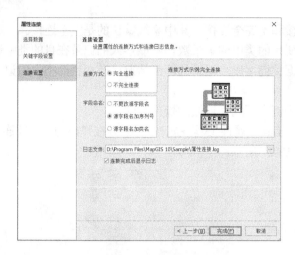

图 13-23　连接设置

连接设置的选项如下：

"不改变源字段名"：保存原有的字段名，不做任何改变，如省名。

"源字段名加序列号"：根据关键字段中记录的匹配情况，在源字段后加序号"1"，如省名1。

"源字段名加类名"：根据关键字段中记录的匹配情况，在源字段后加源类名，如省名_省名。

### 3. 属性汇总

属性汇总用于对简单要素类数据进行汇总。操作方法如下：

（1）单击菜单栏中的"工具→属性工具→属性汇总"，可弹出如图13-24所示的"属性汇总"对话框。

图 13-24　"属性汇总"对话框

"选择数据"：选择要汇总的简单要素类。

"修改属性结构"：提供了属性结构的"导入/导出""设置默认字段""缺省值"等选项，可添加/删除字段或修改字段属性。

"属性预览"：可浏览简单要素类属性表的所有内容。

"设置参照系"：可以为数据创建新的地理坐标系或投影坐标系。

(2)选择运算方式和属性字段。运算可以是全部实体,也可以勾选"Where"后通过 SQL 语句选择实体。

(3)单击"执行"按钮会对所选的实体进行运算,并在"输出"栏显示运算结果。

**4．属性统计**

属性统计用于对选中的字段进行数学统计分析。操作方法如下:

(1)单击菜单栏中的"工具→属性工具→属性统计",可弹出如图 13-25 所示的"属性统计"对话框。

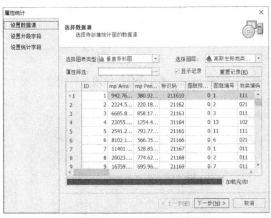

图 13-25 "属性统计"对话框

"选择图表类型":可选择样式库中已定义的统计图模板,实现统计图样式的重复利用和快速设置。

"选择图层":可以选择简单要素类、对象类、注记类。

"属性筛选":通过 SQL 语句对属性字段进行筛选。

"显示记录":勾选该选项后会将属性信息全部显示到下面列表中,反之不显示。

"重置记录":属性列表将还原源数据全部属性记录。

(2)完成"设置数据源"后,单击"下一步"按钮进入"设置分段字段"界面,如图 13-26 所示。

在"字段设置"栏中,选择要分段的字段后设置"分段模式","分段模式"可设置为"一值一类"或"分段分类"。如果选择"一值一类"方式,则可以不设置分段数,直接单击右边按钮,将分段信息显示在列表框中。如果选择"分段分类"方式,就要设置分段数,然后单击右边按钮,将分段信息显示在列表框中。此时还可以设置分段点数据是否左包含和右包含,单击"添加"按钮可以添加分段信息,单击"删除"按钮可以删除分段信息,单击"重置"按钮可以初始化设置信息。

(3)完成"设置分段字段"后,单击"下一步"按钮进入"设置统计字段"界面,如图 13-27 所示。

在"统计字段与统计方式"栏中可以单选/多选统计字段,选择后将显示在右边"条目详情"列表中;在"统计方式"中可以选择计数、频率、求和、表达式、最大值、最小值、平均值、方差等。

"重置统计字段"按钮用于还原初始设置。

图13-26 "设置分段字段"界面

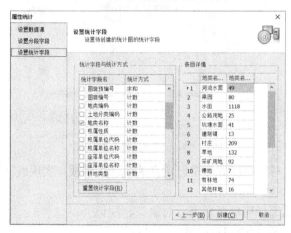

图13-27 "设置统计字段"界面

（4）单击"创建"按钮即可对所选的字段进行统计分析，在如图13-28所示的"统计图"对话框中可以查看统计数据和统计图对话框。

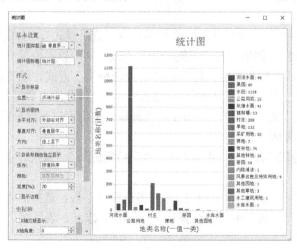

图13-28 "统计图"对话框

## 13.4 如何通过属性值及参数修改地图

MapGIS 10 为用户提供了在参数与参数之间、属性与参数之间,以及属性与属性之间快捷且简便地修改地图的方式。

### 13.4.1 根据参数改参数

根据参数改参数是指用户可以对符合某参数条件的图元参数进行统改。由于线图元、区图元、注记类的根据参数改参数方法与点图元类似,因此这里以点图元为例介绍操作方法。

(1) 在工作空间中右键单击图层,在弹出的右键菜单中选择"统改参数/属性→根据参数改参数",可弹出"根据参数改参数"对话框,如图 13-29 所示。

(2) 在左侧的"统改条件"栏中勾选用于统改的条件参数项并输入相应参数值。

(3) 在右侧的"统改结果"栏中勾选对应的替换参数项并输入相应参数值,单击"确定"按钮。满足统改条件的图元参数将被统一替换为"统改结果"中指定的参数值。如果勾选"修改当前地图的所有点图层",则当前地图中所有符合统改条件的点图层都将参与统改。

图 13-29 "根据参数改参数"对话框

### 13.4.2 根据属性改参数

根据属性改参数是指用户可以对字段属性值符合一定条件的图元参数进行统改。由于点图元、区图元、注记类的属性改参数的方法与线图元类似,因此这里以线图元为例介绍操作方法。

(1) 在工作空间中右键单击图层,在弹出的右键菜单中选择"统改参数/属性→根据属性改参数",可弹出"根据属性改参数"对话框,如图 13-30 所示。

(2) 在左侧的"统改条件"栏中输入简单的 SQL 语句,单击"获取属性值"按钮可以获取选中的属性字段各值，单击"查询测试"按钮可以计算有多少图元符合输入的查询条件。

（3）在右侧的"统改结果"栏中勾选所需统改的线图元参数，并选择相应的参数值。

（4）单击"确定"按钮完成统改操作。

图 13-30 "根据属性改参数"对话框

## 13.4.3 根据参数改属性

根据参数改属性是指用户可以对参数值符合一定条件的图元属性进行统改。由于点图元、线图元、注记类的参数改属性的方法与区图元类似，因此这里以区图元为例介绍操作方法。

（1）在工作空间中右键单击图层，在弹出的右键菜单中选择"统改参数/属性→根据参数改属性"，可弹出"根据参数改属性"对话框，如图 13-31 所示。

图 13-31 "根据参数改属性"对话框

(2) 在左侧的"统改条件"栏中输入相应的参数条件。
(3) 在右侧的"统改结果"栏中添加或统改属性值。
(4) 单击"确定"按钮即可完成统改操作。

### 13.4.4 根据属性改属性

根据属性改属性是指用户可以对属性值符合一定条件的图元属性进行统改。由于点图元、线图元、区图元的属性改属性的方法与注记类类似，因此这里以注记类为例介绍操作方法。

(1) 在工作空间中右键单击图层，在弹出的右键菜单中选择"统改参数/属性→根据属性改属性"，可弹出"根据属性改属性"对话框，如图 13-32 所示。
(2) 在左侧的"统改条件"栏中输入简单的 SQL 语句。
(3) 在右侧的"统改结果"栏中添加或统改属性值。
(4) 单击"确定"按钮即可完成统改操作。

图 13-32 "根据属性改属性"对话框

## 习题 13

(1) 给某一图层创建属性字段 A，并且使其属性值依次为 5、10、15、20…。
(2) 如何快速从武汉学校中筛选出小学与大学？示例数据为武汉学校。
(3) 如何将武汉政府机关表中的属性附加到武汉政府机关点图层属性表上？示例数据为武汉政府机关点数据、武汉政府机关表。
(4) 在 MapGIS 10 中，如何将点文件横坐标值、纵坐标值赋值到属性表中？
(5) 在 MapGIS 10 中，如何利用"统改参数/属性"功能修改地图？

# 第 14 章

# 误差校正及坐标转换

机助制图是指利用计算机来实现制图，将普通图纸上的图件转化为计算机可识别处理的图形文件。机助制图主要可分为编辑准备阶段、数字化阶段、计算机编辑处理和分析实用阶段、图形输出阶段等。在各个阶段中，图形数据始终是机助制图数据处理的对象，它用来描述来自现实世界的目标，具有定位、定性、时间和空间关系（包含、联结、邻接）的特征。其中定位是指在一个已知的坐标系里，空间实体都具有唯一的空间位置。但在图件数字化输入的过程中，由于操作误差、数字化设备精度、图纸变形等因素，往往会使输入后的图形与实际图形所在的位置存在偏差，即存在误差。虽然有些图元经编辑、修改后可满足精度要求，但有些图元由于位置发生偏移，即使经过编辑也很难达到实际要求的精度，此时说明图形经扫描输入或数字化输入后存在着变形或畸变。出现变形的图形，必须经过误差校正，清除变形或畸变后才能满足实际要求。

## 14.1 矢量地图的误差校正

一般情况下，数据编辑处理只能消除或减少在数字化过程中因操作产生的局部误差或明显误差，但由图纸变形和数字化过程的随机误差所产生的影响，必须经过几何校正才能消除。造成图形变形的原因很多，对于不同因素引起的误差，其校正方法也不同，具体采用何种方法应根据实际情况而定，因此，在设计系统时，应针对不同的情况，采用不同的校正方法。

MapGIS 10 提供了手动、自动、批量误差校正的方法，用户可以根据不同的数据情况和需求来选择。

### 14.1.1 手动误差校正

手动误差校正是指用户通过交互的方式，人为地选择多组实际控制点和理论控制点，从而来进行误差校正。其操作方法如下：

单击菜单栏中的"工具→校正工具→矢量校正"，此时的误差校正窗口如图 14-1 所示，左侧为实际值图层显示窗口，右侧为理论值图层显示窗口，下方为控制点列表显示窗口。

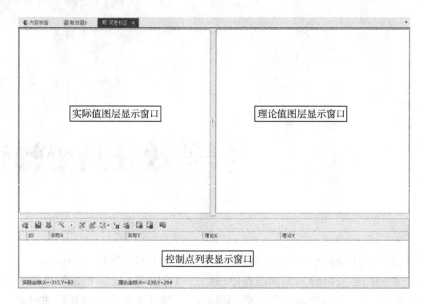

图 14-1　误差校正窗口

图 14-2　"数据设置"对话框

（1）单击"▦"（图层管理）按钮可弹出如图 14-2 所示的"数据设置"对话框。在该对话框中可添加原始图层（实际值图层）及参考图层（理论值图层），并将图层状态设置为"采集"。

（2）在图层添加完毕后，开始添加控制点。控制点采集包括实际控制点采集和理论控制点采集。

① 实际控制点采集（在左侧实际值图层在显示窗口中采集）：单击所选的控制点位置，可弹出如图 14-3 所示的"添加控制点"对话框，参数设置完毕后单击"确定"按钮即可采集该控制点。实际值图层中需选择至少 3 个控制点。

"实际 X 坐标""实际 Y 坐标"：正在实际值图层上通过鼠标采集的控制点的坐标值。

"直接输入"：在"理论 X 坐标""理论 Y 坐标"中直接输入理论值。

"输偏移值"：在"理论 X 坐标""理论 Y 坐标"中输入实际值与理论值的偏移量。若有理论控制点坐标，可在该对话框的"理论 X 坐标""理论 Y 坐标"中直接输入对应于该实际控制点的理论控制点坐标；若没有，可先不做改动（系统默认理论值等于实际值），用户可在理论控制点采集中得到理论控制点坐标。

② 理论控制点采集（在右侧理论值图层显示窗口中采集）：单击理论图层上对应于实际控制点的位置，可弹出如图 14-4 所示的"理论控制点"对话框，输入该理论点对应的实际点

ID（表示将此实际点校正为该理论值），单击"确定"按钮即可完成实际点与理论点的匹配，依次完成剩余控制点的匹配。

图 14-3 "添加控制点"对话框

图 14-4 "理论控制点"对话框

控制点采集结果如图 14-5 所示。

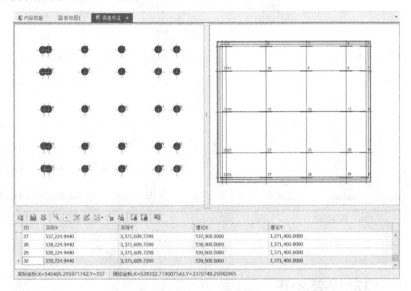

图 14-5 控制点采集结果

（3）控制点采集完毕，单击"　"按钮保存控制点文件。

（4）单击"　"按钮，可弹出如图 14-6 所示的"矢量校正"对话框，完成各项参数设置后，单击"校正"按钮后 MapGIS 10 将自动完成校正。

"源矢量类"：用于加载待校正文件，即实际值图层。

"目的矢量类"：用于设置结果数据的保存路径及名字（若勾选"目的矢量类同源矢量类"，则结果将直接覆盖原实际值图层）。

"根据表达式计算"：可通过输入的数学表达式进行校正。

"根据控制点校正""控制点文件"：用于加载控制点文件（如上一步保存的控制点文件）进行校正；"计算方法"用于选择相应的方法。

"校正完成后关闭对话框"：勾选该选项后，校正完成将自动关闭该对话框。

手工误差校正结果如图 14-7 所示。

图 14-6 "矢量校正"对话框

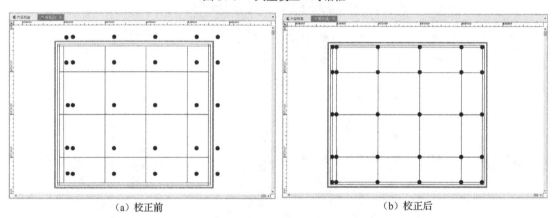

(a) 校正前　　　　　　　　　　　　　　　(b) 校正后

图 14-7 手动误差校正结果

## 14.1.2 自动误差校正

MapGIS 10 可自动采集实际控制点和理论控制点,从而完成误差校正。自动误差校正要求要进行实际控制点和理论控制点采集的图层文件简单、控制点分布均匀清晰,以便于计算机自动搜索。具体操作方法和手动误差校正操作步骤类似,下面就不同的地方进行讲解。

(1) 图层添加完毕后,开始添加控制点,单击" "(自动提取控制点)下拉按钮,在下拉菜单中选择"自动提取实际控制点",若采集成功则可弹出如图 14-8 所示的对话框。

(2) 单击" "(自动提取控制点)下拉按钮,在下拉菜单中选择"自动提取理论控制点",若采集成功则可弹出如图 14-9 所示的对话框。

图 14-8　自动提取实际控制点的"提示"对话框　　　图 14-9　自动提取理论控制点的"提示"对话框

控制点采集结果如图 14-10 所示。

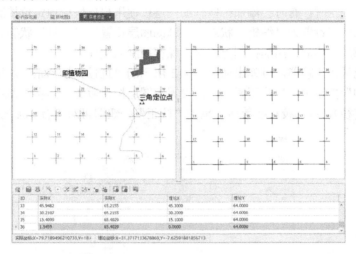

图 14-10　控制点采集结果

之后的操作步骤可参考手动误差校正。

### 14.1.3　批量误差校正

批量误差校正适用于一次处理多个文件的误差校正，操作方法类似于手动误差校正，具体操作方法如下：

（1）单击菜单栏中的"工具→校正工具→矢量校正"。

（2）在误差校正窗口中单击选择"　"（图层管理）按钮，可弹出如图 14-11 所示的"数据设置"对话框，在该对话框中添加原始图层（实际值图层）及参考图层（理论值图层）。

图 14-11　"数据设置"对话框

注意：在进行误差校正过程中，选取控制点时只能捕捉矢量数据的点，不可任意点选控制点位置。执行校正时，有时会添加一些辅助图层以便用户更快捷地定位控制点。因此需要将添加控制点的图层设置为"编辑"状态，将辅助图层设置为"可见"状态。

（3）图层添加完毕后，添加控制点，然后保存控制点文件。

（4）选择批量校正功能，可弹出如图 14-12 所示的"批量矢量校正"对话框。在该对话框中单击"添加"按钮可添加校正源数据，设置各图层校正后文件的存储路径（可以选择统改校正后保存路径），选择校正参数后，单击"校正"按钮即可对所有添加的图层进行校正。

图 14-12 "批量矢量校正"对话框

批量误差校正结果如图 14-13 所示。

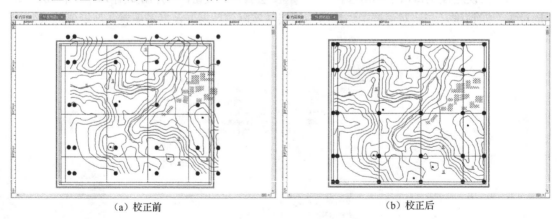

(a) 校正前　　　　　　　　　　　　　　(b) 校正后

图 14-13 批量误差校正结果

## 14.2 地图整图变换

整图变换可对当前地图文档中处于"编辑"状态的图层进行平移、旋转等操作。MapGIS 10 提供两种整图变换方式：交互式整图变换和键盘定义整图变换。

## 14.2.1 交互式整图变换

通过鼠标绘制来读取变换的参数，可对当前地图进行平移、旋转等操作。
（1）在工作空间中将待操作的图层设置为"编辑"或"当前编辑"状态。
（2）单击菜单栏中的"通用编辑→整图变换→交互式"，在数据视图中使用鼠标拖出一条橡皮线。
（3）弹出如图 14-14 所示的"图形变换"对话框，用鼠标指针所定义的参数被置入该对话框中。
（4）修改相关参数后单击"确定"按钮，即可对地图进行行变换操作，此时需在地图视图更新窗口中查看结果。

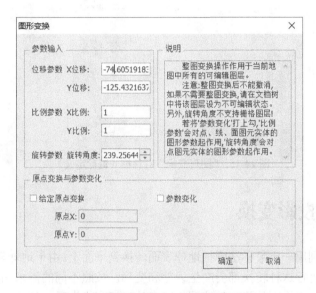

图 14-14 "图形变换"对话框（交互式）

## 14.2.2 键盘定义整图变换

通过键盘输入相应参数对当前地图进行平移、旋转等操作。
（1）将当前地图下需要进行变换的图层设为"编辑"或"当前编辑"状态。
（2）单击菜单栏中的"通用编辑→整图变换→键盘定义"，可弹出如图 14-15 所示的"图形变换"对话框。
（3）修改相关参数后单击"确定"按钮，即可对地图进行行变换操作，此时需在地图视图更新窗口中查看结果。
在"参数输入"栏中，"位移参数"可根据输入的相对位移量，将图形移到相应的位置；"比例参数"可以将图形放大或缩小，输入"X 比例""Y 比例"后，MapGIS 10 将按输入的参数对图形进行变换；"旋转参数"可以将图形围绕坐标原点旋转，当"旋转角度"设为正值时进行逆时针旋转，设为负值时进行顺时针旋转。

在"原点变换与参数变化"栏中,勾选"给定原点变换"选项后,可通过"原点 X""原点 Y"输入的参数改变旋转时的原点坐标;若不勾选,则"旋转参数"中的旋转中心点为(0,0)。勾选"参数变化"选项后,在进行图元变换时,不仅位置坐标会跟着变换,其对应的图元参数也会跟着变化,如高度、宽度。

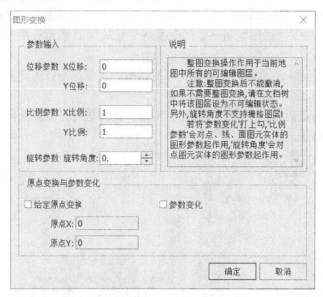

图 14-15 "图形变换"对话框(键盘定义)

## 14.3 地图投影变换

地图投影是指利用一定数学法则把地球表面转换到平面上。由于地球表面不可二维展开,所以采用数学方法进行这种转换都会产生误差和变形。按照不同的需求缩小误差,就产生了各种投影方法。投影变换则是将一种地图投影点的坐标变换为另一种地图投影点的坐标的过程。地图投影如图 14-16 所示。

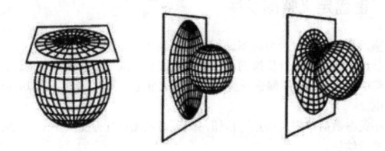

图 14-16 地图投影

我国常用的地理坐标系及其参数如表 14-1 所示。

表 14-1 我国常用的地理坐标系及其参数

| 地理坐标系<br>地球椭球 | 1954 北京坐标系 | 1980 西安坐标系 | WGS-84 坐标系 | 2000 国家<br>大地坐标系 |
|---|---|---|---|---|
| 椭球名称 | 克拉索夫斯基椭球 | IAG1975 椭球 | WGS-84 椭球 | CGCS2000 椭球 |
| 建成年代 | 50 年代 | 1982 | 1984 | 2008 |
| 椭球类型 | 参考椭球 | 参考椭球 | 总地球椭球 | 总地球椭球 |
| 椭球长轴 $a$/m | 6378245 | 6378140 | 6378137 | 6378137 |
| 椭球扁率 $f$ | 1:298.3 | 1:298.257 | 1:298.257223563 | 1:298.257222101 |

MapGIS 10 提供了单点投影、批量投影和地理转换参数设置等功能。其中，单点投影适用于单个点的投影变换；批量投影适用于单个或多个数据的投影变换；地理转换参数设置可以设置并求解不同椭球间的转换参数（如三参数法直角平移法、七参数 Bursawol 法）。

### 14.3.1 单点投影

单点投影支持在不同椭球体内的投影。单点投影需要具备三个基本条件：源数据具有空间参照系、已知目的投影坐标系、已知源数据中的点坐标。例如，将"高斯大地坐标系_西安_80_38 带 3_北"中的坐标为（563000，3374000）的点投影到"高斯大地坐标系_西安 80_39 带 3_北"上去，具体操作方法如下：

（1）单击菜单栏中的"工具→投影变换→单点投影"，可弹出如图 14-17 所示的"单点投影"对话框。

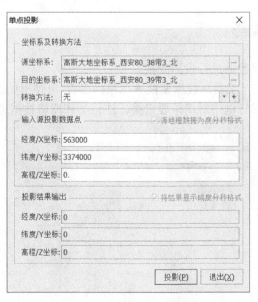

图 14-17 "单点投影"对话框

（2）在"单点投影"对话框中的"输入源数据投影点"中输入数据，在"经度/X 坐标"中输入"563000"，在"纬度/Y 坐标"中输入"3374000"，在"高程/Z 坐标"中输入"0"。

（3）单击"源坐标系"后的"…"按钮，设置输入数据的空间参照系，这里选择"高斯大地坐标系_西安80_38带3_北"。

（4）单击"目的坐标系"后的" ⋯ "按钮，设置结果数据的空间参照系，这里选择"高斯大地坐标系_西安80_39带3_北"。

（5）单击"投影"按钮，可在"投影结果输出"中查看输入数据的投影结果，如图14-18所示。

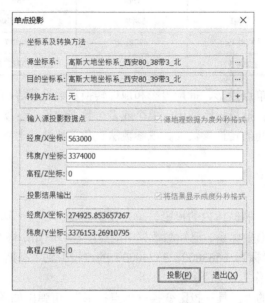

图 14-18　单点投影结果

## 14.3.2　批量投影

批量投影用于对批量数据进行投影变换。

（1）单击菜单栏中的"工具→投影变换→批量投影"，可弹出如图14-19所示的"批量投影"对话框，可以在该对话框中对简单要素类、注记类和栅格数据进行投影变换。

图 14-19　"批量投影"对话框

（2）单击" "按钮，可添加需要进行投影转换的数据（可选择多个数据），选择的数据将显示在"批量投影"对话框中。

（3）设置投影参数：设置目的参照系、目的数据名、目的数据目录。单击" "按钮，可在弹出的"修改数据"对话框（见图 14-20）中进行修改。

"统改目的数据名称"：用于修改目的数据名，在数据名称前或后添加前缀或后缀。

"统改目的参照系"：勾选"统改参照系"选项后，可统一设置目的参照系。

"统改 MapGIS 目的数据目录"：用于设置数据库结果保存路径。

"统改 Windows 目的数据目录"：用于设置本地文件结果保存路径。

（4）完成设置后单击"投影"按钮即可开始投影。

若添加投影的数据为栅格数据，其他操作可参考以上步骤，不同之处在于"参数"栏的设置，单击"参数"栏下的" "按钮，可弹出如图 14-21 所示的"影像投影参数"对话框。

图 14-20 "修改数据"对话框

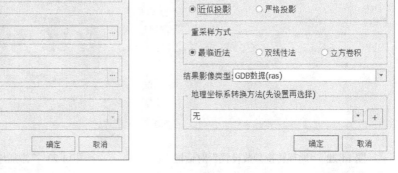

图 14-21 "影像投影参数"对话框

"投影方式"提供两种投影方式，用户可根据实际情况选择相应的方法，近似投影的耗时少，但投影结果没有严格投影精确。

"重采样方式"：提供三种重采样方式，用户可针对不同的数据选择最合适的重采样方式。

"结果影像类型"：用于选择结果数据的保存格式。默认为"GDB 数据（ras）"，即默认保存为数据库中的栅格数据集；若想保存为*.msi、*.tif、*.img、*.pix、*.evi 格式，需改变此类型。

### 14.3.3 地理转换参数设置

地球是一个凹凸不平的不规则椭球，但在 GIS 应用中，通常会将地球假设为一个规则的椭球，用这个椭球来描述地球表面。目前常用的椭球有 WGS-84 椭球、IAG1975 椭球、克拉索夫斯基椭球、CGCS2000 椭球等。不同的椭球的长/短轴有所不同，导致同一个点在不同椭球上的坐标略有差异。不同椭球之间的转换需要设置地理转换参数。

（1）单击菜单栏中的“工具→投影变换→地理转换参数设置”，可弹出如图 14-22 所示的“地理转换参数设置”对话框。

若该对话框中“转换项”中已有现存的转换项，可单击“修改”按钮对选中的某转换项进行修改，修改结束后单击“应用”按钮可保存修改；也可单击“删除”按钮删除选中的转换项。

若该对话框中“转换项”中没有转换项，用户可添加新的转换项，可单击“添加”按钮可弹出如图 14-23 所示的“添加地理转换项”对话框，在该对话框内完成相关设置后，单击“确定”按钮即可完成转换项的设置，新的转换项将添加到“地理转换参数设置”对话框中“转换项”列表下。

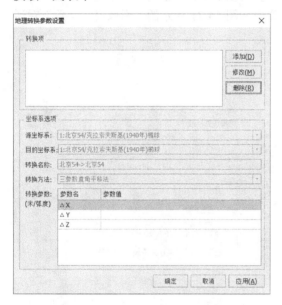

图 14-22 “地理转换参数设置”对话框

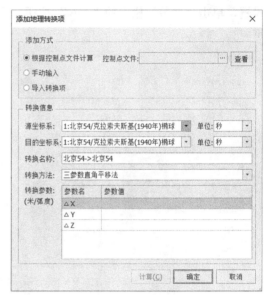

图 14-23 “添加地理转换项”对话框

目前 MapGIS 10 提供了三种添加地理转换项的方式：

选择“根据控制点文件计算”后，用户可单击加载已有的.cpt 格式的控制点文件（此时可单击“查看”按钮查看文件内容），设置好坐标系以及转换方式后单击“计算”按钮即可得到“转换参数”列表下相应的参数值。

控制点.cpt 文件记录了用于计算转换参数的控制点信息。控制点文件示例如图 14-24 所示，此控制点文件只是示例数据，与实际控制点坐标有偏差。

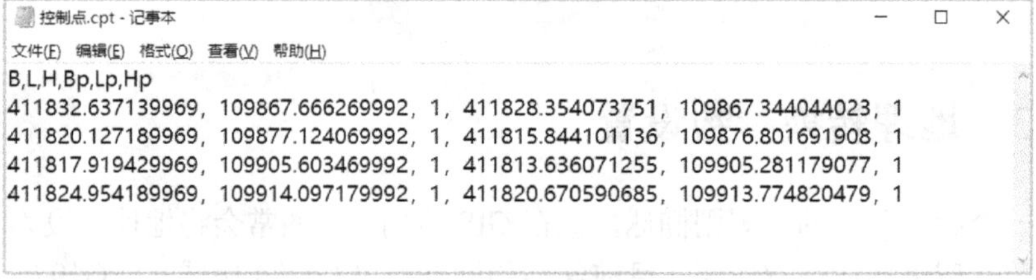


```
B,L,H,Bp,Lp,Hp
411832.637139969, 109867.666269992, 1, 411828.354073751, 109867.344044023, 1
411820.127189969, 109877.124069992, 1, 411815.844101136, 109876.801691908, 1
411817.919429969, 109905.603469992, 1, 411813.636071255, 109905.281179077, 1
411824.954189969, 109914.097179992, 1, 411820.670590685, 109913.774820479, 1
```

图 14-24 控制点文件示例

控制点文件中第一行为标题栏，格式统一为"B，L，H，Bp，Lp，Hp"，分别代表原控制点经度、原控制点纬度、原控制点高程、参考控制点经度、参考控制点纬度、参考控制点高程。后面每一行代表一组控制点文件信息，其值分别为原控制点经度、原控制点纬度、原控制点高程、参考控制点经度、参考控制点纬度、参考控制点高程。

选择"手动输入"后，用户在设置好坐标系以及选好转换方法后，手动在"转换参数"列表中输入参数值。

选择"导入转换项"后，用户可将保存有转换项的文件（格式为.dat，默认存放路径为"MapGIS 10\Program\Config\Projection"）直接加载进来。

"源坐标系"和"目的坐标系"：用于根据进行投影转换的数据来设置源坐标系和目的坐标系对应的椭球体，MapGIS 10 提供了 116 种椭球。

"转换名称"：用于设置转换的椭球名称，是一个标识，可以任意填写。

"转换方法"：可选择不同的转换方法，MapGIS 10 提供了三参数直角平移法、七参数 Bursawol 法、小区域微分平展法、三参数经纬平移法、二维平面坐标转换法，共 5 种方法。对于不同的方法，要在"转换参数"列表下设置相应的参数值。

"转换参数（米/弧度）""参数值"中的"$\Delta X$""$\Delta Y$""$\Delta Z$"为平移值，单位为米；"Wx""Wy""Wz"为旋转角，单位为弧度；Dm 为尺度比例因子，无单位。各数值由用户进行设置。

（2）完成相关参数设置后，单击"确定"按钮可保存转换参数信息。在进行投影变换时，可根据不同椭球的转换要求选择对应的转换参数信息。

## 习题 14

（1）图形数据误差有哪三类？分别是什么？

（2）使用 MapGIS 10 对示例数据进行误差校正。示例数据为矢量校正。

（3）使用 MapGIS 10 将示例数据中的两幅不同带号的地类图斑合为一幅。示例数据为 39 号带和 40 号带。

（4）在日常实践中，根据具体的情境要求，需要在数据中去掉或者加上带号。请使用 MapGIS 10 中的整图变换功能，给示例数据加上带号。示例数据为高斯坐标地类图斑。

（5）根据示例数据控制点计算参数，并且生成转换项。示例数据为模拟七参数。

# 第15章 栅格地图配准

## 15.1 标准分幅栅格地图配准

标准图幅校正主要是对国家绘制的标准地形图进行操作。由于早期标准地形图以纸质形式保存,为便于统一管理和分析应用,将其扫描为电子地图后,可利用标准图幅进行校正操作,将图幅校正为正确的地理坐标的电子图幅。在标准图幅校正的过程中,不仅可以为标准地形图赋上正确的地理坐标,也可对扫描时造成的误差进行修正。

(1)单击菜单栏中的"工具→栅格校正→标准图幅校正",此时工作界面会变为三个视图窗,左侧为校正影像显示窗口,右侧为校正文件局部放大显示窗口,下边为控制点列表显示窗口,如图15-1所示,并可弹出"标准图幅校正"对话框(见图15-1左上角)。

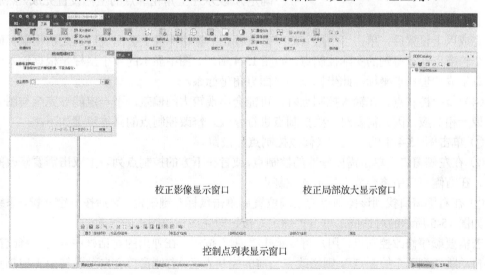

图15-1 "标准分幅校正"对话框

(2)在"标准图幅校正"对话框中,单击"校正图层"右边的"▤"按钮,可添加待校正的标准栅格数据,单击"下一步"按钮后,在新的对话框中输入图幅号等参数,如图15-2所示。

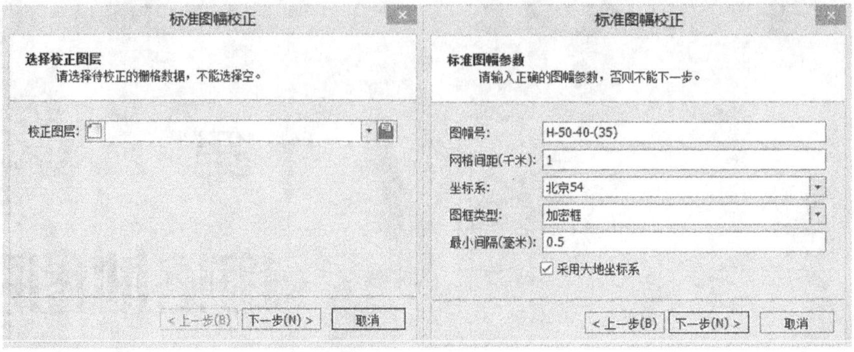

图 15-2 设置图幅参数

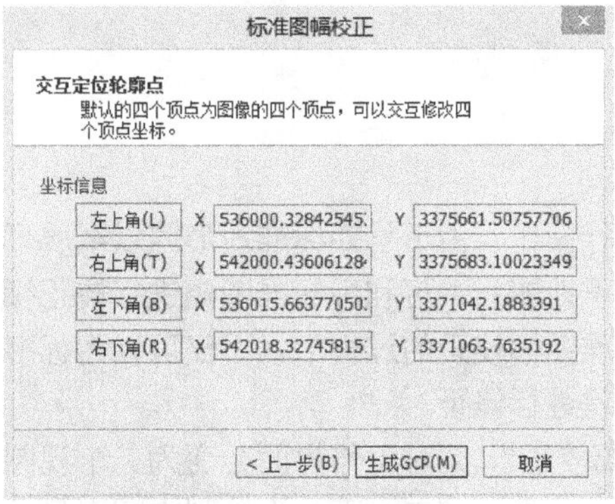

图 15-3 定位轮廓点

（3）图幅信息设置完毕之后单击"下一步"按钮，系统会根据图幅号自动计算 4 个轮廓点的坐标，如图 15-3 所示，用户需手动在图形上定位轮廓点，建立理论值点坐标和实际值点坐标的对应关系。

利用放大（快捷键为 F5）、缩小（快捷键为 F7）、移动（快捷键为 F6）等基本操作在图像上确定 4 个轮廓点的位置。以定位左上角的轮廓点为例：首先单击"左上角"按钮，然后利用放大、缩小、移动等操作在"校正局部放大显示窗口"中找到图像左上角轮廓点的精确位置，单击该处时会出现一个红色的"+"（颜色由"视图设置"中的"中心点颜色"确定），表示左上角轮廓点的坐标设置完成，然后单击"右上角""左下角""右下角"按钮，依次完成其他 3 处轮廓点坐标的设置。

完成以上设置后，单击"生成 GCP"，待校正的栅格图像上会出现通过之前用鼠标确定的 4 个轮廓点计算得到的实际控制点，如图 15-4 所示，图中显示的 4 个坐标是根据输入的图幅信息生成的理论点坐标，此坐标系为平面直角坐标系。

（4）修改控制点。在输入控制点时，可能会出现较大的偏差，不一定能够完全与图像正确的像元相对应，因此需要对一些控制点进行修改。修改控制点的具体步骤如下。

① 单击图 15-4 中的""按钮。

② 在左侧窗口上单击需要修改的控制点，或者在下方的控制点列表中双击需要修改的控制点，在右侧窗口中将会放大显示该控制点。

③ 在右侧窗口找到该控制点的正确位置后单击鼠标左键确定，然后按下空格键，系统会弹出如图 15-5 所示的对话框，单击"确定"按钮即完成该控制点的修改。

若需要顺序修改控制点，用户可以单击"![]"按钮，在弹出的对话框中勾选"修改控制点后自动跳转到下个控制点"，则修改完当前的控制点后，右侧窗口会自动跳转至下控制点并放大显示。若在修改过程中遇到控制点的位置正确，可直接按空格键来确认该控制点。

（5）校正。修改完所有的控制点后，用户可以单击"![]"按钮来计算残差，若结果满足控制点的校正精度，可单击"![]"（校正）按钮，弹出如图 15-6 所示的"校正参数"对话框，设置校正参数后单击"确定"按钮，即可自动开始校正。

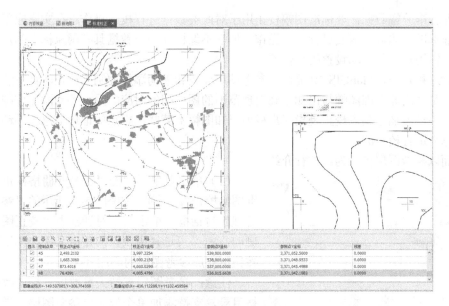

图 15-4 得到实际控制点

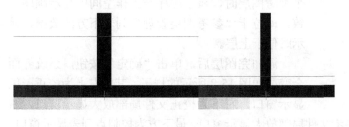 

图 15-5 修改控制点

图 15-6 "校正参数"对话框

## 15.2 非标准分幅栅格地图配准

非标准图幅是相对标准图幅而言的,通常将没有严格按照国家统一分幅标准制定的数据统称为非标准分幅数据，非标准图幅校正用于对此类数据进行校正操作。在实际应用中，存在很多非标准分幅数据需要进行校正操作，但它不像标准分幅数据具有国家标准制定的控制点信息，需用户进行手动设置校正位置。

针对这种数据，MapGIS 10 提供了参考图层校正和手动添加控制点校正两种方法。参考图层校正是利用非标准图幅与已知正确地理范围的图层间的对应关系，手动添加控制点进行校正的。手动添加控制点校正是指用户根据已知图幅上某些标志点的地理信息，手动输入控制点信息来进行校正的。

下面以参考图层校正为例进行介绍。

图 15-7  设置参考图层

（1）单击菜单栏中的"工具→栅格校正→非标准图幅校正"，可弹出如图 15-7 所示的"参考图层管理"对话框。单击在该对话框中"校正图层"右侧的" "可选择需校正的栅格文件，单击"添加"按钮可完成参考图层的添加。

注意：参考图层支持矢量数据、栅格数据、栅格目录，支持添加单个或多个参考图层。当添加多个参考图层时，显示顺序与工作空间中显示顺序一致，即位于"参考图层管理"列表下方的数据，显示时位于上层。

添加完图层后，单击"确定"按钮，系统界面会变成如图 15-8 所示的样子，其中左上为校正影像显示窗口，左下为校正文件局部放大显示窗口，右上为参考文件显示窗口，右下为参考文件局部放大显示窗口，最下方为控制点列表显示窗口。

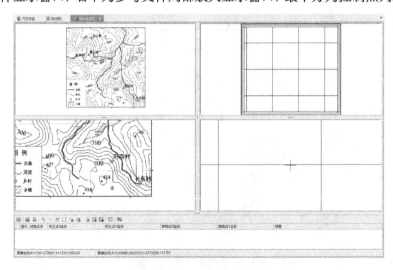

图 15-8  非标准图幅校正界面

（2）添加控制点。分别在待校正图层和参考图层上选择对应的控制点，按空格确认，如图 15-9 所示。

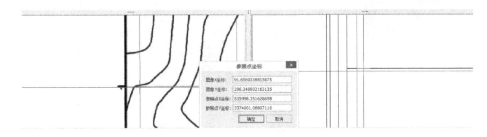

图 15-9　添加控制点

（3）依次添加至少 4 组控制点，添加完毕后，用户可单击"　"按钮可检查残差是否过大，若一切正常，单击"　"按钮，在弹出的"校正参数"对话框中设置校正参数（参数信息可参考标准图幅校正），单击"确定"按钮即可自动开始校正。

## 习题 15

（1）假设现在有一幅栅格影像需要校正，它既没有图幅号，也没有参照文件，但是有坐标点信息，请问应采用哪种校正方式？并说明详细步骤。

（2）若一幅影像横跨了两幅及以上标准图幅框，那这幅影像还是标准图幅影像吗？为什么？

（3）在进行标准图幅校正时，勾选大地坐标系与不勾选有什么区别？

（4）在进行标准图幅校正时，图框类型加密框与四点框有什么区别？

（5）在进行标准图幅校正时，怎样确定选择坐标系？

# 第16章 栅格影像的处理分类

## 16.1 AOI 编辑

感兴趣区域（Area Of Interest，AOI）编辑作为辅助工具，提供了编辑影像中 AOI 的功能，通过定义不同类型的 AOI 可以进行相关的影像处理，例如定义分类训练 AOI 来进行分类分析，定义裁剪 AOI 以进行裁剪处理。

（1）单击菜单栏中的"分析→影像分析→影像分类→AOI 编辑"，可弹出"AOI 编辑"窗口，如图 16-1 所示。

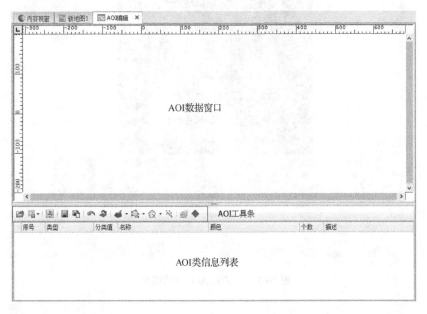

图 16-1 "AOI 编辑"窗口

（2）单击" "（打开栅格数据）按钮可添加栅格影像，用户可在 AOI 数据窗口查看打开的影像数据，若该数据本身有 AOI 类信息，则下方的 AOI 类信息列表中将显示该信息。AOI 类信息列表的各参数如图 16-2 所示。

| 序号 | 类型 | 分类值 | 名称 | 颜色 | 个数 | 描述 |
|---|---|---|---|---|---|---|
| 1 | 分类AOI | 1 | 水系 | 0, 0, 255 | 26 | 水系 |
| 2 | 分类AOI | 2 | 农田 | 0, 255, 128 | 8 | 农田 |
| 3 | 分类AOI | 3 | 林地 | 0, 128, 0 | 3 | 林地 |
| 4 | 分类AOI | 4 | 城市 | 128, 128, 128 | 3 | 城市 |

图 16-2　AOI 编辑各参数

"类型"分为分类 AOI 和裁剪 AOI。分类 AOI 用于在影像分类时构建分类样本，可将每一个类构建一个对应的分类 AOI，并绘制若干样本 AOI。在执行分类时，可根据这些样本 AOI 的像元值范围对整个影像进行分类处理。裁剪 AOI 用于限制栅格数据的显示范围，只有裁剪 AOI 范围内的数据可显示。

注：裁剪 AOI 只是影响数据的显示范围，不会影响分析等操作范围。

"名称""描述"：可在名称下输入该类的名字，描述用于说明该类。

"颜色"：用于设置该类下 AOI 的颜色，可单击修改。

"个数"：用于设置该类下 AOI 的个数，不可修改，系统会根据各类的 AOI 个数自动计算。

（3）单击图 16-1 中的""（分类管理）按钮可进行新建类，依次输入类型、名称、颜色、描述等信息。

（4）单击之前新建的类，在栅格影像上用""（区工具）按钮来生成区。

（5）添加好所有类的 AOI 后，单击图 16-1 中的""（保存）按钮，可保存结果，生成后的结果如图 16-3 所示。

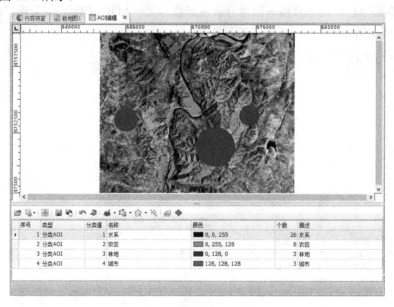

图 16-3　添加完 AOI 后的结果

## 16.2　栅格影像重采样

由于在不同的应用实例中，对栅格影像分辨率的要求有所差异，因此可通过影像重采样，利用高分辨率栅格影像直接获取低分辨率的栅格影像，而不用再次进行外业采集。

MapGIS 10 提供了 4 种重采样的方法：最邻近法、双线性法、三次立方和双三次样条法。栅格影像重采样的操作方法如下：

（1）将栅格影像设置为"当前编辑"状态，单击菜单栏中的"栅格编辑"→"重采样"，可弹出如图 16-4 所示的"栅格重采样"对话框。

（2）在"栅格重采样"对话框中添加需要处理的栅格数据。在"输入数据"右侧的下拉箭头可以选择已添加到当前工作空间中的数据；单击"输入数据"右侧的"📁"（打开文件）按钮，可在弹出的"打开文件"对话框中打开其他位置的栅格数据。

（3）设置采样结果数据参数。这里的采样方式有两种：输入采样后行列值或分辨率。

"行列值"：可以自定义输入采样后的行列值。若勾选"保持影像高宽比例不变"，则只需要输入行列值中的一个，另一个会按比例计算得出；输入行列值后，分辨率的"X""Y"也会被自动计算出来。

"分辨率"：可以自定义输入采样后的分辨率。同样，若勾选"保持影像高宽比例不变"，在输入"X""Y"的任意一个后，另一个会按比例自动生成，行列值也会自动生成。分辨率是栅格影像一个像元代表的刻度距离，刻度距离越大，分辨率就越小。

图 16-4 "栅格重采样"对话框

（4）完成栅格数据采样参数的设置，输入采样结果的存储位置，单击"确定"按钮即可完成数据的重采样。若在设置参数时勾选了"添加到地图文档"，则采样后的结果会自动添加到当前的地图文档中。

## 16.3 栅格影像镶嵌

栅格影像镶嵌即栅格数据的拼接处理，用于将具有相同地理参照系的若干相邻图像合并成一幅栅格影像或一组栅格影像。

栅格影像镶嵌的应用范围较为广泛，针对不同的栅格数据，需进行的镶嵌设置也有所不同，待镶嵌的栅格数据越复杂，要设置的镶嵌参数就越多。栅格影像镶嵌主要包括添加栅格数据、设置镶嵌参数、设置镶嵌范围、色彩改正、显示设置、栅格镶嵌。

（1）单击菜单栏中的"栅格编辑→镶嵌"，可弹出如图 16-5 所示的"栅格镶嵌"对话框。

（2）添加栅格数据。在"栅格镶嵌"对话框的工具栏中，单击"➕"（增加）按钮，可在弹出的"打开文件"对话框中添加本地数据库中的栅格数据，也可以添加其他位置的栅格数据。可以在镶嵌数据列表里查看所添加的栅格数据，包括在镶嵌视图里所对应的栅格序号、栅格数据、色彩改正、接边方式，如图 16-6 所示。

图 16-5 "栅格镶嵌"对话框

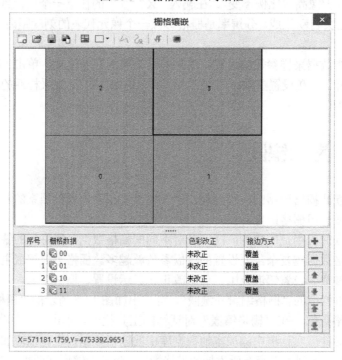

图 16-6 镶嵌数据列表中添加的栅格数据

（3）设置镶嵌参数。单击"栅格镶嵌"对话框菜单栏中的"▦"（拼接设置）按钮，可弹出如图 16-7 所示的"拼接设置"对话框。在该对话框中，勾选待添加的栅格数据后，可对相应的栅格数据进行镶嵌参数设置。在选择栅格数据时，可以手动逐个勾选，也可以单击"全选""反选"按钮进行快速选择。完成镶嵌参数设置后单击"确定"按钮可返回到"栅格镶嵌"对话框。完成拼接设置后的结果如图 16-8 所示。

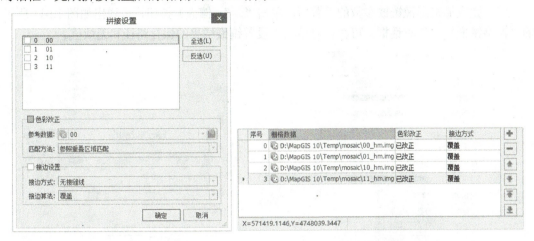

图 16-7　"拼接设置"对话框　　　　图 16-8　完成拼接设置后的结果

（4）添加接缝线。在"拼接设置"对话框中，若"接边方式"设置为"有接缝线"，则可在相应栅格影像的接边处绘制接缝线。需要注意的是，在添加接缝线时，必须在镶嵌数据列表中选中相应的栅格影像，才能进行接缝线的添加。如果接缝线的两个端点已固定在重叠区域的两个角点，则可通过单击鼠标左键在重叠区域设置接缝线的其他端点，单击鼠标右键可确定端点。注意此时只能在重叠区域进行操作，重叠区外是无法进行操作的。

（5）设置镶嵌范围。设置镶嵌范围是指对镶嵌的栅格影像选择一个输出范围。单击"　"（镶嵌范围）按钮即可设置镶嵌范围。MapGIS 10 提供了 4 种输出范围，即选择最大范围、交互选择矩形范围、交互选择多边形范围和导入外部矢量数据范围。使用"交互选择矩形范围"如图 16-9 所示。

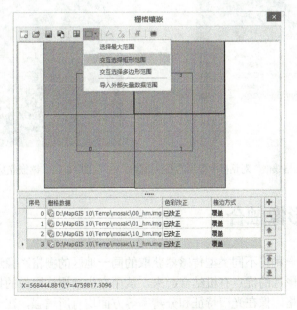

图 16-9　使用"交互选择矩形范围"

（6）设置镶嵌数据的显示。添加好数据后，可以设置数据在"栅格镶嵌"对话框中的显示模式。单击"■"（视图）按钮，可弹出如图16-10所示的"视图设置"对话框。

（7）完成栅格影像镶嵌参数的设置后，单击"■"（镶嵌）按钮，可弹出如图16-11所示的"栅格镶嵌输出"对话框，可在该对话框中设置镶嵌结果的保存路径和无效值。

图16-10 "视图设置"对话框

图16-11 "栅格镶嵌输出"对话框

栅格影像镶嵌的结果如图16-12和图16-13所示。

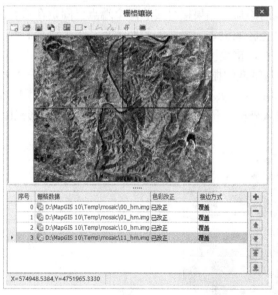

图16-12 设置完成后"栅格镶嵌"对话框中显示的栅格影像

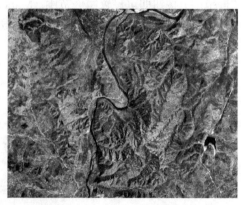

图16-13 镶嵌完成后的栅格影像

## 16.4 栅格影像融合

栅格影像融合是一种将不同类型传感器获取的同一地区的栅格影像进行空间配准，并采用一定算法将各栅格影像的优点有机结合起来，从而产生新栅格影像的技术。融合后的栅格影像较融合前单一栅格影像在光谱特征和分辨率等方面均有所增强，在土地动态监测、影像判读等领域有着广泛的应用。

（1）单击菜单栏中的"栅格编辑→融合→影像融合"，可弹出如图 16-14 所示的"多源影像融合"对话框。

图 16-14 "多源影像融合"对话框

（2）在"多源影像融合"对话框中输入进行融合的全色影像，这里要求输入全色影像，即进行融合的影像具有较高的分辨率，然后输入多光谱影像。

（3）选择融合方法。MapGIS 10 提供了五种融合的方法：加权融合法、IHS 彩色空间变换融合、基于小波的 IHS 变换融合、基于小波的特征融合、PCA 变换融合。

（4）设置好参数之后，输出融合结果。

## 16.5 栅格影像裁剪

栅格影像裁剪是指根据用户的需求、按照一定的方法，在原始栅格影像中提取所需的部分栅格影像，新生成的裁剪影像包含了与原栅格影像相交部分的所有像素。

（1）单击菜单栏中的"栅格编辑→裁剪"，可弹出如图 16-15 所示的"栅格裁剪"对话框。

（2）在"栅格裁剪"对话框中设置待裁剪的栅格影像。在"输入\输出设置"栏中，设置"源文件""波段"，对于栅格影像数据，可以选择对三个波段全部裁剪的方式。选定源文件后，会在"显示"窗口中显示栅格影像。在"设定裁剪区域"栏中，选择"裁剪模式"，可以选择"用户输入范围""按分块数目""按分块大小""AOI 区裁剪""矢量区裁剪"。

（3）参数设置好后，确定结果文件的路径后，单击"确定"按钮即可。

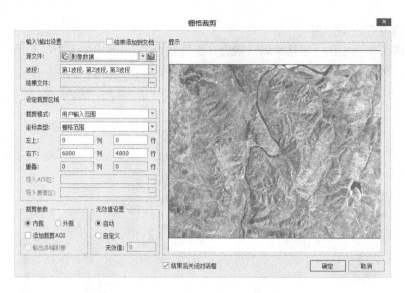

图 16-15 "栅格裁剪"对话框

## 16.6 投影变换

利用投影变换可以将栅格影像当前的坐标系投影到用户所需要的坐标系下,无论对于同一椭球下的投影变换,还是对于不同椭球间的投影变换都可以利用投影变换实现坐标系的投影。栅格影像的投影变换与地图投影变换类似,可以参考 14.3 节。

(1)单击菜单栏中的"工具→投影变换→批量投影",可弹出如图 16-16 所示的"批量投影"对话框。

图 16-16 "批量投影"对话框

(2)单击对话框中的"  "(添加)按钮,在弹出的"打开文件"对话框中选择文件类型为"栅格数据集",添加待处理的栅格影像文件(可以添加数据库和本地影像的数据),如图 16-17 所示。

(3)设置"批量投影"对话框中的"源参照系""目的参照系"等参数,单击"投影"按钮即可完成投影变换。

图 16-17 选择文件类型并添加待处理的栅格影像文件

## 16.7 栅格计算器

栅格计算是进行栅格数据处理和分析的最常用方法，通过算术、关系、逻辑、组合、布尔、位运算和具有特定功能的运算，或由它们构成的地图代数表达式，可以完成数学运算、查询数据、选择数据、图像处理等功能。

（1）单击菜单栏中的"栅格编辑→计算器"，可弹出如图 16-18 所示的"栅格运算"对话框。

（2）输入待运算的数据。单击"输入数据"右侧的下拉箭头，可以选择已添加到当前地图文档中的栅格图层；也可以单击右侧的"🖿"（打开文件）按钮，在弹出的"打开文件"对话框中打开其他位置的栅格文件。可输入多个栅格图层，输入的图层会显示在下方的列表中。

（3）在"公式设置"栏中可以自定义公式表达式及其说明。单击"公式设置"栏右侧的"编辑器"按钮，可打开如图 16-19 所示的"公式编辑器"窗口。

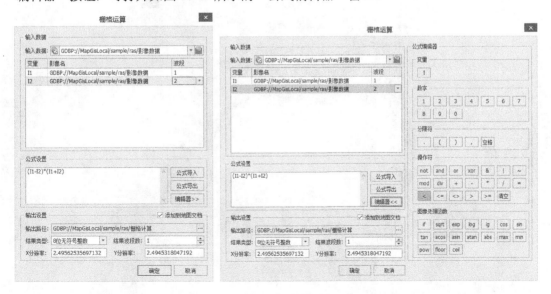

图 16-18 "栅格运算"对话框　　　　　图 16-19 "公式编辑器"窗口

在"公式编辑器"窗口中，可根据需求输入公式表达式。在"公式设置"栏中会显示当前运算的公式表达式，并将计算结果添加到地图文档中，I1 和 I2 表示参与运算的两个图层。

（4）完成公式设置后，进行计算结果的输出设置。在"输出设置"栏中，单击"输出路径"右侧的"…"按钮，可设置保存路径和名称。

栅格计算结果如图 16-20 所示。

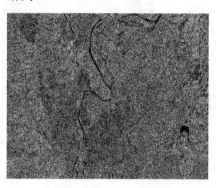

图 16-20　栅格计算结果

## 16.8　栅格影像增强

### 16.8.1　波段合成

波段合成是指将行/列值、范围相同的多个栅格影像合成为一个多波段的栅格影像。

（1）单击菜单栏中的"分析→影像增强→波段合成"，可弹出如图 16-21 所示的"波段合成"对话框。

图 16-21　"波段合成"对话框

（2）首先单击"▣"按钮，可在弹出的对话框中选择待合成的栅格影像；然后在"波段合成"对话框中设置"波段选择"，并将波段添加到"影像列表"中；最后设置波段合成后结果影像的保存路径及名称。

（3）单击"确定"按钮即可进行波段合成操作，单击"取消"按钮即可退出操作。

### 16.8.2　波段分解

波段分解是指将一个多波段栅格影像分解成若干个单波段的栅格影像。

（1）单击菜单栏中的"分析→影像分析→影像增强→波段分解"，可弹出如图 16-22 所示的"波段分解"对话框。

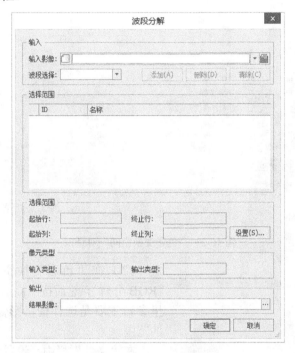

图 16-22　"波段分解"对话框

（2）首先单击"▣"按钮，在弹出的对话框中选择待分解的影像；然后在"波段分解"对话框中设置"波段选择"，并将波段添加到"选择范围"列表中；最后设置波段分解后的结果影像保存路径及名称。

（3）单击"确定"按钮即可进行波段分解操作，单击"取消"按钮即可退出操作。

### 16.8.3　色彩空间变换

色彩空间变换包括"影像分解""影像合成""IHS 与 RGB 互转""RGB 与索引互转"。影像分解包括"RGB 分解""HLS 分解""HSV 分解"，影像分解表现为栅格影像在色彩空间上的分解，是按照一定规则将多波段栅格影像分解为多个单波段的栅格影像。影像合成包括"RGB 合成""HLS 合成""HSV 合成"，影像合成是影像分解的逆过程。

## 1. 影像分解

### 1）RGB 分解

RGB 分解是将 RGB 多波段栅格影像按照 RGB（RGB 彩色模型）方式分解为 R 波段、G 波段和 B 波段的三个单波段栅格影像，具体操作方法如下：

（1）单击菜单栏中的"分析→影像增强→色彩空间变换"，可弹出如图 16-23 所示的"色彩变换空间"对话框。

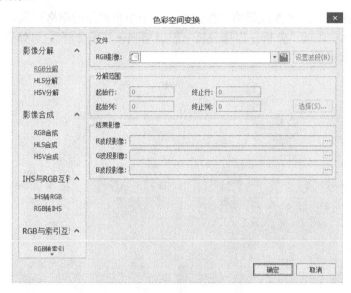

图 16-23 "色彩变换空间"对话框

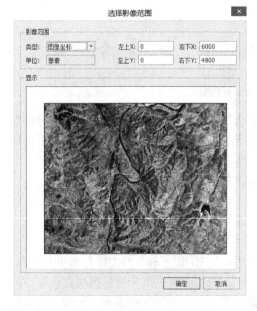

图 16-24 "选择影像范围"对话框

（2）在"色彩变换空间"对话框中选择"RGB 分解"，然后按照提示来输入相关参数，这里参数主要是选择栅格影像的各个波段和处理的范围。

在"文件"栏中，设置"RGB 影像"，默认为当前活动窗口中的栅格影像文件。

在"分解范围"栏中，选择进行影像分解的范围。

在"结果影像"栏中，设置"R 波段影像""G 波段影像""B 波段影像"三个单波段栅格影像分解后的结果存放路径和名称。

在"分解范围"栏中，单击"选择"按钮可弹出如图 16-24 所示的"选择影像范围"对话框，在该对话框中可以自定义分解范围。

（3）设置好相关参数之后，在"RGB 分解"界面中单击"确定"按钮即可执行操作，单击"取消"按钮即可取消该操作。

注：RGB 分解是针对三波段影像进行处理的，若当前影像文件波段数超过 3 个，默认取原始 RGB 影像显示的 3 个波段，可通过设置波段进行调节。

2）HLS 分解

HLS 分解是指将 HLS 多波段栅格影像按 HLS（双六棱椎彩色模型）方式分解为 H 波段、L 波段和 S 波段的三个单波段栅格影像，具体操作方法如下：

（1）在"色彩空间变换"对话框中选择"HLS 分解"，"HLS 分解"界面如图 16-25 所示。

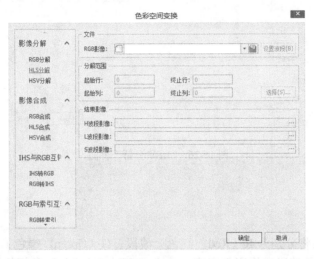

图 16-25 "HLS 分解"界面

（2）在"HLS 分解"界面中进行参数设置。

在"文件"栏中，设置"RGB 影像"，默认为当前活动窗口中的栅格影像文件。

"分解范围"与上文中"RGB 分解"介绍的分解范围操作类似，不再做具体介绍。

在"结果影像"栏中，设置"H 波段影像""L 波段影像""S 波段影像"三个单波段栅格影像分解后的结果存放路径和名称。

（3）在"HLS 分解"界面设置好相关参数之后，单击"确定"按钮即可进行 HLS 分解，单击"取消"按钮即可取消该操作。

3）HSV 分解

HSV 分解是指将 HSV 多波段栅格影像按 HSV（单六棱椎彩色模型）方式分解为 H 波段、S 波段和 V 波段的三个单波段栅格影像，具体操作方法如下：

（1）在"色彩空间变换"对话框中选择"HSV 分解"，"HSV 分解"界面如图 16-26 所示。

（2）在"HSV 分解"界面中进行参数设置。

在"文件"栏中，设置"RGB 影像"，默认为当前活动窗口中的影像文件。

"分解范围"与上文中"RGB 分解"介绍的分解范围操作类似，不再做具体介绍。

在"结果影像"栏中，设置"H 波段影像""S 波段影像""V 波段影像"三个单波段栅格影像分解后的结果存放路径及名称。

（3）在"HSV 分解"界面中设置好相关参数之后，单击"确定"按钮即可进行 HSV 分解操作，单击"取消"按钮即可取消该操作。

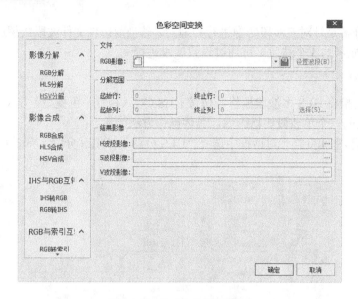

图 16-26 "HSV 分解"界面

**2. 影像合成**

1）RGB 合成

RGB 合成是指将分别为 R（Red，红色）波段、G（Green，绿色）波段和 B（Blue，蓝色）波段的三个单波段栅格影像合成为一个 RGB 多波段的彩色栅格影像，具体操作方法如下：

（1）在"色彩空间变换"对话框中选择"RGB 合成"，"RGB 合成"界面如图 16-27 所示。

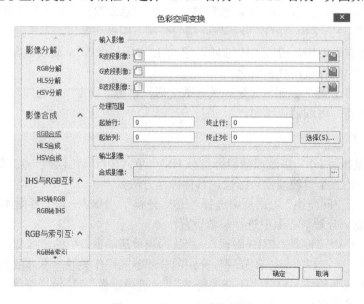

图 16-27 "RGB 合成"界面

（2）在"RGB 合成"界面中进行参数设置。

在"输入影像"栏中，分别设置"R 波段影像""G 波段影像""B 波段影像"对应的文件。

在"处理范围"栏中,选择进行 RGB 合成的栅格影像处理范围。

在"输出影像"栏中,设置"合成影像"的存放路径和名称。

(3)在"RGB 合成"窗口中设置好相关参数之后,单击"确定"按钮即可进行 RGB 合成操作,单击"取消"按钮即可取消该操作。

2)HLS 合成

HLS 合成是指将分别为 H(Hue,色调)波段、L(Lightness,亮度)波段和 S(Saturation,饱和度)波段的三个单波段栅格影像合成为一个 HLS 多波段的彩色栅格影像。具体操作方法如下:

(1)在"色彩空间变换"对话框中选择"HLS 合成","HLS 合成"界面如图 16-28 所示。

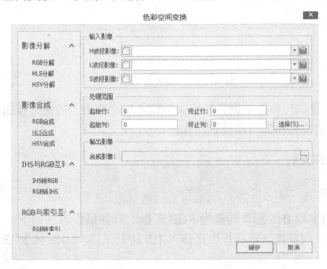

图 16-28 "HLS 合成"界面

(2)在"HLS 合成"界面中进行参数设置。

在"输入影像"栏中,分别设置"H 波段影像""L 波段影像""S 波段影像"对应的文件。

在"处理范围"栏中,选择进行 HLS 合成的栅格影像处理范围。

在"输出影像"栏中,设置"合成影像"的存放路径和名称。

(3)在"HLS 合成"界面中设置好相关参数之后,单击"确定"按钮即可进行 HLS 合成操作,单击"取消"按钮即可取消该操作。

3)HSV 合成

HSV 合成是指将分别为 H(Hue,色调)波段、S(Saturation,饱和度)波段和 V(Value,明度)波段的三个单波段栅格影像合成为一个 HLS 多波段的彩色栅格影像,具体操作方法如下:

(1)在"色彩空间变换"对话框中选择"HSV 合成","HSV 合成"界面如图 16-29 所示。

(2)在"HSV 合成"界面中进行参数设置。

在"输入影像"栏中,分别设置"H 波段影像""S 波段影像""V 波段影像"对应的文件。

在"处理范围"栏中,选择进行 HSV 合成的栅格影像处理范围。

在"输出影像"栏中,设置"合成影像"的存放路径和名称。

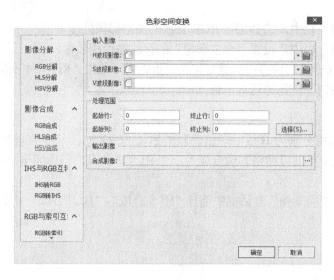

图 16-29 "HSV 合成"界面

（3）在"HSV 合成"界面中设置好相关参数之后，单击"确定"按钮即可进行 HSV 合成操作，单击"取消"按钮即可取消该操作。

#### 3. IHS 与 RGB 互转

1) IHS 转 RGB

IHS 转 RGB 用来将 IHS 影像转换为 RGB 影像，具体操作方法如下：

（1）在"色彩空间变换"对话框中选择"IHS 转 RGB"，"IHS 转 RGB"界面如图 16-30 所示。

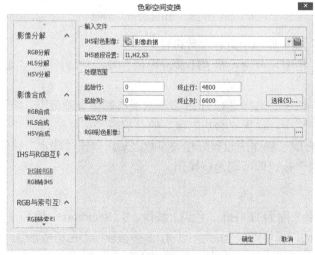

图 16-30 "IHS 转 RGB"界面

（2）在"IHS 转 RGB"界面中进行参数设置。

在"输入文件"栏中，输入 IHS 彩色影像后进行"IHS 波段设置"，单击"…"按钮，在弹出的对话框中根据需要将 I 波段、H 波段和 S 波段分别设置为当前影像的不同波段。

在"处理范围"栏中,选择栅格影像的处理范围。

在"输出文件"栏中,设置"RGB 彩色影像"的存放路径和名称。

(3)在"IHS 转 RGB"界面中设置好相关参数之后,单击"确定"按钮即可进行 IHS 转 RGB 操作,单击"取消"按钮即可取消该操作。

2)RGB 转 IHS

RGB 转 IHS 变换用来将 RGB 影像转换为 IHS 影像,具体操作方法如下:

(1)在"色彩空间变换"对话框中选择"RGB 转 IHS","RGB 转 IHS"界面如图 16-31 所示。

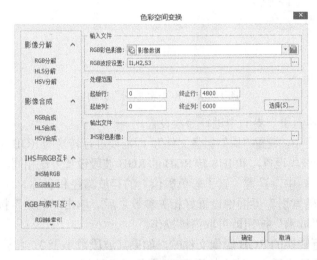

图 16-31 "RGB 转 IHS"界面

(2)在"RGB 转 IHS"界面中进行参数设置。

在"输入文件"栏中,设置"RGB 彩色影像""RGB 波段设置",单击"…"按钮,在弹出的对话框中根据需要将 R 波段、G 波段和 B 波段分别设置为当前栅格影像的不同波段。

在"处理范围"栏中,既可以通过输入行列值来设置栅格影像的处理范围,也可以单击"选择"按钮在弹出的对话框中选择处理范围。

在"输出文件"栏中,设置"IHS 彩色影像"的存放路径和名称。

(3)在"RGB 转 IHS"界面中设置好相关参数之后,单击"确定"按钮即可进行 RGB 转 IHS 操作,单击"取消"按钮即可取消该操作。

### 4. RGB 与索引互转

1)RGB 转索引

索引影像是彩色显示的单波段栅格影像。RGB 转索引用来将 RGB 影像转换为索引影像,索引影像与原始 RGB 影像显示效果基本一致,但它是单波段栅格影像,可通过色表来控制显示效果。RGB 转索引的具体操作方法如下:

(1)在"色彩空间变换"对话框中选择"RGB 转索引","RGB 转索引"界面如图 16-32 所示。

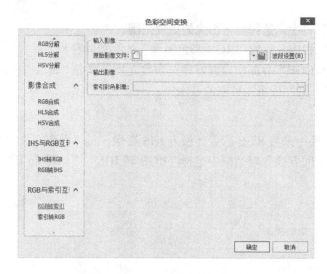

图 16-32 "RGB 转索引"界面

(2) 在"RGB 转索引"界面中进行参数设置。

在"输入影像"栏中,设置"原始影像文件",即需要进行转换的 RGB 影像文件。单击"波段设置"按钮可进行波段设置,和 IHS 转 RGB 的 RGB 波段设置方法相同,可参见其介绍。

在"输出影像"栏中,设置"索引彩色影像"的存放路径和名称。

(3) 在"RGB 转索引"界面中设置好相关参数之后,单击"确定"按钮即可进行 RGB 转索引操作,单击"取消"按钮即可取消该操作。

注意:选择进行转换的 RGB 影像文件时,如果其波段数小于 3,将弹出"波段数错误"对话框;如果其波段数大于 3,请先使用 RGB 图像设色功能选定 RGB 三波段。

2)索引转 RGB

索引转 RGB 用来将索引影像转换为 RGB 影像。

(1) 在"色彩空间变换"对话框中选择"索引转 RGB","索引转 RGB"界面如图 16-33 所示。

图 16-33 "索引转 RGB"界面

(2) 在"索引转 RGB"界面中进行参数设置。

在"输入影像"栏中,设置"索引彩色影像",即需要进行转换的索引影像。

在"输出影像"栏中,设置"RGB 彩色影像"的存放路径和名称。

(3) 在"索引转 RGB"界面中设置好相关参数之后,单击"确定"按钮即可进行索引转 RGB 操作,单击"取消"按钮即可取消该操作。

注:当进行转换的索引影像文件不符合要求,将弹出"该影像不是索引影像"提示框,系统将自动放弃转换操作。

### 16.8.4 影像二值化

在数字影像处理中,二值影像占有非常重要的地位,影像的二值化可以使影像中数据量大为减少,从而凸显出目标的轮廓。MapGIS 10 提供了影像灰度化、灰度增强、灰度平滑、二值化及二值滤波等功能,能够对不同的参数进行设置,并可以预览处理结果。

影像灰度化:若"二值化"方法选择"无/输出灰度图",则对所选栅格影像的波段进行灰度化,可完成多波段栅格影像的波段分离,适用于多波段有序数据、三波段 RGB 真彩色影像,若选择"RGB 三波段加权合成灰度",则适用于单波段的 256 色影像、三波段的 RGB 真彩色影像;若选择"彩色图像波段分离",则适用于三波段的 RGB 真彩色影像。

灰度增强:对所选波段的灰度进行增强,可采用的方法有 4 种:线性增强、直方图均衡化、直方图正规化、直方图标准化。

灰度滤波:根据像素邻域的灰度值进行平滑滤波,可采用的方法有 6 种:4 邻域平均、8 邻域平均、3×3 均值滤波、3×3 中值滤波、5×5 均值滤波、5×5 中值滤波。

二值化:对灰度影像进行二值化处理,提供了 8 种二值化方法:单阈值法、可变阈值法、自适应二值化、最优阈值法、分区最佳阈值法、可变分区最佳阈值法、分区双阈值法、可变分区双阈值法。

二值图像净化:去除二值图像中的污点、飞白和毛刺。

(1) 单击菜单栏中的"分析→影像增强→影像二值化",可弹出如图 16-34 所示的"影像二值化处理"对话框。

图 16-34 "影像二值化处理"对话框

（2）在弹出的对话框中设置二值化参数。

（3）单击"执行"按钮即可进行影像二值化处理操作，单击"取消"按钮即可取消该操作。

### 16.8.5 影像滤波

MapGIS 10 提供了 8 种滤波方式：自定义滤波、自适应滤波、Wallis 滤波、常规滤波、卷积滤波、同态滤波、边缘增强、平滑锐化。下面以常规滤波为例介绍影像滤波的操作方法。常规滤波是指对影像进行各种常规滤波的处理，以达到影像平滑、锐化等影像增强的效果。

（1）单击菜单栏中的"分析→影像增强→影像滤波"，可弹出如图 16-35 所示的"影像滤波"对话框（默认显示"自定义滤波"界面）。

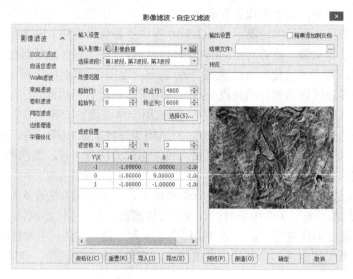

图 16-35 "影像滤波"对话框

（2）在"自定义滤波"界面中输入需要处理的影像，并设置滤波参数。"常规滤波"还需要选择滤波方式和滤波算子，在选择好合适的方法和算子后，单击"预览"按钮可以查看滤波后的影像。

（3）设置好相关参数后选择结果文件的保存路径，单击"确定"按钮即可进行影像滤波处理，常规滤波处理前后的效果分别如图 16-36 和图 16-37 所示。

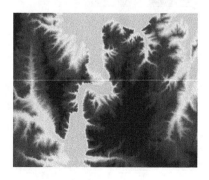

图 16-36 常规滤波处理前的效果

图 16-37 常规滤波处理后的效果

### 16.8.6 纹理分析

进行遥感影像分析和解译的最基本的依据就是灰度和纹理。离散色调特征是一组相互联系、具有相同或几乎相同灰度（亮度值）的像元，当小面积影像的离散色调特征的差异很小时，该区域的主导特征就是一种灰度；当小面积影像的离散色调特征的差异很大时，该区域的主导特征就是纹理。

纹理分析可用来探测和辨别不同的物体和区域、推断物体的表面方向、提高分类的精度等。根据选择的纹理特征参数，利用与该参数相对应的纹理特征函数，可以定量地计算描述这种纹理的空间分布特征值，并形成纹理影像。

（1）单击菜单栏中的"分析→影像增强→纹理分析"，可弹出如图16-38所示的"纹理分析"对话框。

（2）在"纹理分析"对话框中，单击"输入影响"右侧的" "按钮可以选择要进行纹理分析的栅格影像，默认为当前活动窗口中的栅格影像；在"选择波段"中选择参与纹理分析的栅格影像的波段，默认为当前活动窗口中栅格影像的所有波段；在"滤波范围"栏中选择要进行纹理分析的栅格影像范围；在"设置参数"栏中设置"灰度级数""特征参数""统计方式""距离差值""窗口大小"等参数，其中，"灰度级数"用于进行灰度压缩等级，MapGIS 10提供了8级、16级、32级、64级、128级、256级和不压缩，共7种灰度压缩等级；在"输出设置"栏中，"结果文件"用于设置结果的存放路径和名称。

图16-38 "纹理分析"对话框

（3）单击"确定"按钮即可进行纹理分析操作，单击"取消"按钮即可取消该操作。

### 16.8.7 数学形态学

数学形态学（Mathematical Morphology）是一门新兴的学科，它是由法国和德国的科学家在研究岩石结构时建立的一门学科。数学形态学的主要用途是获取物体拓扑和结果信息，通过物体和结构元素相互作用的某些运算，得到物体更本质的形态。数学形态学在图像处理与分析中的主要应用是利用数学形态学的基本运算，对图像进行观察和处理，从而达到改善图像质量的目的；描述和定义图像的各种几何参数和特征，如面积、周长、连通度、颗粒度、骨架和方向性。

本节主要介绍数学形态学二值影像中的运算处理方法，主要包括数学形态学的基本符号和关系、数学形态学的基本运算，以及数学形态学在MapGIS 10中的应用。

**1. 数学形态学的基本符号和关系**

（1）元素：设有一幅图像$A$，若点$a$在$A$内，则称$a$为$A$的元素，记为$a \in A$。

（2）$B$ 包含于 $A$：设有两幅图像 $A$、$B$，对于 $B$ 中所有的元素 $b$，都有 $b \in A$，则称 $B$ 包含于 $A$，记为 $B \subset A$。

（3）$B$ 击中（Hit）$A$：设有两幅图像 $A$、$B$，若存在一个点，它既是 $B$ 的元素，又是 $A$ 的元素，则称为 $B$ 击中 $A$，记为 $B \uparrow A$。

（4）$B$ 不击中（Miss）$A$：设有两幅图像 $A$、$B$，若不存在既是 $B$ 的元素又是 $A$ 的元素的点，即 $B$ 和 $A$ 的交集是空，则称为 B 不击中 $A$，记为 $B \cap A = \emptyset$，其中 $\cap$ 是集合运算相交的符号，$\emptyset$ 表示空集。

（5）补集：设有一幅图像 $A$，$A$ 以外的所有点构成的集合称为 $A$ 的补集，记为 $A_c$。

（6）结构元素（Structure Element）：设有两幅图像 $A$、$B$，若 $A$ 是被处理的对象，而 $B$ 用来处理 $A$，则 $B$ 称为结构元素，$B$ 的中心点即当前处理元素的位置。结构元素通常都是一些比较小的图像。

（7）对称集：设有一幅图像 $B$，将 $B$ 中所有元素的坐标取反，即令 $(x, y)$ 变成 $(-x, -y)$，所有这些点构成的新的集合称为 $B$ 的对称集，记为 $-B$。

（8）平移：设有一幅图像 $A$，有一个点 $a(x_0, y_0)$，将 $A$ 平移 $a$ 后的结果是把 $A$ 中所有元素的横坐标加 $x_0$，纵坐标加 $y_0$，即令 $(x, y)$ 变成 $(x+y_0, y+y_0)$，所有这些点构成的新集合称为 A 的平移，记为 $A_a$。

## 2．数学形态学的基本运算

（1）腐蚀（Erosion）运算：结构元素 $B$ 对图像 $A$ 的腐蚀记为 $A \ominus B$，定义 $A \ominus B = \{x: B+x \in A\}$。从几何上看，$A \ominus B$ 由将 $B$ 平移 $x$ 但仍属于 $A$ 的所有点 $x$ 组成，也可以通过将图像 $A$ 平移 $-b$（$b$ 属于结构元素 $B$），计算所有平移的交集而得到。

（2）开运算（Opening）：结构元素 $B$ 对输入图像 $A$ 的开运算记为 $A°B$，定义为 $A°B = (A \ominus B) \oplus B$。从几何上看，开运算可以通过计算所有可以填入图像内部的结构元素平移的"并"得到。这也正是 $B$ 对 $A$ 先进行腐蚀运算后进行膨胀运算的结果。开运算具有平滑图形的功能，能清除图像的某些微小连接、边缘毛刺和孤立斑点。

（3）闭运算（Closing）：结构元素 $B$ 对图像 A 的闭运算记为 $A·B$，定义 $A·B = (A \oplus B) \ominus B$。从几何上看，闭运算是开运算的对偶运算，即先对 $A$ 进行膨胀运算后进行腐蚀运算的结果。闭运算具有过滤功能，可填平图像内部小沟、孔洞和裂缝，使断线相连。

## 3．数学形态学在 MapGIS 10 中的应用

MapGIS 10 中的数学形态学应用的具体操作方法如下：

（1）单击菜单栏中的"分析→影像增强→数学形态学"，可弹出如图 16-39 所示的"数学形态学"对话框。

（2）在"数学形态学"对话框中进行参数设置。在"输入设置"栏中，"输入影像"用于选择需要进行数学形态学处理的栅格影像，默认为当前活动窗口中的栅格影像；"处理波段"用于选择参与数学形态学处理运算的栅格影像的波段，默认为当前活动窗口中栅格影像的所有波段。在"滤波范围"栏中设置进行滤波处理的范围。在"输出设置"栏中，"结果文件"用于设置结果的存放路径和名称。在"滤波设置"栏中，"滤波方法"用于选择在进行滤波处理中采用的滤波算法，也可以通过"算子大小""中心点"来自定义滤波算法，其中"算子大小"可选择 3×3 和 5×5。

图 16-39 "数学形态学"对话框

（3）在"数学形态学"对话框中设置好相关参数之后，单击"确定"按钮即可进行数学形态学处理操作，单击"取消"按钮即可取消该操作。

## 16.8.8　主成分变换

主成分变换也称为 K-L（Karhunen-Loeve）变换，是指将原始的遥感影像数据集变换成非常小且易于解译的不相关变量，这些变量包含了原始数据的大部分信息。主成分变换在多光谱和高光谱遥感影像数据的分析中很有价值，用于多个波段栅格影像的压缩以及影像的增强显示。MapGIS 10 可进行主成分正变换和主成分逆变换，主成分逆变换就是主成分正变换的逆运算，这里以主成分正变换为例介绍操作方法。

（1）单击菜单栏中的"分析→影像增强→主成分变换"，可弹出如图 16-40 所示的"主成分变换"对话框。

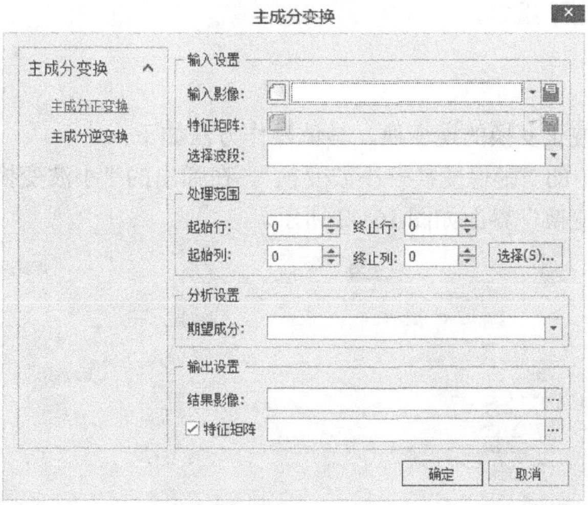

图 16-40 "主成分变换"对话框

（2）在"主成分变换"对话框中进行参数设置。在"输入设置"栏中，单击"输入影像"右侧的""可选择需要进行主成分变换的栅格影像，默认为当前活动窗口中的栅格影像；"选择波段"用于选择参与主成分变换的栅格影像的波段，默认选择所有的波段。在"处理范围"栏

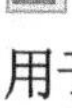

中，可以设置进行主成分变换的影像范围。在"分析设置"栏中，"期望成分"用于设置主成分变换后的栅格影像的波段数，默认为源栅格影像的波段数。在"输出设置"栏中，"结果影像"用于设置结果的存放路径和名称；勾选"特征矩阵"选项（勾选后可保存主成分变换的特征矩阵）。

（3）在"主成分变换"对话框中设置好相关参数之后，单击"确定"按钮即可进行主成分变换操作，单击"取消"按钮即可取消该操作。

### 16.8.9 小波变换

小波变换的基本思想就是先对栅格影像进行多分辨率分解，分解成不同空间、不同频率的子影像，然后对子影像进行系数编码。MapGIS 10 进行小波变换所选择的变换核为 Mallat 小波变换核。小波变换包括小波正变换和小波逆变换。

**1．小波正变换**

小波正变换的具体操作方法如下：

（1）单击菜单栏中的"影像变换→小波变换"，可弹出如图 16-41 所示的"小波变换"对话框。

（2）在"小波变换"对话框中选择"小波正变换"，然后在"小波正变换"界面中进行参数设置。

"输入文件"：用于选择需要进行小波变换的栅格影像，默认为当前活动窗口中的栅格影像。

"输出文件"：用于设置小波正变换结果的存放路径及名称。

"分解层数"：用于设置小波正变换的分解层数（或称为级数）。

（3）在"小波正变换"界面中单击"确定"按钮即可进行小波正变换操作，单击"取消"按钮即可取消该操作。若勾选"结果添加到地图视图"选项，则会将变换结果自动添加到当前地图视图；反之，则不添加。

**2．小波逆变换**

小波逆变换是小波正变换的逆变换，具体操作方法如下：

（1）单击菜单栏中的"影像变换→小波变换"，在弹出的"小波变换"对话框中选择"小波逆变换"，"小波逆变换"界面如图 16-42 所示。

图 16-41 "小波变换"对话框　　　　　　图 16-42 "小波逆变换"界面

（2）在"小波逆变换"界面中进行参数设置。

"输入文件"：用于选择需要进行小波逆变换的栅格影像，默认为当前活动窗口中的栅格影像。

"输出文件":用于设置小波逆变换结果的存放路径和名称。

(3)在"小波逆变换"界面中单击"确定"按钮即可进行小波逆变换操作,单击"取消"按钮即可取消该操作。若勾选"结果添加到地图视图"选项,则会将变换结果自动添加到当前地图视图;反之,则不添加。

### 16.8.10 傅里叶变换在影像中的应用

傅里叶变换是一种将栅格影像分离成不同空间和不同频率成分的数学方法,对组成栅格影像的所有光波的振幅、相位与频率关系进行频谱处理,利用该变换可以从频率的角度分析遥感影像数据和信息,并将不同空间和频率的栅格影像重新生成一幅增强栅格影像。MapGIS 10 提供了 FFT 变换、FFT 滤波、FFT 逆变换和 FFT 滤波编辑器等功能。

#### 1. FFT 变换

(1)单击菜单栏中的"分析→影像分析→影像增强→FFT 变换",可弹出如图 16-43 所示的"FFT 变换"对话框,在该对话框左侧选择"FFT 变换"。

(2)在"FFT 变换"对话框选择"FFT 变换"后,该对话框中会显示"FFT 变换"窗口,在该窗口中进行参数设置。在"文件"栏中,单击"输入文件"右侧的"■"按钮可以选择需要进行 FFT 变换的栅格影像,默认为当前活动窗口中的栅格影像;通过"选择波段"可以选择要进行 FFT 变换的栅格图像的波段,只能选取单波段。在"输出设置"栏中,"结果文件"用于设置结果的存放路径和名称,经过 FFT 变换之后的结果文件是*.mft 文件。

(3)在"FFT 变换"界面中单击"确定"按钮即可进行 FFT 变换操作,单击"取消"按钮即可取消该操作。

#### 2. FFT 滤波

FFT 滤波是将栅格影像变换至频域后进行处理的,MapGIS 10 包括 4 种方式:低通滤波(一种降低高频成分幅度的滤波方式)、高通滤波(一种降低低频成分的幅度滤波方式)、带通滤波(一种允许特定频段通过的滤波方式)、带阻滤波(一种阻止特定频段通过的滤波方式)。这里以低通滤波为例介绍 FFT 滤波的具体操作方法。

(1)单击菜单栏中的"分析→影像分析→影像增强→FFT 变换",在弹出的"FFT 变换"对话框中选择"FFT 滤波","FFT 滤波"界面如图 16-44 所示。

图 16-43 "FFT 变换"对话框

图 16-44 "FFT 滤波"界面

（2）在"FFT 滤波"界面中进行参数设置。

"文件""输入文件"用于选择需要进行 FFT 滤波的栅格影像（采用.mft 文件），"输出文件"用于设置 FFT 滤波后结果文件的存放路径和名称（采用.mft 文件）。

"滤波类型"：MapGIS 10 提供了 4 种滤波方式，即"低通滤波""高通滤波""带通滤波""带阻滤波"。

"滤波参数""窗口函数"：用于设置在频域进行滤波的方法，MapGIS 10 提供了 5 个可选的窗口函数，即"Ideal 窗口函数""Bartlett 窗口函数""Butterworth 窗口函数""Gaussian 窗口函数""Hanning 窗口函数"；当"滤波类型"为"低通滤波"或"高通滤波"时，"高频增益"用于高频信息的增益；当"滤波类型"为"低通滤波"或"高通滤波"时，"低频增益"用于低频信息的增益；当"滤波类型"为"低通滤波"或"高通滤波"时，"滤波半径"用于频率阈值。另外，当"滤波类型"为"带通滤波"或"带阻滤波"时，"带通增益"用于设置中间频率信息的增益；当"滤波类型"为"带通滤波"或"带阻滤波"时，"带阻增益"用于设置高频、低频信息的增益；当"滤波类型"为"带通滤波"或"带阻滤波"时，"滤波内径"用于设置低频的阈值；当"滤波类型"为"带通滤波"或"带阻滤波"时，"滤波外径"用于设置高频的阈值。

（3）在"FFT 滤波"界面中单击"确定"按钮即可进行 FFT 滤波操作，单击"取消"按钮即可取消该操作。

### 3．FFT 逆变换

FFT 逆变换是 FFT 变换的逆向变换，栅格影像经过 FFT 变换、FFT 滤波后，可以通过 FFT 逆变换查看栅格影像的结果。具体操作方法如下：

（1）单击菜单栏中的"分析→影像分析→影像增强"菜单下的"FFT 变换"命令，在弹出的"FFT 变换"对话框中选择"FFT 逆变换"，"FFT 逆变换"界面如图 16-45 所示。

图 16-45 "FFT 逆变换"界面

（2）在"FFT 逆变换"界面中进行参数设置。

（3）单击"FFT 逆变换"界面中的"确定"按钮即可进行 FFT 逆变换操作，单击"取消"按钮即可取消该操作。

### 4．FFT 滤波编辑器

FFT 滤波编辑器用于编辑 FFT 滤波的参数。

(1)单击菜单栏中的"分析→影像增强→FFT 滤波编辑器",可弹出如图 16-46 所示的"FFT 滤波编辑器"对话框。

图 16-46  "FFT 滤波编辑器"对话框

(2)单击"FFT 滤波编辑器"对话框中的"打开文件"按钮,可以打开要进行 FFT 滤波的栅格影像。

(3)单击"FFT 滤波编辑器"对话框中的"转为频域"按钮即可进行滤波编辑。单击"低通滤波""高通滤波""带通滤波""带阻滤波"按钮后,可弹出相应的"滤波选项"对话框,如图 16-47 所示,可在"滤波选项"对话框中设置滤波类型、窗口函数、高频增益、低频增益、滤波半径、滤波外径或滤波内径。

(a)单击"低通滤波"按钮对应的"滤波选项"对话框

(b)单击"高通滤波"按钮对应的"滤波选项"对话框

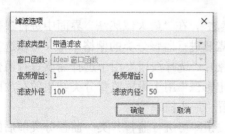

(c)单击"带通滤波"按钮对应的"滤波选项"对话框

(d)单击"带阻滤波"按钮对应的"滤波选项"对话框

图 16-47  "滤波选项"对话框

(e)"滤波类型"的可选项

图 16-47 "滤波选项"对话框（续）

# 16.9 栅格影像分类

## 16.9.1 监督分类

监督分类是指根据已知类别的样本观测值确定分类准则，然后依据分类准则，通过选择特征参数（如像素的亮度值、方差等）来建立判别函数，从而对栅格影像进行分类。在进行监督分类前，需要先进行分类学习，即定义分类训练的 AOI，具体操作可参照 AOI 编辑部分，系统进行监督分类时将已定义的分类训练 AOI 作为样本来确定分类准则。

MapGIS 10 提供了监督最小距离分类、监督广义距离分类、监督平行六面体分类、最大似然法、BP 神经网络分类、LVQ2 神经网络分类、RBF 神经网络分类和高阶神经网络分类等监督分类方法。

最大似然法是常用的监督分类方法之一，该方法通过求出每个像元对于各类别的归属概率，把该像元分到归属概率最大的类别中。最大似然法假定分类训练 AOI 的地物光谱特征和自然界大部分随机现象一样，近似服从正态分布，利用训练分类 AOI 可求出均值、方差以及协方差等特征参数，从而可求出总体的先验概率密度函数。当总体分布不符合正态分布时，其分类可靠性下降，在这种情况下则不宜采用最大似然法。本节以最大似然法介绍一下监督分类的操作方法。

（1）单击菜单栏中的"分析→影像分类→监督分类"，可弹出如图 16-48 所示的"影像分类"对话框。

（2）在"影像分类"对话框中选择"最大似然法"，在"最大似然法"界面中进行参数设置。在"输入设置"栏中，"输入影像"用于选择需要进行监督分类的栅格影像（可以选择已经添加到地图文档里的影像，也可以选择本地影像）；"选择波段"用于选择需要进行监督分类的栅格影像的波段。在"输出设置"栏中，"输出影像"用于设置监督分类结果的存放路径和名称；在"概率"栏中，可以根据实际需要设置"最小概率"。

（3）单击"最大似然法"界面中的"确定"按钮即可进行监督分类。监督分类前后的栅格影像如图 16-49 所示。

图 16-48 "影像分类"对话框

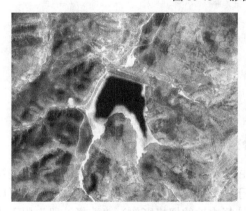

(a) 监督分类前的栅格影像

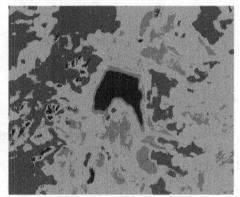

(b) 监督分类后的栅格影像

图 16-49 监督分类前后的栅格影像

注意:无论采用哪一种监督分类方法,进行监督分类的前提是要求要进行分类的栅格影像包含 AOI 信息,由于前文已经进行过 AOI 编辑操作,所以可以直接对该栅格影像进行监督分类。同时,可以看到分类后的栅格影像与前文所编辑的 AOI 的信息是一致的(栅格影像分为四类,每一类的颜色与前文编辑的 AOI 的颜色均保持一致)。

### 16.9.2 非监督分类

非监督分类假定遥感影像上同类地物在同样条件下具有相同的光谱信息特征。非监督分类方法不必先获取影像中地物的先验知识,首先依靠栅格影像中不同类地物光谱信息(或纹理信息)进行特征提取,再统计特征的差别就可达到分类的目的,最后对已分出的各个类别的实际属性进行确认。MapGIS 10 提供了 ISODATA 分类、最小距离分类、广义距离分类、平行六面体分类、ART 神经网络分类、FuzzyART 神经网络分类、KonHonen 神经网络分类等非监督分类方法。

本节以最小距离分类为例来介绍非监督分类的操作方法。最小距离分类是按最小距离公式及分类参数对所选择的栅格影像进行非监督分类的。

（1）单击"分析→影像分类→非监督分类"，可弹出如图 16-50 所示的"影像分类"对话框。

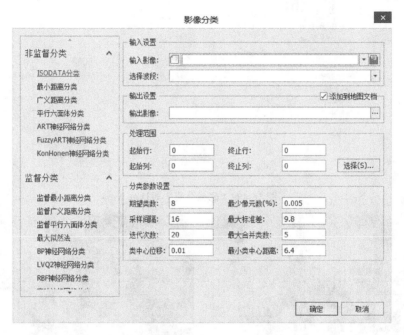

图 16-50 "影像分类"对话框

（2）在"影像分类"对话框中选择"最小距离分类"，在"最小距离分类"界面中进行参数设置。在"输入设置"栏中，"输入影像"用于选择要进行非监督分类的栅格影像（可以选择已经添加到地图文档中的栅格影像，也可以选择本地的栅格影像）；"选择波段"用于选择需要进行非监督分类的栅格影像的波段。在"输出设置"栏中，"输出影像"用于设置非监督分类结果的存放路径和名称。在"分类参数设置"中，可以根据实际需要设置"采样间隔""期望类数"，如图 16-51 所示。注意：图 16-50 中显示的是"ISODATA 分类"界面，"最小距离分类"界面中的"输入设置""输出设置"与其相同。

图 16-51 "最小距离分类"窗口中的"分类参数设置"

（3）在"最小距离分类"界面中单击"确定"按钮即可完成非监督分类。非监督分类前后的栅格影像如图 16-52 所示。

 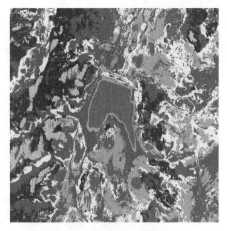

(a)非监督分类前的栅格影像　　　　　(b)非监督分类后的栅格影像

图 16-52　非监督分类前后的栅格影像

### 16.9.3　混合像元分解

遥感影像中的像元很少是由单一的地表覆盖类组成的,一般都是多种地物的混合体。因此,遥感影像中像元的光谱特征并不是单一地物的光谱特征,而是多种地物光谱特征的混合反映。如果每个像元能够被分解并且可以得到覆盖类型组分(通常称为端元组分)占像元的百分含量(丰度),则分解将更精确,混合像元在归属时而产生的错误、误分问题将迎刃而解。

(1)单击菜单栏中的"分析→影像分类→混合像元分解",可弹出如图 16-53 所示的"影像混合像元分解"对话框。

(2)在"影像混合像元分解"对话框中进行参数设置。在"输入设置"栏中,"输入文件"用于选择要进行混合像元分解的栅格影像,默认为当前活动窗口中的栅格影像;"选择波段"用于选择要进行混合像元分解的栅格影像的波段,可以选择单波段,也可以复选为多波段,默认选择所有的波段。在"处理范围"中,可根据实际情况设置"起始行""起始列""终止行""终止列"等参数。在"输出设置"栏中,"输出影像"用于设置混合像元分解结果的存放路径和名称。

图 16-53　"影像混合像元分解"对话框

(3)在"影像混合像元分解"对话框中,单击"确定"按钮即可进行混合像元分解操作,单击"取消"按钮即可取消该操作。

### 16.9.4　栅格影像分类后的处理

#### 1. 统计分析

(1)单击菜单栏中的"分析→分类后处理→统计分析",可弹出如图 16-54 所示的"影像分类结果分析"对话框。

图 16-54 "影像分类结果分析"对话框

（2）影像分类结果分析主要包括聚类统计、过滤分析和去除分析。聚类统计主要是对分类后的栅格影像进行处理，过滤分析主要是对聚类统计后的栅格影像进行处理，去除分析主要是对聚类统计和过滤分析后的栅格影像进行处理。

（3）在"影像分类结果分析"对话框中设置好相关参数后，单击"确定"按钮即可进行统计分析。

### 2. 精度评价

精度评价用来对栅格影像的分类进行评价，可输出精度评价报告。

（1）单击菜单栏中的"分析→分类后处理→精度评价"，可弹出如图 16-55 所示的"分类精度评价"对话框。

图 16-55 "分类精度评价"对话框

（2）在"分类精度评价"对话框中设置相关参数。

（3）设置好相关参数及精度评价报告存放路径之后，单击"确定"按钮，即可得到精度评价报告，如图 16-56 所示。

### 3. 小区合并

小区合并用于把栅格影像中小于"小区像元"设定值的区域合并到最近的较大区域中。

（1）单击菜单栏中的"分析→分类后处理→小区合并"，可弹出如图 16-57 所示的"小区合并处理"对话框。

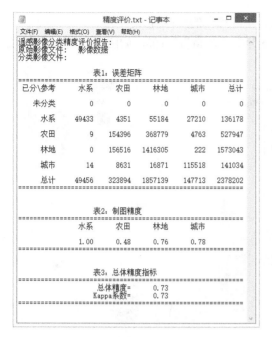

图 16-56　精度评价报告

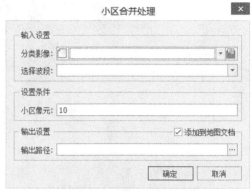

图 16-57　"小区合并处理"对话框

（2）在"小区合并处理"对话框中设置好相关参数之后，单击"确定"按钮即可完成小区合并处理。

### 4. 面积统计

在栅格影像分类之后，MapGIS 10 会自动根据分类的信息统计每类的像元数和分类面积。

（1）单击菜单栏中的"分析→分类后处理→面积统计"，可弹出如图 16-58 所示的"面积统计"对话框。

（2）首先在"输入设置"栏中选择分类后的栅格影像，然后在"输出设置"栏中输入地类面积统计文件（*.txt）的文件名，最后单击"确定"按钮即可生成面积统计结果（如面积统计.txt），如图 16-59 所示。

图 16-58　"面积统计"对话框

图 16-59　面积统计结果

### 5. 分类后编辑

栅格影像进行分类后，特别是非监督分类后，如果分类的结果不太理想，则需要对分类的结果进行删除、合并等操作，并为各类赋上有实际意义的属性值。

（1）单击菜单栏中的"分析→分类后处理→分类后编辑"，可弹出如图16-60所示的"分类结果编辑"对话框。

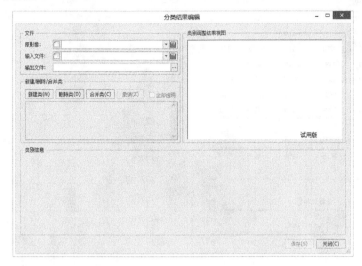

图16-60 "分类结果编辑"对话框

（2）在上述对话框中进行参数设置。

（3）单击"保存"按钮后会生成新的分类结果，单击"关闭"按钮则不执行操作。

### 6. 生成图例

在栅格影像分类之后，MapGIS 10会根据分类的信息生成图例，以便后续的操作。

（1）加载并激活分类后的栅格影像，单击菜单栏中的"分析→分类后处理→生成图例"，可弹出如图16-61所示的"自动生成图例"对话框。

图16-61 "自动生成图例"对话框

（2）在"自动生成图例"对话框里进行图例参数的设置，根据栅格影像设置合适的大小因子。

（3）参数设置完成后，单击"导出"按钮即可完成生成图例，如图 16-62 所示。

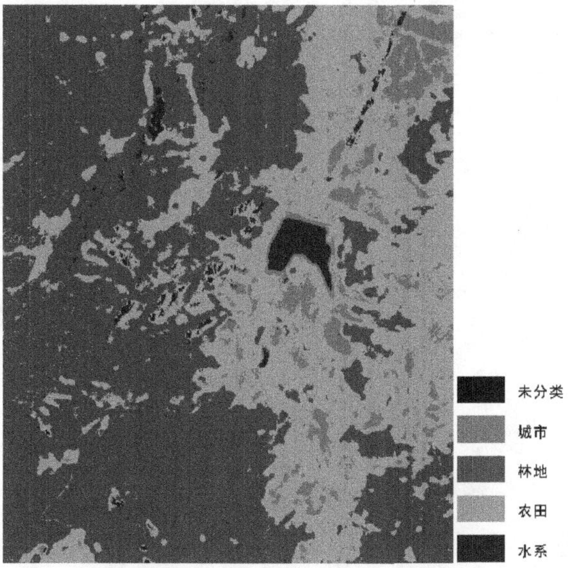

图 16-62　栅格影像分类后生成的图例

## 习题 16

（1）假设现在有一幅分辨率为 1 m 的遥感影像，如何将它的分辨率变为 2 m？

（2）假设现在有一幅全国的低分辨率的遥感影像，如何只得到湖北省区域的影像？请说明操作方法。

（3）假设现在有若干由无人机拍摄的影像，其坐标已经校正好了，如何将这些影像合成一幅影像？

（4）假设现在有一幅影像，其坐标是"高斯大地坐标系_西安 80_36 带 3_北"，现在要把其转成"高斯大地坐标系_西安 80_37 带 3_北"，可以用什么功能实现？请详细说明操作方法。

（5）请简述 AOI 编辑的应用前景。

# 第17章 瓦片的处理

## 17.1 瓦片裁剪

瓦片地图的制作主要是通过设置瓦片裁剪级数所对应的比例尺信息、裁剪对象的级数范围等参数而实现的。瓦片地图是通过裁剪后的地图图片，以 GIF、JPG、PNG 等形式存储。通过瓦片裁剪，能让地图图片显示得更快。现以湖北省的地图为例裁剪瓦片数据。瓦片工具如图 17-1 中的方框所示。

图 17-1　瓦片工具

### 17.1.1 配置裁剪信息

单击瓦片工具中的"瓦片裁剪"按钮，可弹出"瓦片裁剪"对话框。

"配置裁剪信息"界面主要用于设置"裁图策略""比例尺信息""原点坐标""图片参数"的基本信息，如图 17-2 所示。

"裁图策略"用于协助确定裁剪的比例尺级别。可选择的裁剪策略包括"自定义"（根据需求手动输入裁剪级别及比例尺）、"经纬度"（只支持 WGS 1984 和 Web Mercator 坐标系的地图，默认使用 1~20 级比例尺），以及"球面墨卡托"（只支持 WGS 1984 和 Web Mercator 坐标系的地图，默认使用 1~20 级比例尺）。本例选择"自定义"。

"比例尺信息"可根据地图上不同比例尺对应的精度来设置。地图上刚好能完整展示裁剪范围时的比例尺是 1:6500000 左右，所以可以设定瓦片裁剪的级数为 1~4 级，比例尺依次为 1:6500000、1:3200000、1:1625000、1:812500。其他的比例尺可以通过右侧的"删除"按钮删掉。

"原点坐标"用于设置裁剪地图文档时第一个裁剪网格的原点。原点不一定是创建瓦片地图的起始点。图 17-2 中的原点坐标是通过 17.1.2 节中"设置地图左上角为原点坐标"得到的。

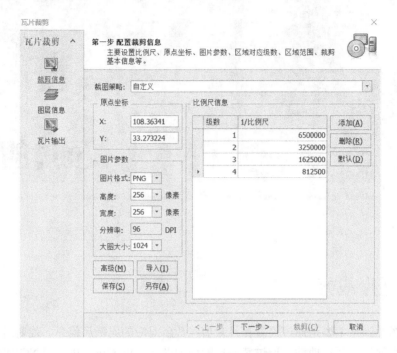

图 17-2 "配置裁剪信息"界面

"图片参数"包括"图片格式""高度""宽度""分辨率""大图大小"。MapGIS 10 支持的"图像格式"类型有"PNG""JPG""GIF"。"宽度""高度"可选择"256"或"512",如果要将构建的瓦片地图叠加另一瓦片地图,应确保两个瓦片地图均使用相同的宽度和高度。选择较小的宽度和高度可提高请求切片的应用程序的性能,因为需要传输的数据较少。"分辨率"默认为"96",通常可满足要求。在进行瓦片裁剪时,假设用多个纸张来拼接模拟整个图幅,每个纸张上面包含许多高度和宽度为 256 像素或 512 像素的切片,这个纸张大小就是大图大小,包括"1024""2048""4096"三个可选值。大图大小越大,用于拼接的纸张数就越少,裁剪速率就越高,但对裁剪服务器的性能配置要求也越高。

### 17.1.2 配置图层信息

"配置图层信息"界面主要用于地图的选择、图层的设置等,如图 17-3 所示。

"选择地图"用于选择要进行瓦片裁剪的地图文档,地图文档中所包含的图层将会在图层设置列表中列出。

"预览"可通过"指定级别"来选择需要预览的级数,单击"预览"按钮可弹出"瓦片浏览器"对话框。

"图层设置"可以选择裁剪地图文档中每个图层时的起始级数和终止级数。在瓦片裁剪中,MapGIS 10 会在每个图层对应的限制级数中进行裁剪。例如,在 1~4 级时显示市级区划和市驻地,2~4 级时显示县级区划和县驻地,3~4 级时显示公路和铁路。另外,用户可以单击"同步到图层"按钮来根据用户设置的"起始级数""终止级数"修改图层的显示比范围。其中,最小显示比可根据起始级数对应的比例尺得到,最大显示比可根据终止级数对应的比例尺得到。

第 17 章 瓦片的处理

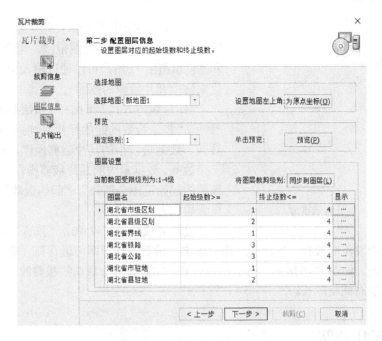

图 17-3 "配置图层信息"界面

## 17.1.3 配置瓦片输出

"配置瓦片输出"界面主要用于设置"瓦片存储路径""瓦片裁剪范围""瓦片裁剪方式"等信息，如图 17-4 所示。

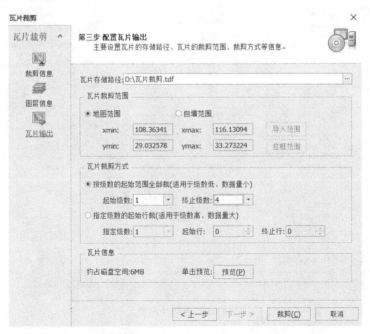

图 17-4 "配置瓦片输出"界面

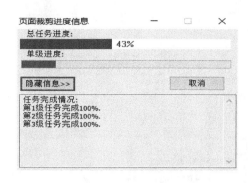

图 17-5 瓦片裁剪进度

"瓦片裁剪范围"提供了两种选择,即"地图范围"(该范围为实际的地图范围,用户不可以修改)和"自填范围"(用户可以通过输入两个角点的坐标值来修改瓦片裁剪的范围)。

"瓦片裁剪方式"可选择"按级数的起始范围全部裁""指定级数的起始行裁"。前者主要适用于级数低、数据量较小的瓦片裁剪操作,后者主要适用于级数高、数据量大的瓦片裁剪操作。本例选择"按级数的起始范围全部裁","起始级数"为"1","终止级数"为"4"。

设置完成后,可以单击"预览"按钮跳转到瓦片浏览器窗口查看不同级数下的地图。最后单击"裁剪"按钮即可进行瓦片裁剪,同时会显示瓦片裁剪进度,如图 17-5 所示。由于瓦片裁剪是按照级数分块切割裁剪的,所以裁剪得级数越大,所需的时间就越长。

## 17.2 瓦片浏览

单击瓦片工具中的"瓦片浏览"旁的下拉按钮,选择"单瓦片浏览",可弹出如图 17-6 所示的"瓦片浏览器"对话框。在该对话框中设置"瓦片文件路径"后,在左侧会显示瓦片的信息与级数,设置"显示"栏中的参数后,可在右侧的瓦片浏览框中显示瓦片地图,通过选择不同的级数可以看到不同比例尺大小的地图。

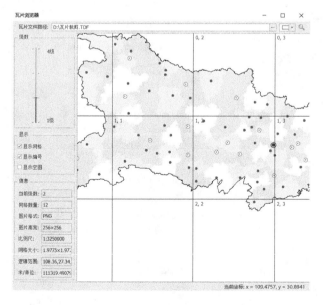

图 17-6 单瓦片浏览

单击"瓦片浏览"旁的下拉按钮,选择"多瓦片浏览",在弹出的"多瓦片浏览器"对话框中同时浏览多个瓦片,如图 17-7 所示。

# 第 17 章 瓦片的处理

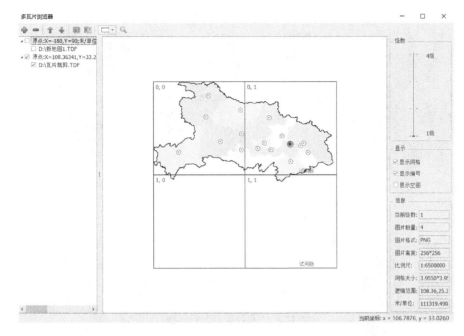

图 17-7 多瓦片浏览

## 17.3 瓦片更新

瓦片裁剪好之后，若对应的矢量地图上有变动或更新，可以使用瓦片工具将矢量地图上的变动更新到瓦片地图上，这样就可以省去再次进行瓦片裁剪所消耗的时间，从而提高工作效率。

MapGIS 10 中提供了两种更新模式，包括利用矢量地图直接对瓦片地图进行更新，以及利用新瓦片地图对旧瓦片地图进行更新。

### 17.3.1 利用矢量地图直接对瓦片地图进行更新

利用矢量地图直接对瓦片地图进行更新是较为简单、直接的方式。MapGIS 10 既支持局部范围和部分瓦片级别的更新，也支持多样化的范围选择方式，可精确定位裁剪、更新范围，从而提高裁剪、更新效率。这种方式一般适用于更新范围较小、级数较低的瓦片。例如，在之前裁剪的湖北省瓦片地图上更新湖北省驻地"武汉市"的瓦片地图，具体操作方法如下：

（1）在瓦片工具中单击"瓦片更新"旁的下拉按钮，选择"用地图更新"，可弹出如图 17-8 所示的"瓦片更新"对话框。

（2）在"瓦片更新"对话框左侧单击"选择瓦片"可显示"更新文件"界面，可通过该界面中的"选择瓦片"来选择需要更新的瓦片地图，查看"比例尺信息""原点坐标""图片参数"的参数，单击"下一步"按钮可进入"配置图层信息"界面。

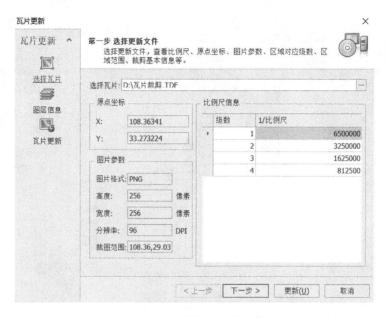

图 17-8 "瓦片更新"对话框

（3）在"配置图层信息"界面（见图 17-9）中，可配置更新的图层信息。首先通过"选择地图"来选择瓦片地图（*.HDF 或*.TDF）中要更新的具体地图，对应的图层则会显示在"图层信息"的列表中；然后在图层列表中修改裁剪级数，在更新瓦片地图时只在对应的级数上进行更新。完成设置后单击"下一步"按钮可进入"配置更新范围"界面。

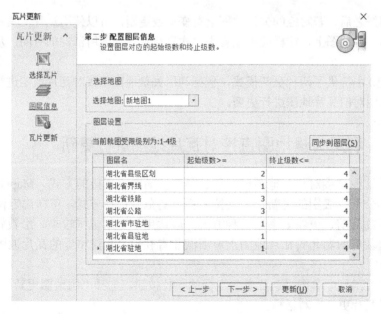

图 17-9 "配置图层信息"界面

（4）在"配置更新范围"界面（见图 17-10）中，可配置瓦片更新的范围。在该界面中可以设置"更新范围""更新级数""范围设置"。

（5）完成设置后，单击"更新"按钮可弹出如图 17-11 所示的提示框，建议在此勾选"更新前备份"选项。由于更新瓦片地图会改变原始瓦片数据，并且该过程是不可逆的，因此将待更新的瓦片地图先进行备份，可在更新出现错误时进行补救。备份的瓦片地图会在原瓦片地图名称后加后缀"-备份"，并自动保存在原瓦片地图所保存的位置下。

图 17-10 "配置更新范围"界面

图 17-11 更新前备份瓦片地图

（6）单击"瓦片更新"窗口中的"更新"按钮，会在弹出的窗口中显示更新进度，当更新的总任务进度达到 100%时，表示即完成了瓦片地图的更新。

## 17.3.2 利用新瓦片地图对旧瓦片地图进行更新

MapGIS 10 也支持利用新瓦片地图对旧瓦片地图的更新，只需保证裁剪参数（坐标原点、文件类型、每级瓦片的比例尺和网格逻辑大小）的一致，即可实现不同用途的瓦片地图相互更新。在实际应用中，对瓦片地图的更新会涉及不同级数的瓦片数据，当某一级数的瓦片地图更新后，可直接利用该结果更新上一级数瓦片地图，有利于提高瓦片地图更新的效率。具体步骤方法如下：

（1）在瓦片工具中单击"瓦片更新"旁的下拉按钮，选择"用瓦片更新"，可弹出如图 17-12 所示的"瓦片更新工具"对话框。

（2）添加源瓦片。在"源瓦片"栏中，单击"打开"按钮可以添加源瓦片（即新瓦片地图）。可以添加多个源瓦片，MapGIS 10 会按照源瓦片在列表中的先后顺序，依次对目的瓦片（即旧瓦片地图）进行更新。

（3）添加目的瓦片。在"目的瓦片"栏中选择要更新的目的瓦片。完成设置后单击"更新"按钮即可进行瓦片地图的更新。

图 17-12 "瓦片更新工具"对话框

注意：通常使用级数较低、范围较小的瓦片来更新级数较高、范围较大的瓦片，但不排除其他情况。使用源瓦片更新目的瓦片，在进行更新之前不会提示备份，应该在更新前手动备份目的瓦片。

## 17.4 瓦片升级

MapGIS 10 提供了早期版本的瓦片裁剪结果向新版本的瓦片裁剪结果的升级工具，通过该工具可实现所有瓦片裁剪结果的统一管理。将早期版本的瓦片裁剪结果升级后，可直接进行更新、发布等操作，可加大不同版本瓦片裁剪结果的融合利用。瓦片升级的具体操作方法如下：

（1）在瓦片工具中单击"瓦片升级"按钮，可弹出如图 17-13 所示的"瓦片升级工具"对话框。

（2）在"瓦片升级工具"对话框中，可设置"旧瓦片打开""新瓦片保存""旧瓦片参照系"。

（3）完成参数设置后，单击"确定"按钮即可进行瓦片升级。

图 17-13 "瓦片升级工具"对话框

## 17.5 瓦片合并

为了满足用户实际应用的需求，可根据地理坐标位置，将若干瓦片裁剪结果合并为一个新瓦片，例如将若干县级瓦片裁剪结果合并为一个市级瓦片地图，可大大提升瓦片裁剪结果的综合利用程度。应该注意的是，在进行瓦片合并前要确保要合并瓦片的坐标原点一致，并且每一级数瓦片的比例尺、转换参数、图片类型、网格逻辑大小等相同。瓦片合并的具体操作方法如下：

（1）在瓦片工具中单击"瓦片合并"按钮，可弹出如图 17-14 所示的"瓦片合并工具"对话框。

（2）添加瓦片。单击"瓦片合并工具"对话框右侧的"打开"按钮，可选择要进行合并的瓦片。如果选择了多个瓦片，MapGIS 10 会按照添加的顺序在列表中显示出来，并按照先后顺序进行合并。

（3）设置瓦片合后的保存路径，单击"合并"按钮即可进行瓦片的合并。

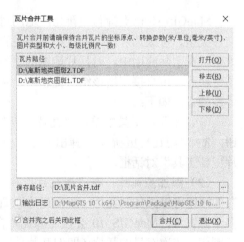

图 17-14 "瓦片合并工具"对话框

## 习题 17

（1）MapGIS 10 中关于瓦片有哪些操作？这些操作的意义是什么？
（2）MapGIS 10 中关于瓦片更新有哪些方式？各适用于什么场景？

# 第 5 部分

# 空间分析

　　空间分析是 GIS 的核心和灵魂，是 GIS 区别于一般的信息系统、CAD 或者电子地图的主要标志之一。结合空间数据的属性信息，空间分析能够提供强大、丰富的空间数据查询功能。因此，空间分析在 GIS 中的地位不言而喻。空间分析是为了解决空间问题而进行的数据分析与数据挖掘，是指从 GIS 目标之间的空间关系中获取派生的信息和新的知识、从一个或多个空间数据图层中获取信息的过程。空间分析的本质是探测空间数据的模式，研究数据间的关系并建立空间模型，使得空间数据能够更为直观地表达出其潜在含义，提高空间事件的预测和控制能力。

　　空间分析主要通过空间数据和空间模型的联合分析来挖掘空间目标的潜在信息，而这些空间目标的基本信息，无非空间位置、分布、形态、距离、方位、拓扑关系等，其中距离、方位、拓扑关系组成了空间目标的空间关系，是地理实体之间的空间特性，可以作为数据组织、查询、分析和推理的基础。通过将空间目标划分为点、线、区不同的类型，可以获得这些不同类型目标的形态结构。将空间目标的空间数据和属性数据结合起来，可以进行许多特定任务的空间计算与分析。

# 第18章 地图空间分析与查询

## 18.1 叠加分析

空间叠加是指把分散在不同层上的空间属性信息按相同的空间位置加到一起，合为新的一层。新层的属性由被叠加层各自的属性组合而成，这种组合可以是简单的逻辑合并的结果，也可以是复杂的函数运算的结果。MapGIS 10 提供的叠加分析方法有求并、相交、相减、判别、更新、对称差等运算，图层之间的叠加分析关系如表 18-1 所示。

表 18-1 图层之间的叠加分析关系

| 数据类型 | 叠加分析方法 | | | | | |
|---|---|---|---|---|---|---|
| | 求并运算 | 相交运算 | 相减运算 | 判别运算 | 更新运算 | 对称差运算 |
| 点对点 | | | | | | |
| 点对线 | | √ | | | | |
| 点对区 | | √ | √ | | | |
| 线对点 | | | | | | |
| 线对线 | | | | | | |
| 线对区 | √ | √ | √ | √ | | |
| 区对点 | | √ | √ | | | |
| 区对线 | | √ | | | | |
| 区对区 | √ | √ | √ | √ | √ | √ |

叠加分析的操作方法如下：

(1) 在当前地图下添加需要进行叠加分析的图层（至少添加两个图层），并将图层状态为"可见""编辑"或"当前编辑"。

(2) 单击菜单栏中的"通用编辑→叠加分析"，可弹出如图 18-1 所示的"图层叠加"对话框。其中，"图层1"设置为输入图层，"图层2"设置为叠加图层，"叠加方式"选择"求并"，在"输出结果"中设置叠加分析结果的存放路径和名称，单击"确定"按钮即可进行叠加分析操作。

图 18-1 "图层叠加"对话框

## 18.1.1 求并运算

求并运算用于对两个数据集进行并集操作,用叠加图层将输入图层打散后(即将输入图层在相交处分开为多个图元),将所有要素信息全部记录到结果数据中。适用范围为线对区、区对区。

**1. 线对区求并**

当线图层与区图层相交时,求并结果是将与区图层相交的线图层剪断为 3 段,结果为线图层。结果中无相交的部分保留原数据的属性(不一定完全相同,如面积和周长等),其余属性字段值均为 NULL 或-1。结果中相交部分线图层的属性包括:图层 1(线图层)的属性、图层 2(区图层)的属性信息(若图层 2 的属性字段和图层 1 出现同名冲突,则在图层 2 的属性字段名称后加 0)、增加一个字段 RegNo(区号,与线图层相交的区图层的 OID)。线对区求并如图 18-2 所示。

| OID | 线长度 | f1 | | OID | 面积 | 周长 | f1 | f2 | | OID | 线长度 | f1 | RegNo | f10 | f2 |
|---|---|---|---|---|---|---|---|---|---|---|---|---|---|---|---|
| 1 | 167 | a | + | 1 | 320.5 | 61.2 | b | c | → | 1 | 32.2 | a | <NULL> | <NULL> | <NULL> |
| | | | | | | | | | | 2 | 80.8 | a | 1 | b | c |
| | | | | | | | | | | 3 | 44 | a | <NULL> | <NULL> | <NULL> |
| 图层1 | | | | 图层2 | | | | | | 结果线 | | | | | |

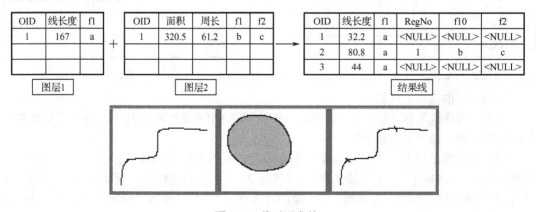

图 18-2 线对区求并

## 2. 区对区求并

当两个区图层相交时，求并结果为 3 个区图层：相交部分、裁剪掉相交区域的原始的两个区图层。若两区图层中有区图层相包含时，求并结果为 2 个区图层：被包含的区图层（小区图元）、裁剪掉小区图元后的大区图元。

结果中无相交的图层保留源数据的属性（不一定完全相同，如面积和周长等），其余属性字段值均为 NULL 或-1。相交部分区图层的属性包括：图层 1（输入图层）和图层 2（叠加图层）的所有属性字段，若图层 2 的属性字段和图层 1 出现同名冲突，则在图层 2 的属性字段名称后加 0。区对区求并如图 18-3 所示。

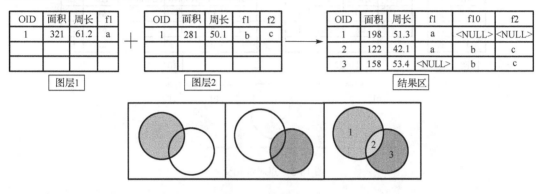

图 18-3　区对区求并

### 18.1.2　相交运算

相交运算用于对两个数据集进行交集操作，两个数据集中相交的部分被保存到结果数据集中，其余部分被排除。适用范围为点对区、点对线、线对区、区对区、区对线、区对点。A 对 B 表示 A 为图层 1，即输入图层，B 为图层 2，即叠加图层。

#### 1. 点对区相交

在进行点对区相交时，包含在区图层内的点图层将会被保存为结果，结果为点图层。结果属性包括：点图层的属性、区图层（除去面积和长度）的属性，若有同名则在图层 2 的属性字段名称后加 0、增加字段 RegNo（区号，与点图层重叠的区图层的 OID）。点对区相交如图 18-4 所示。

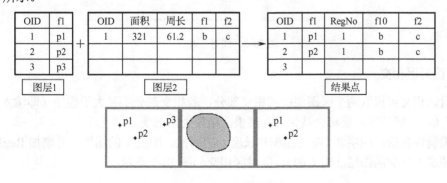

图 18-4　点对区相交

## 2. 点对线相交

点对线相交可在线图层中找到距离某点最近的线并计算出点线之间的距离，若距离小于容差（即输入的"容差半径"值），则该点将会被记录，且将该线号和该点线距离记录到对应点图层的属性中，结果为点图层。

结果属性包括：点图层的属性、线图层（除去线长度外）的属性（若有同名则在图层 2 的属性字段名称后加 0）、增加字段 LinNo（线号，最近的线图层的 OID）和 PntLinDis（点线间的距离）。点对线相交如图 18-5 所示。

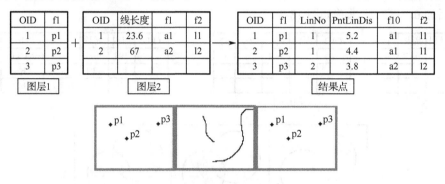

图 18-5 点对线相交

## 3. 线对区相交

线对区相交可提取穿过区图层的线图层部分，若线的长度大于容差（即输入的"容差半径"值），则该线图层将会被保存为结果，结果为线图层。

结果属性包括：线图层的属性、区图层（除去面积和长度）的属性（若有同名则在图层 2 的属性字段名称后加 0、增加字段 RegNo（区号，与线图层相交的区图层的 OID）。线对区相交如图 18-6 所示。

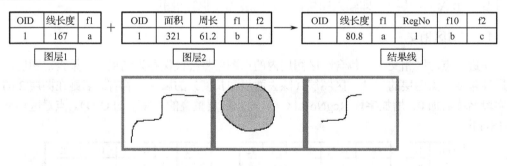

图 18-6 线对区相交

## 4. 区对区相交

区对区相交可提取两个区图层中的相交部分，若相交部分半径大于容差（即输入的"容差半径"值），则该区图层将会被保存为结果，结果为区图层。

结果属性包括：图层 2（除去面积和长度）的属性、图层 1 的属性，并增加 RegNo（区号，与图层 1 相交的图层 2 的 OID）。区对区相交如图 18-7 所示。

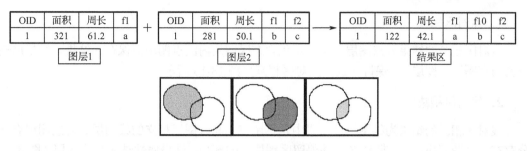

图 18-7　区对区相交

### 5. 区对线相交

区对线相交可提取出与线图层相交的区图层，结果为区图层，结果属性与区图层保持一致。区对线相交如图 18-8 所示。

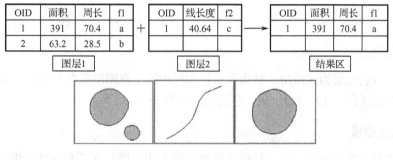

图 18-8　区对线相交

### 6. 区对点相交

区对点相交保留那些有点图层落在上面的区图层，结果为区图层，结果属性结构与区图层一致。区对点相交如图 18-9 所示。

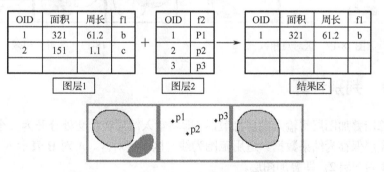

图 18-9　区对点相交

## 18.1.3　相减运算

相减运算用于从输入图层（图层 1）中"减去"与叠加图层（图层 2）相重叠的部分。适用范围为点对区、线对区、区对点、区对区。A 对 B 表示 A 为图层 1，即输入图层，B 为图层 2，即叠加图层。

### 1. 点对区相减

点对区相减的结果为点图层，结果不包含在区图层内的点图层被保存为结果，结果属性结构与点图层（图层1）保持一致。点对区相减如图18-10所示。

### 2. 线对区相减

线对区相减的结果为线图层，结果中包括所有不与区图层相交的线图层。若线图层有部分存在于区图层内，则切断线图层并保留区图层外的部分。结果属性结构与线图层（图层1）保持一致。线对区相减如图18-11所示。

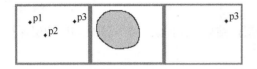

图 18-10　点对区相减

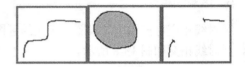

图 18-11　线对区相减

### 3. 区对点相减

区对点相减的结果为区图层，结果保留区图层中没有点图层落在上面的区图层，结果属性结构与区图层（图层1）保持一致。区对点相减如图18-12所示。

### 4. 区对区相减

区对区相减的结果为区图层，结果中包括图层1中与图层2不相交的区图层。若图层1有部分与图层2重合，则将图层1切断，并保留不重合的部分。结果属性结构与图层1保持一致。区对区相减如图18-13所示。

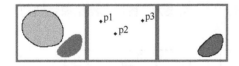

图 18-12　区对点相减

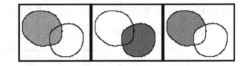

图 18-13　区对区相减

## 18.1.4　判别运算

判别运算用叠加图层将输入图层打散后（即将输入图层在相交处分开为多个图元），将打散后的输入图层保存为结果数据。适用范围为线对区、区对区。A对B表示A为图层1，即输入图层，B为图层2，即叠加图层。

### 1. 线对区判别

若图层1中有线图层与区图层相交时，线对区判别的结果是将与区图层相交的线图层剪断为3段，然后保存剪断后的线图层，结果为线图层。

结果属性在原始线图层的基础上，添加入区图层除周长、面积外的属性信息，若有同名则在图层2的属性字段名称后加0。位于区图层的线图层将包含区图层属性，位于区图层外的线图层的附加区属性值为空。线对区判别如图18-14所示。

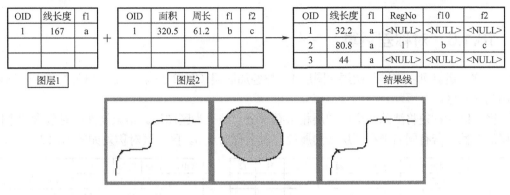

图 18-14　线对区判别

### 2. 区对区判别

当两个区图层相交时，区对区判别的结果是将图层 1 打散为重合部分和不重合部分，然后将打散的区图层保存为结果，结果为区图层。

结果属性继承图层 1 和图层 2 的所有属性，若图层 1 的属性字段名称和图层 2 出现同名冲突，则在图层 2 的属性字段名称后加 0。结果的线图层中非相交部分保留图层 1 或图层 2 的原属性（不一定完全相同，如面积和周长等），其余属性字段值均为 NULL；结果中相交部分线图层的属性继承图层 1 和图层 2 的属性。区对区判别如图 18-15 所示。

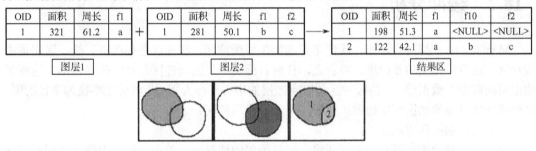

图 18-15　区对区判别

## 18.1.5　更新运算

若图层 1 与图层 2 相交，进行更新运算可将图层 1 打散，保留不相交部分和图层 2 中的完整图元，适用范围为区对区，与传统关系型数据库中的更新操作类似。

区对区更新的结果为区图层。若两个区图层相交，将图层 1 打散为相交部分和不相交部分，保留图层 1 中不相交部分以及图层 2 中完整图元。

结果属性为图层 1 的属性，若图层 2 中没有对应的属性，则将更新后的属性置空。区对区更新如图 18-16 所示。

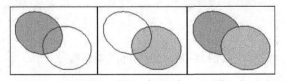

图 18-16　区对区更新

### 18.1.6 对称差运算

对称差运算可获取输入图层（图层1）与叠加图层（图层2）相交部分以外的部分，适用范围为区对区。

区对区对称差将清除两个区图层相重叠部分，结果为区图层。结果属性同时包含两个区图层的属性，若有同名则在图层2的属性字段名称后加0。区对区对称差如图18-17所示。

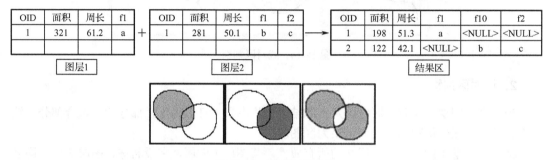

图 18-17  区对区对称差

## 18.2 缓冲分析

MapGIS 10 支持对点、线、区简单要素类生成缓冲区。缓冲区是指在点、线、区实体周围建立一定宽度范围的多边形。换言之，任何目标所产生的缓冲区总是一些多边形，这些多边形将构成新的数据层。点的缓冲区是以点图层的中心坐标为圆心、以缓冲半径为半径的圆，区的缓冲区是将原始区图层边界扩充缓冲半径大小后的区。

缓冲分析的操作方法如下：

（1）在当前地图有可见的点（或线、区）图层的情况下，单击菜单栏中的"通用编辑→缓冲分析"，可弹出如图18-18所示的"缓冲分析"对话框。

图 18-18  "缓冲分析"对话框

（2）选择需要生成缓冲区的图层。在"选择图层"的下拉列表中选择目标图层（当前地图下所有简单要素类都可被选）。

（3）设置缓冲区参数，包括容差和颜色。

（4）设置缓冲区样式。

"缓冲区线端类型"：分为圆头、平头两种方式，是指在生成缓冲区时，对边界的处理方式（该设置只对线缓冲结果有效，点和区的缓冲区结果默认为圆头）。

"缓冲区合并样式"：分为合并和不合并两种，是指在进行缓冲区分析时，对存在相交或相邻情况的缓冲结果区域的不同处理方式。若选择合并，则生成的缓冲区相交或相邻时缓冲区结果将会自动合并。

（5）设置缓冲区半径方式。

缓冲区半径方式有"指定半径缓冲"和"根据属性缓冲"两种方式。

"单位"：用于选择缓冲区的单位。一般情况下，投影坐标系的数据会选择数据单位来进行缓冲，地理坐标系的数据会选择其他单位（如米）来进行缓冲。

"指定半径缓冲"：可按照用户指定的半径生成缓冲区。在对点和区图层进行缓冲分析时，"左右等半径"是默认选项且不可编辑，用户输入左半径作为缓冲半径。在对区图层进行缓冲分析操作，当半径为负时，区图层将内缩。在对线图层进行缓冲分析时，勾选"左右等半径"，输入左半径，则线图层两侧将根据该半径进行缓冲分析；不勾选"左右等半径"，分别输入左、右半径，线图层两侧将根据输入的半径进行缓冲分析。只有对线图层进行缓冲分析时，可以选择不对称的缓冲形式，即在线图层两侧采用不同的半径进行缓冲分析；左右之分与原图层本身的绘制方式有关，如水平一条直线由左侧向右侧绘制时，直线上方为左，下方为右，以此类推。

"根据属性缓冲"：用于将图层中的某个属性字段的值作为其缓冲半径的动态缓冲分析方式。

（6）设置结果的存放路径和名称后，单击"确定"按钮即可进行缓冲分析。

MapGIS 10 也支持生成多重缓冲区。在当前地图有可见的点（或线、区）图层的情况下，单击菜单栏中的"通用编辑→多重缓冲分析"，可弹出如图 18-19 所示的"多重缓冲分析"对话框，在该对话框中设置好相关参数后，单击"确定"按钮即可进行多重缓冲分析。

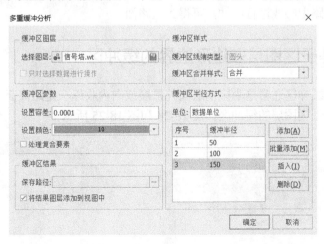

图 18-19 "多重缓冲分析"对话框

### 18.2.1 基于点图层的缓冲区

基于点图层的缓冲区通常以点图层的中心点为圆心、以一定距离为半径的圆。例如，污染源及污染范围如图 18-20 和图 18-21 所示。

图 18-20　污染源　　　　　　　　图 18-21　污染范围

又如，基于信号塔进行多重缓冲分析可得到信号服务区，越靠近信号塔的地方，信号越强，反之越弱，信号塔的分布如图 18-22 所示，信号服务区如图 18-23 所示。

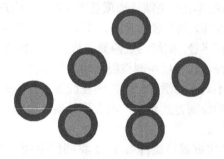

图 18-22　信号塔的分布　　　　　图 18-23　信号服务区

### 18.2.2 基于线图层的缓冲区

基于线图层的缓冲区通常是以线图层为中心轴线，距中心轴线一定距离的平行条带多边形。例如，基于道路中心线进行缓冲，可得到道路面。

### 18.2.3 基于区图层多边形边界的缓冲区

基于区图层的缓冲区通常是由区图层向外扩展或向内收缩一定距离而生成新的多边形。例如，区图层和基于区图层的缓冲区如图 18-24 和图 18-25 所示。

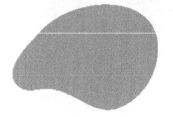

图 18-24　区图层　　　　　　图 18-25　基于区图层的缓冲区

## 18.3 空间查询

空间查询与 8.2 节的"交互式空间查询"类似,空间查询的范围是当前地图的某一区图层,而并非用户输入范围。另外,空间查询可以只对待查询的图层按照属性条件进行筛选。

通过对图层进行空间查询、SQL 属性查询或者指定距离查询的方式,可将待查询的图层中符合条件的图元提取到新文件中。例如,现有武汉光谷地区图斑,欲将该范围内所有大学提取至新图层中,具体操作说明如下:

在当前地图有可见图层的情况下,单击菜单栏中的"通用编辑→空间查询→按条件查询",可弹出如图 18-26 所示的"空间查询"对话框,进行相关参数设置后,单击"确定"按钮即可完成空间查询操作,将符合筛选条件的图元提取到新图层中并添加到当前地图中。

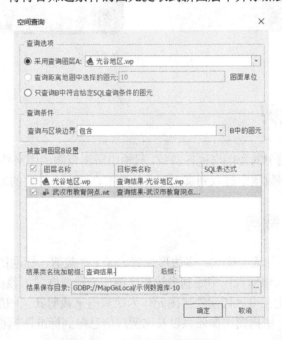

图 18-26 "空间查询"对话框

在"空间查询"对话框中,"查询选项"有三种查询方式可选,可根据实际需要进行选择。

"采用查询图层 A":使用该方式时必须保证当前地图下存在区图层,可在下拉列表中选择一个区图层作为图层 A,MapGIS 10 将根据设置的"查询条件"找出 B(被查询图层)中与 A 的关系符合查询条件(如与 A 相交)的所有图元。

"查询距离地图中选择的图元":使用该方式必须保证先选中当前地图中某图元。若选择该方式,则 MapGIS 10 将对所选图元以输入距离为半径生成缓冲区,然后根据设置的"查询条件"找出 B(被查询图层)中与缓冲区的关系符合查询条件的所有图元。

"只查询 B 中符合给定 SQL 查询条件的图元":选择该方式后,需在"被查询图层 B 设置"中参数列表的最后一列输入相应的"SQL 表达式",MapGIS 10 会找出 B 中所有符合该 SQL 表达式的图元。

选择"采用查询图层 A"时,"查询条件"有"包含""相交""相离""外包矩形相交"四种方式,可配合查询选项使用。

在"被查询图层 B 设置"栏中,选择被查询的图层 B(当前地图下所有状态的图层都可作为被查询的图层)后,若"查询选项"选择第三种方式,则需在此设置"SQL 表达式",SQL 语句的设置可参考 8.2 节中的"选择图元"。

空间查询的结果如图 18-27 所示。

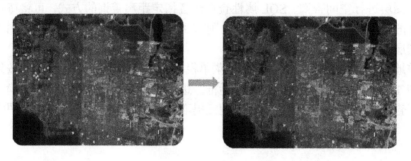

图 18-27　空间查询的结果

## 18.4　地图裁剪

地图裁剪可对地图中的各图层进行裁剪,只输出所需范围的图形数据。借助于地图裁剪,用户可以从庞大的空间数据中提取到真正需要的数据,减少不必要的运算。

### 18.4.1　矢量裁剪

MapGIS 10 提供四种裁剪模式:多边形裁剪、区文件裁剪、标准图幅裁剪和工程裁剪。
- 多边形裁剪:在地图视图中绘制多边形区域作为裁剪框,可裁剪当前地图下的图层。
- 区文件裁剪:用某个区图层中区图元作为裁剪框来裁剪其他图层。
- 标准图幅裁剪:根据图层参照系以及比例尺信息得到标准图幅框,可通过该图幅框裁剪图层。
- 工程裁剪:以地图为裁剪目标进行裁剪,并且裁剪后的图层也以地图的方式进行管理。

#### 1. 多边形裁剪

(1)在当前地图(如图 18-28 所示的等值线地图)存在可见图层的情况下,单击菜单栏中的"通用编辑→裁剪分析→多边形裁剪",可弹出如图 18-29 所示的"裁剪多边形范围设置"对话框。

(2)在"裁剪多边形范围设置"对话框中选择裁剪框类型。若裁剪框类型选择"A3(420×297)"或"A4(210×297)",则 MapGIS 10 会自动生成一个裁剪框,裁剪框的长宽为位于地图文档下第一个图层的符号比率和选择的"A3(420×297)"或"A4(210×297)"标准长宽去掉边框空白后的乘积。若选择"交互绘制多边形",则 MapGIS 10 会在地图视图中绘制多边形作为裁剪框。设置好裁剪框类型之后,单击"确定"按钮可以弹出如图 18-30 所示的"多边形裁剪"对话框。

图 18-28　等值线地图　　　　图 18-29　"裁剪多边形范围设置"对话框

（3）在"多边形裁剪"对话框中设置好相关参数后，单击"裁剪"按钮即可进行多边形裁剪，并且会自动将裁剪结果添加到地图中。多边形裁剪结果如图 18-31 所示。

图 18-30　"多边形裁剪"对话框　　　　图 18-31　多边形裁剪效果

### 2. 区文件裁剪

当前地图存在可见区图层的情况下，单击菜单栏中的"通用编辑→裁剪分析→区文件裁剪"，可弹出如图 18-32 所示的"区文件裁剪"对话框，设置相关参数后单击"裁剪"即可进行区文件裁剪，裁剪结果会自动添加到地图中。

图 18-32　"区文件裁剪"对话框

### 3. 标准图幅裁剪

在进行标准图幅裁剪时，需要确保当前地图下至少一个图层有坐标参照系，并且当前地图下存在可见图层。具体操作方法为：单击菜单栏中的"通用编辑→裁剪分析→标准图幅裁剪"，可弹出如图 18-33 所示的"标准图幅裁剪"对话框。在该对话框中，设置好相关参数之后，单击"裁剪"按钮即可进行标准图幅裁剪，并且自动将裁剪结果添加到地图中。

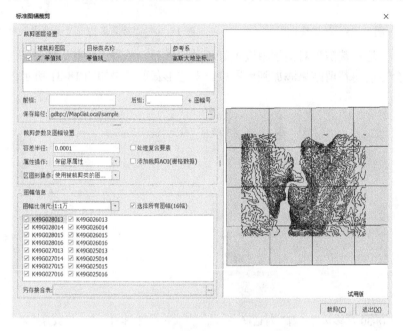

图 18-33 "标准图幅裁剪"对话框

"标准图幅裁剪"对话框中"裁剪图幅及参数设置"的主要参数如下：

"容差半径"默认为 0.0001，单位为地图单位，数值越小表示精度越高。

"属性操作"的可选项有两个："保留原属性"表示在裁剪结果中保留原图层的所有属性；"不保留原属性"表示在裁剪结果中仅保留原图层的属性字段，不保留属性值。

"区图形操作"可选项有三个："使用被裁剪类的图元参数"表示在裁剪结果中区图元保留原参数信息；"使用裁剪类的图元参数"表示裁剪结果中区图元的参数和裁剪文件中区图元的参数保持一致；"随机"表示对裁剪结果中区图元的参数进行随机赋值。

勾选"处理复合要素"选项时，如果区图层中有组合区或组合线，则裁剪框内包含的组合要素在裁剪结果中仍然是组合要素；不勾选该选项时，则会将组合元素分解为单个要素。

"添加裁剪 AOI（栅格数据）"：用于决定是否在裁剪结果中添加裁剪 AOI，勾选该选项时，裁剪结果只显示裁剪 AOI 内的图形，不显示外部图形；若不勾选该选项，则按照标准图幅范围裁剪。

### 4. 工程裁剪

工程裁剪的实现原理和区文件裁剪基本类似，但工程裁剪是对一个配置好的 .mapx 文件进行操作的，其裁剪结果也是 .mapx 文件。工程裁剪不仅可对图层进行裁剪，还可保留 .mapx 文件的配置信息，如图层的最大显示比、最小显示比、专题图等配置信息。在进行工程裁剪时，要确保当前地图中存在裁剪区文件，并且地图中存在可见图层。工程裁剪的操作方法如下：

（1）单击菜单栏中的"通用编辑→裁剪分析→工程裁剪"，可弹出如图 18-34 所示的"工程裁剪"对话框，进行工程裁剪参数设置（可参考多边形裁剪的参数设置）。

在"裁剪结果设置"栏中，由于工程裁剪是针对整个地图进行裁剪的，因此这里勾选的被裁剪图层下的所有图层都将被裁剪。"工程保存路径"用于设置工程裁剪结果的存放路径和名称。

在"裁剪参数设置"栏中，若勾选"添加空结果数据到工程"选项，则在被裁剪的某图层数据为空（图元个数为 0）时，该图层也会被添加到结果工程文档中。若不勾选，则不会将这类图层添加到工程文档中。

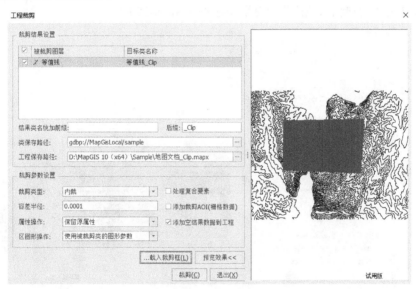

图 18-34 "工程裁剪"对话框

（2）单击"载入裁剪框"按钮，可在弹出的"选择裁剪区文件"对话框中选择裁剪框文件。加载裁剪框文件后，可在"工程裁剪"对话框中预览裁剪框和被裁剪的图层。

（3）单击"裁剪"按钮后，MapGIS 10 将开始进行工程裁剪操作。完成裁剪后，可以预览工程裁剪的结果。

### 18.4.2 栅格裁剪

栅格裁剪是指根据用户的需求，按照一定的方法在原始栅格地图中提取所需的部分栅格地图，新生成的裁剪结果中包含了与原栅格地图相交部分的所有图元。

栅格裁剪的操作方法如下：

（1）单击菜单栏中的"栅格编辑→裁剪"，可弹出"栅格裁剪"对话框。

（2）在"栅格裁剪"对话框中设置待裁剪的栅格地图。在"输入\输出设置"栏中，"源文件"用于选择要裁剪的栅格地图；"波段"用于设置栅格地图的裁剪的波段；"结果文件"用于设置裁剪结果的存放路径和名称。选择待裁剪的栅格地图后，MapGIS 10 会将其显示在右侧的"显示"窗口中。

（3）选择裁剪模式。MapGIS 10 提供了"用户输入范围""按分块数目""按分块大小""AOI 区裁剪""矢量区裁剪"五种裁剪模式。

①"用户输入范围"裁剪模式。"用户输入范围"裁剪模式允许用户通过自定义的矩形裁剪框来进行裁剪。选择"用户输入范围"后，需要选择"坐标类型"，MapGIS 10 提供了"栅格范围"和"地理范围"两种坐标类型，如果"坐标类型"选择"地理范围"，则通过定义左上角和右下角的坐标来确定栅格地图的裁剪框；如果"坐标类型"选择"栅格范围"，则通过定义左上角和右下角的行、列范围来确定栅格地图的裁剪框。"左上""右下"用于选择左上角和右下角的行列信息（选择"栅格范围"时）或者左上角和右下角的坐标值（选择"地理范围"时）。另外，还可以通过调整"显示"窗口中裁剪框的大小和位置来确定裁剪范围。

裁剪模式为"用户输入范围"时裁剪框示例如图 18-35 所示。

图 18-35　裁剪模式为"用户输入范围"时裁剪框示例

②"按分块大小"裁剪模式。"按分块大小"裁剪模式是按照标准块大小进行切块，对于不够标准大小的则单独作为小块进行切块，其裁剪结果是多幅影像，命名时在结果名称后面加上分块的行列序号。选择"按分块大小"后，还需要进行参数的设置。"块大小"用于设置分块裁剪的大小，该参数是通过行、列值来设定的，确定块大小后 MapGIS 10 会显示"块数目"的值，并且会在右侧的"显示"窗口中显示分块的效果及分块的数目。"重叠"用于设置相邻块之间重复的行、列数，默认为 0，即相邻块之间不存在重复区域。

裁剪模式为"按分块大小"时裁剪框示例如图 18-36 所示。

③"按分块数目"裁剪模式。"按分块数目"裁剪模式的实现原理与"按分块大小"裁剪模式类似，都是根据设置的分块数目对影像进行均匀切块的。"按分块数目"裁剪模式的裁剪结果与命名规则和"按分块大小"裁剪模式相同。"块数目"用于设置裁剪的分块数目，可通过行、列值来确定，块数目为行值和列值的积。确定了"块数目"的值后，MapGIS 10 会自动显示"块大小"的值，并且会在右侧的"显示"窗口中显示分块的效果及分块的大小。重叠"用于设置相邻块之间重复的行、列数，默认为 0，即相邻块之间不存在重复区域。

裁剪模式为"按分块数目"时裁剪框示例如图18-37所示。

图18-36 裁剪模式为"按分块大小"时裁剪框示例

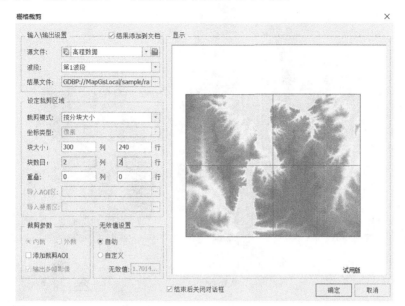

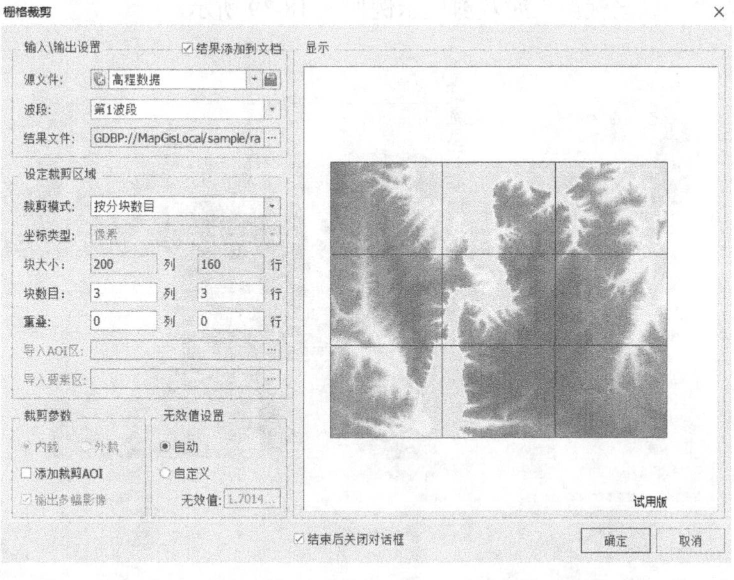

图18-37 裁剪模式为"按分块数目"时裁剪框示例

④ "AOI 区裁剪"裁剪模式。当"裁剪模式"为"AOI 区裁剪"时,"导入 AOI 区"输入框会被激活,单击右侧的"…"按钮可导入 AOI 区文件,并且可以在右侧的"显示"窗口中预览裁剪结果。

裁剪模式为"AOI 区裁剪"时裁剪框示例如图18-38所示。

⑤ "矢量区裁剪"裁剪模式。"矢量区裁剪"裁剪模式是通过导入的矢量区文件来确定裁剪框的。当"裁剪模式"为"矢量区裁剪"时,"导入要素区"输入框会被激活,单击右侧的"…"

按钮可导入相应的矢量区文件,并且会在右侧的"显示"窗口中显示矢量区文件的分布情况。

图 18-38　裁剪模式为"AOI 区裁剪"时裁剪框示例

裁剪模式为"矢量区裁剪"时裁剪框示例如图 18-39 所示。

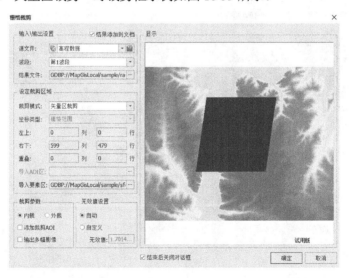

图 18-39　裁剪模式为"矢量区裁剪"时裁剪框示例

# 习题 18

(1) 什么是空间分析？常见的空间分析方法有哪些？请举例说明。
(2) 栅格裁剪有哪些方式？都适用于什么场景？
(3) 现有某省的行政区划图以及长江流域图,试求长江流经某省的长度。

# 第19章 网络分析

现代社会的经济基础之一是社会的基础设施，如电缆、管线，以及能促进能源、商品和信息流通的线路等，这些基础设施都可以被模型化为网络。网络模型有哪些作用呢？在 GIS 中，网络模型主要有两方面的作用：一是作为 GIS 网络分析功能的基础，这些网络分析功能包括路径分析、连通分析、流向分析、资源分配、定位分配、网络追踪等；二是作为城市基础设施（如给排水、能源供应、道路交通、邮电、园林绿化、防灾）的数据模型，为城市基础设施的建设提供支持。

什么是网络分析呢？在 GIS 中，网络分析是指在网络模型中通过分析解决实际问题的过程，如路径分析、服务区分析、最近设施查找等。目前，网络分析已经广泛应用于电子导航、交通旅游、城市规划、物流运输、电力及通信等不同行业。

## 19.1 网络创建

MapGIS 10 使用两类网络模型来对现实的网络进行模拟：几何网络模型和属性网络模型。

几何网络模型是由一系列相互联系的边和点组成的几何要素的集合。在几何网络模型中，边和点被称为网络要素，因为网络要素具有几何形状并且可以显示，所以被称为几何网络模型。几何网络模型与它所参与的各要素类处于同一地理要素数据集之中。

属性网络模型在建立拓扑关系和关联关系的固化标准格式时，将已知的精确拓扑关系按照固化格式生成语义信息，各层子网分别根据语义字段信息值，自动地生成要素间的拓扑关系；当拓扑信息不完整时，采用几何捏合方法实时生成拓扑关系，而已知的拓扑关系信息存储在线要素的属性结构中。

### 19.1.1 建网原理

**1. 几何建网**

*1) 几何建网原理*

几何建网是通过几何捏合方法对几何空间位置邻近且在设定的容差范围内的要素进行捏合，从而构建拓扑关系，并使其具有连通性。

几何捏合方法如图 19-1 所示，虚线圆圈范围为设定的容差范围，如果两条线的端点在容差范围内，则进行捏合，使两条线具有拓扑关系，也就是说两条线可以连通。假设这两条线表示两条街道，则表示可从 A 街道到达 B 街道。如果两条线的端点不在容差范围内，则不进行捏合，两条线不具有拓扑关系，即不能从 A 街道到达 B 街道。

图 19-1　几何捏合方法

参与建网的要素可以是点、线简单要素类。假设：lin1 为线简单要素类，其中有 LinA、LinB 两条线；pnt1 为点简单要素类，其中有一个点 Pnt1。在 MapGIS 10 中，有几何实体的点或线称为实体点或实体线。在建网时，按照设置的捏合策略，对要素构建拓扑关系，从而建立逻辑网络。LinA、LinB 在点 Pnt1 处捏合，在逻辑网络中，LinA 和 LinB 都有一个端点是 Pnt1，但线必须有起点和终点，LinA、LinB 还有一端没有实体点可以捏合，为了保证拓扑完整性，MapGIS 10 会自动为它们补充拓扑点，保存在网络类名_TopoNod 简单要素类中，拓扑点不具有几何意义。几何建网原理如图 19-2 所示。

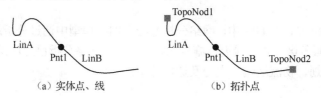

图 19-2　几何建网原理

2）几何建网的连通策略

（1）线线捏合策略。线线捏合策略可分为端点策略和顶点策略。端点策略是指仅在线端点处进行连通捏合，如图 19-3（a）所示，主干道（黑色线）只在端点处连通。顶点策略是指在线的任意顶点处捏合，如图 19-3（b）所示，主干道在各分支处也连通。

图 19-3　线线捏合策略

（2）线点捏合策略。线点捏合策略可分为依边策略和点优先策略。依边策略是指采用线线捏合策略，若为端点策略，则点在线端点时被捏合；若为顶点策略，则点在线顶点处才被捏合，如图 19-4 所示。点优先策略是指忽略线线捏合策略，在任意顶点处都可以捏合，如图 19-5 所示。

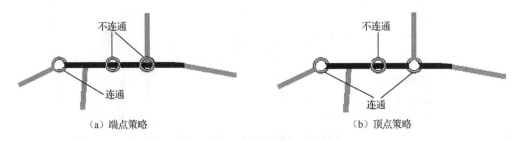

图 19-4 依边策略

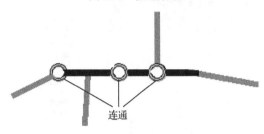

图 19-5 点优先策略

（3）复杂元素。复杂元素是指线和多个元素对应，如图 19-6 所示。

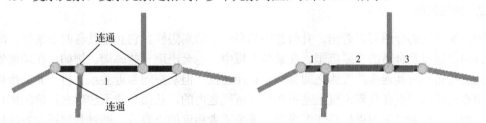

图 19-6 复杂元素

3）网络权

网络权是指经过某个点或者某条线时所需要克服的阻碍。网络权值为正表示阻碍度，为负表示不连通。每个点都可以拥有一个转角权值矩阵，该矩阵中的每一项说明了从某条线经该点到另一条线时所受的阻碍。转角权值为负等同于无穷大，如果转角权值矩阵中某一项为负，则表示相应的转向被禁止。"网络权信息"界面如图 19-7 所示。

"网络权设置"栏中的参数如下：

"网络需求"表示资源分配时沿线上的需求，在进行服务范围分析和定位分配分析时，将用到该参数。

"指示流向"表示网络的流向，0 表示正向，1 表示逆向，2 表示双向。

"使能状态"：通过网络的某条线的属性值去禁用或者激活其他网络元素，即用于设置网络是否连通。该参数的值为布尔型，0 表示激活，1 表示禁用。

以上三个参数是 MapGIS 10 默认的三个网络权（不可被删除），对于每一个网络权，需要在"绑定字段"栏中为其绑定有意义的字段。

图 19-7 "网络权信息"界面

### 2．属性建网

由几何建网的介绍可以看出，几何建网具有一定的局限性，它必须具备两个条件，即精确的几何坐标以及合适的容差范围。在某些领域中，也会出现一些弊端。例如，在通信领域中，光交接箱和与其连接的缆线之间具有逻辑相连性，但从空间邻近关系分析，光交接箱的几何中心与缆线端点在几何位置上是不在容差范围之内的，从而导致无法建立正确的拓扑关系。又如，当线要素的端点处存在多个完全重叠或者相近的点要素，通过几何捏合方法建立的要素间拓扑关系具有随机性，这种随机性可能会产生错误的网络拓扑关系。

鉴于这种局限性，MapGIS 10 提供另外一种建网模式——属性建网。

许多行业的地理网络，其拓扑关系在数据采集时已经精确获得了，因此建立了拓扑关系和关联关系的固化标准格式，将已知的精确拓扑关系按照固化格式生成语义信息，各层子网分别根据语义字段信息值，自动地生成要素间的拓扑关系。在这种情景下，就适合采用属性建网。

已知的拓扑关系信息存储在线要素中，线要素中的拓扑关系属性结构如表 19-1 所示。

表 19-1 线要素中的拓扑关系属性结构

| 拓扑关系信息 | 对应属性字段 |
| --- | --- |
| 起点所在的简单要素类 ID | FCLS |
| 起点要素 ID | FTN |
| 终点所在的简单要素类 ID | TCLS |
| 终点要素 ID | TTN |

假设：lin1 为线简单要素类，其中有 LinA、LinB 两条线；pnt1 为点简单要素类，其中有两个点 Pnt1 和 Pnt2。按照表 19-2 所示的 lin1 属性结构及属性内容建网。LinA 的起点为 Pnt1，终点为 Pnt2；LinB 的起点为 Pnt1，LinA 与 LinB 连通，LinB 缺少终点，MapGIS 10 会自动为其补充拓扑节点。属性建网原理如图 19-8 所示。

表 19-2　lin1 属性结构及属性内容

| OID | FCLS | FTN | TCLS | TTN |
|---|---|---|---|---|
| LinA | 1 | 1 | 1 | 2 |
| LinB | 1 | 1 | 1 | <NULL> |
| 说明 | 起点所在要素类 ID，即 Pnt1 的 ID | 线的起点要素类 ID，1 代表点 Pnt1 | 终点所在要素类 ID，即 Pnt1 的 ID | 终点要素类 ID，2 代表点 Pnt2，NULL 表示没有 |

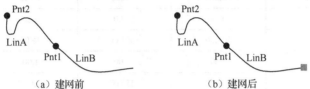

（a）建网前　　　　　　　　（b）建网后

图 19-8　属性建网原理

## 19.1.2　建网操作

### 1. 几何建网的操作

创建网络需要简单要素类的参与，几何网络与它所参与的各简单要素类必须处于同一地理要素数据集之中。创建网络的最低要求是在地理要素数据集中至少有一个简单要素类线文件，否则无法创建网络。

1）数据准备

以创建一个街区路网为例，首先需要准备道路中的线图层（如街道线、地铁线、城市管道线等），以及道路中的点图层（如街道交叉点、路灯点、地铁点等，视具体情况而定）；然后设置在网络分析中需要用到的权值字段，在线图层属性结构中设置如下 4 个属性字段：

F0T0IMP：顺距离，从一条街道的起点行至终点的路程长度。

T0F0IMP：逆距离，从一条街道的终点行至起点的路程长度。

F0T0TIME：顺时，从一条街道的起点行至终点所需时间。

T0F0TIME：逆时，从一条街道的终点行至起点所需时间。

权值字段通常都具有实际应用意义，并且一般都是成对出现的，因为顺权值和逆权值在某些情况下可能是不同的。如图 19-9 所示的街区路网，每两条街道之间都至少有 1 个转盘，顺距离和逆距离就不一样，这种实际中的情况被简化成网络后，在视觉上就看不出来了，只能通过权值的大小来表示。

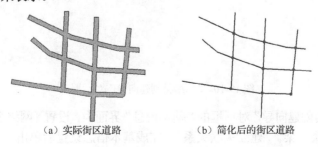

（a）实际街区道路　　　　　　（b）简化后的街区道路

图 19-9　街区路网

线图层属性结构中的 4 个属性字段如表 19-3 所示，权值为负数时表示不可通行。

表 19-3 线图层属性结构中的 4 个属性字段

| 序号 | ROAD1 | FOTOIMP | TOFOIMP | FOTOTIME | TOFOTIME |
|---|---|---|---|---|---|
| 1 | 1966 | 132.00 | 132.00 | 14.00 | 14.00 |
| 2 | 1075 | 14.00 | 14.00 | 2.00 | 2.00 |
| 3 | 951 | 126.00 | 126.00 | 14.00 | 14.00 |
| 4 | 538 | 66.00 | 66.00 | 7.00 | 7.00 |
| 5 | 3007 | 301.00 | −301.00 | 26.00 | −26.00 |
| 6 | 1472 | 7.00 | −7.00 | 1.00 | −1.00 |
| 7 | 1080 | 119.00 | −119.00 | 10.00 | −10.00 |
| 8 | 790 | 204.00 | −204.00 | 17.00 | −17.00 |
| 9 | 2446 | 7.00 | −7.00 | 1.00 | −1.00 |
| 10 | 537 | 338.00 | −338.00 | 29.00 | −29.00 |
| 11 | 1457 | 252.00 | −252.00 | 22.00 | −22.00 |
| 12 | 1456 | 68.00 | −68.00 | 6.00 | −6.00 |
| 13 | 3753 | 582.00 | −582.00 | 50.00 | −50.00 |
| 14 | 3523 | 10.00 | 10.00 | 1.00 | 1.00 |

2）创建数据类

（1）展开所创建的要素数据集根目录，右键单击"网络类"节点，在弹出的右键菜单中选择"创建"，可弹出如图 19-10 所示的"网络类创建向导"对话框。

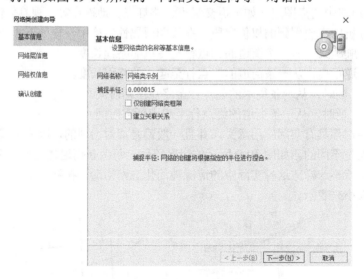

图 19-10 "网络类创建向导"对话框

（2）在"网络类创建向导"对话框的"基本信息"界面中，设置"网络名称""捕捉半径"，勾选"仅创建网络类框架""建立关联关系"，完成基本信息设置后单击"下一步"按钮。

"捕捉半径"用于在创建网络时将根据指定的捕捉半径对点和线进行捏合，例如某收费站应该坐落在某条公路上，但采集数据过程中，公路和收费站坐标可能会有偏差，导致点不在线上。在创建网络时，需要使用捕捉半径来消除这个误差，若点和线在设置的捕捉半径内，则认为二者可以捏合在一起。

"仅创建网络类框架"用于创建一个空的网络类，此接口供二次开发使用。

若勾选"建立关联关系"选项，则 MapGIS 10 将默认创建两个网络层以进行关联。

（3）设置网络层信息。在"基本信息"界面中单击"下一步"按钮可进入如图 19-11 所示的"网络层信息"界面。在"网络层信息"界面的"层信息管理"栏中，用户可以修改"层名"，并查看"层建网策略"。在"层详细设置"栏中，用户可以选择网络层中包含的简单要素类（单张图幅一般有一个简单点要素类和一个简单线要素类，$N$ 张图幅则一般有 $N$ 个简单点要素类和 $N$ 个简单线要素类），并设置简单要素类在网络层中的几何连通策略。完成网络层信息的设置后，单击"下一步"按钮可进入"网络权信息"界面。

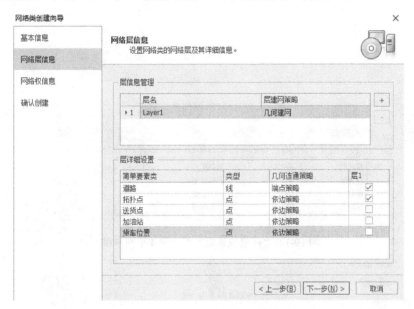

图 19-11 "网络层信息"界面

（4）网络权信息的设置。在"网络权信息"界面（见图 19-12）中，可以设置网络权，并为网络权绑定参与建网的简单要素类的对应字段。

单击"网络权设置"栏右侧的" + "，" - "按钮可添加或删除网络权。用户自己添加的网络权可以分为两种，即比例权和绝对权。网络权的数据类型有四种，即短整型、长整型、浮点型、双精度型。用户可根据准备的数据来设置如图 19-13 所示的 4 个网络权。

分别为 4 个网络权绑定之前设置的字段："顺距离"用于绑定简单要素类中 F0T0IMP 字段，"逆距离"用于绑定简单要素类中 T0F0IMP 字段，"顺时"用于绑定简单要素类中 F0T0TIME 字段，"逆时"用于绑定简单要素类中 T0F0TIME 字段。

完成网络权信息的设置后，单击"下一步"按钮可进入"确认创建"界面。

（5）在"确认创建"界面中确认创建的信息是否正确，若创建的信息无误，则单击"完成"按钮即可完成网络类的创建；若创建的信息有误，则可单击"上一步"按钮，然后在相应的创建位置进行修改。"确认创建"界面如图 19-14 所示。

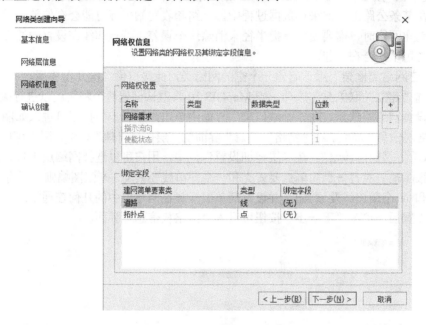

图 19-12 "网络权信息"界面

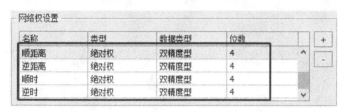

图 19-13 "网络权设置"栏中的 4 个网络权

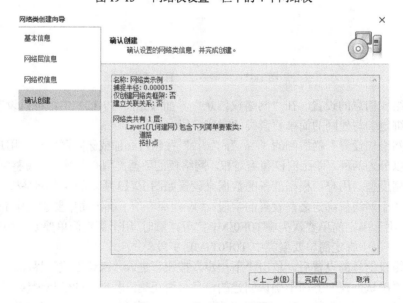

图 19-14 "确认创建"界面

几何网络是地理数据库中的对象，网络中的要素经编辑后，MapGIS 10 会自动对几何网络进行维护。

**2．属性建网的操作**

1）数据准备

准备参与属性建网的简单要素类（仍以创建街区路网为例），将拓扑信息写入线要素类的指定字段。拓扑信息属性字段如图 19-15 所示。

设置在网络分析中需要用到的网络权字段，如图 19-16 所示。

| 字段名称 | 字段类型 | 长度 | 小数位数 | 允许空 |
|---|---|---|---|---|
| mpLayer | 长整型 | 10 | 0 | |
| ID0 | 长整型 | 10 | 0 | ☑ |
| FCLS | 长整型 | 10 | 0 | ☑ |
| FTN | 64位长整型 | 20 | 0 | ☑ |
| TCLS | 长整型 | 10 | 0 | ☑ |
| TTN | 64位长整型 | 20 | 0 | ☑ |

| F0T0IMP | 双精度型 | 24 |
|---|---|---|
| T0F0IMP | 双精度型 | 24 |
| F0T0TIME | 双精度型 | 24 |
| T0F0TIME | 双精度型 | 24 |

图 19-15　拓扑信息属性字段　　　图 19-16　在网络分析中需要用到的网络权字段

设置参与属性建网的线要素属性信息，如表 19-4 所示。

表 19-4　参与属性建网的线要素属性信息

| OID | FCLS | FTN | TCLS | TTN | F0T0IMP | T0F0IMP |
|---|---|---|---|---|---|---|
| 216 | 26 | 182 | 26 | 233 | −0.031073 | 0.031073 |
| 219 | 26 | 128 | 26 | 129 | 23.562868 | 23.562868 |
| 220 | 26 | 129 | 26 | 147 | 23.562868 | 23.562868 |
| 221 | 26 | 147 | 26 | 165 | 23.562868 | 23.562868 |
| 222 | 26 | 165 | 26 | 209 | 23.562868 | 23.562868 |
| 223 | 26 | 187 | 26 | 217 | 23.562868 | 23.562868 |
| 224 | 26 | 187 | 26 | 197 | 26.264622 | 26.264622 |
| 225 | 26 | 107 | 26 | 209 | 26.264622 | 26.264622 |
| 226 | 26 | 209 | 26 | 191 | 26.264622 | 26.264622 |

拓扑信息中 FCLS、TCLS 是起点（或终点）简单要素类在地理数据库中的 ID，可以在内容视窗中查看。FTN、TTN 都是指要素的 OID。

2）创建网络类

目前，MapGIS 10 中暂时只支持在 Oracle 数据源下的数据库中进行属性建网操作。属性建网的基本要求与几何建网相同。属性建网的方法如下：

（1）展开所创建的要素数据集根目录，右键单击"网络类"节点，在弹出的右键菜单中选择"创建"，可弹出如图 19-17 所示的"网络类创建向导"对话框。

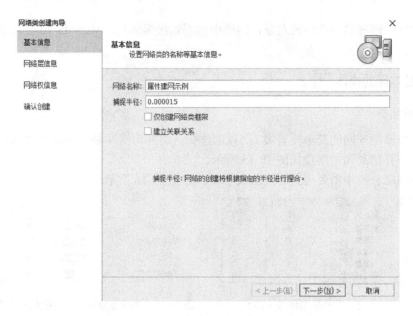

图 19-17 "网络类创建向导"对话框

（2）设置基本信息。单击"网络类创建向导"对话框左侧的"基本信息"，可进入"基本信息"界面，该界面中参数的设置方法和几何建网操作类似。设置完成后单击"下一步"按钮，可进入"网络层信息"界面。

（3）设置网络层信息。在"网络层信息"界面中，单击"层信息管理"栏右侧的" + "或" - "按钮，可添加或删除网络层，如图 19-18 所示。可根据实际需要添加多个网络层，并按类别将不同的要素放在不同网络层上。设置完成后单击"下一步"按钮，可进入"网络权信息"界面。

另外，可以单击"层建网策略"栏中的相关项来选择"几何建网""属性建网"。

图 19-18 添加或删除网络层

（4）网络权设置。在"网络权信息"界面中，可以设置网络分析中将用到的网络权，并为网络权绑定相应的字段，如图 19-19 所示，方法和几何建网的相关操作类似。设置完成后单击"下一步"按钮，可进入"确认创建"界面。

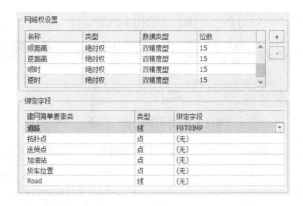

图 19-19 设置网络权并为其绑定相应的字段

（5）在"确认创建"界面（见图 19-20）中，查看创建的信息是否无误，若无误则单击"完成"按钮即可完成网络的创建；若有误，则可单击"上一步"按钮在相应的界面中进行修改。

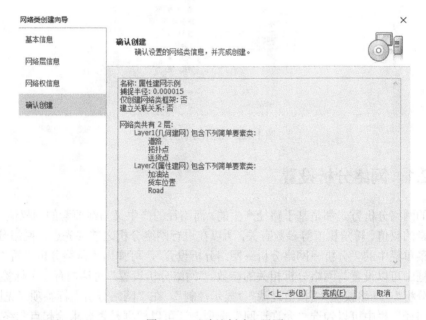

图 19-20 "确认创建"界面

## 19.2 网络分析

MapGIS 10 中的网络分析模块提供了用于完成常见网络分析任务的工具，可用来处理资源分配、定位分配、最近设施、多车送货、查询连接信息、追踪分析和流向分析等问题。通过网络分析模块中的各种工具可以完成这些分析与应用，包括网络分析设置、设置网标、障碍、多种分析方式、分析报告等工具。

单击菜单栏中的"分析→网络分析"，可在新地图中打开网络类图层，并使其处于"当前编辑"状态，即可激活"网络分析"工具，如图19-21所示。

图 19-21 "网络分析"工具

MapGIS 10 提供了 10 种网络分析方式，即查找路径、查找连通元素、查找非连通元素、查找环路、上溯追踪、下溯追踪、查找共同上溯、查找共同下溯、查找逆流路径和查找顺流路径，如图 19-22 所示。

图 19-22 网络分析方式

## 19.2.1 网络分析设置

以上的网络分析方式都是基于路径产生的，而路径的产生又与线要素的顺权值、逆权值，以及点要素的权值、转角权值等参数有关，所以在进行网络分析之前要先进行网络分析设置。

单击菜单栏中的"分析→网络分析→网络分析设置"，可弹出"网络分析设置"对话框，在该对话框中可以设置与网络分析相关的参数。"网络分析设置"对话框有 4 个标签项，分别是"网络分析""网络权值""权值过滤""显示控制"。在"网络分析"标签项（见图 19-23）的"查找路径"栏中可以勾选"允许迂回"选项，还可以根据是否要求除起点和终点外中间点的次序与输入次序一致来勾选"是否游历"选项。

在"网络权值"标签项（见图 19-24）中，设置"边线顺向网络权值""边线逆向网络权值"，例如，在计算总距离时，可在下拉列表中依次选定"顺距离""逆距离"，在计算总时间时可在下拉列表中依次选定"顺时""逆时"；勾选"是否使用转角权值"选项，勾选后可以单击"导入转角权值"按钮，在弹出的对话框中导入设定好的转角权值。在"网络权值"标签项中，除了"缺省网络权"，其他选项（如"顺距离""逆距离"等）都是在创建网络类时所设置的权值名称。"节点网络权值"用于选择一种权值来度量通过该节点时的消耗量，如耗时、费用等。"边线顺向网络权值"或"边线逆向网络权值"用于选择一种权值来度量顺向或逆向通过边线时的消耗量。"转角权值"用于选择一种权值来度量通过某一转角时的消耗量，如果通过某一转角时的权值在路径查询中消耗量所占比例较小，则可以不勾选该选项。

注意：转角权值以对象类的形式保存在网络类所在的地理要素数据集中。

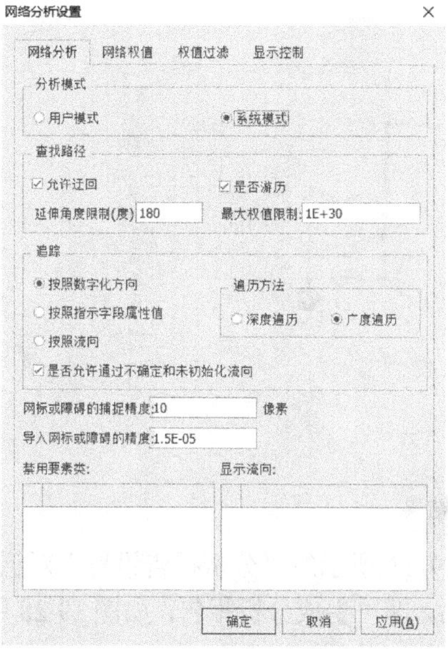

图 19-23 "网络分析"标签项

图 19-24 "网络权值"标签项

## 19.2.2 查找路径

查找路径是指绕过障碍，在指定的网标之间找一条权值最小的路径。具体操作方法如下：

（1）单击菜单栏中的"分析→网络分析→网标设置→点上网标和线上网标"或"点上障碍和线上障碍"，再单击网络中要设置网标或障碍的节点或边线位置，即可设置网标或障碍，如图 19-25 所示。同时还可以导入或清除已设置的网标或障碍。

图 19-25 设置网标或障碍

（2）单击"网络分析→选择分析方式"，将分析方式设置为"查找路径"。

（3）单击"网络分析→执行分析"，开始查找路径，结果如图 19-26 所示。

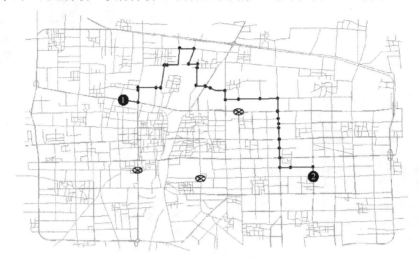

图 19-26　查找路径结果

（4）单击"网络分析→分析报告"，可弹出如图 19-27 所示的"分析报告设置"对话框，在该对话框中选择"道路名称字段（String）""单位"后，即可生成分析报告，如图 19-28 所示。

图 19-27　"分析报告设置"对话框

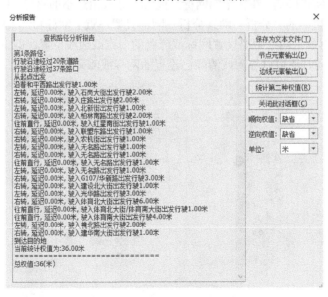

图 19-28　生成的分析报告

（5）若想重新进行操作，单击"网络分析→清除分析结果"，则可清空查找路径结果。

### 19.2.3 查找连通元素

查找连通元素是指查找与用户设定的网标能连通的连通分量,具体操作方法如下:

(1)单击菜单栏中的"分析→网络分析→网标设置→点上网标和线上网标",在网络中设置网标。

(2)单击菜单栏中的"分析→网络分析→网标设置→点上障碍和线上障碍",在网络中设置障碍。

(3)单击"网络分析→选择分析方式",将分析方式设置为"查找连通元素"。

(4)单击"网络分析→执行分析"即可开始查找连通元素,结果如图 19-29 所示,深色线表示能与网标连通的元素。

图 19-29　查找连通元素结果

(5)单击"网络分析→分析报告",可以查看具体的到分析报告,如图 19-30 所示。

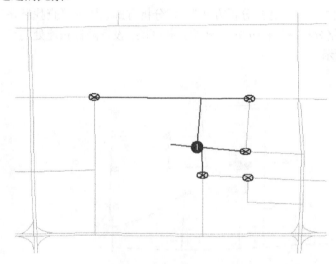

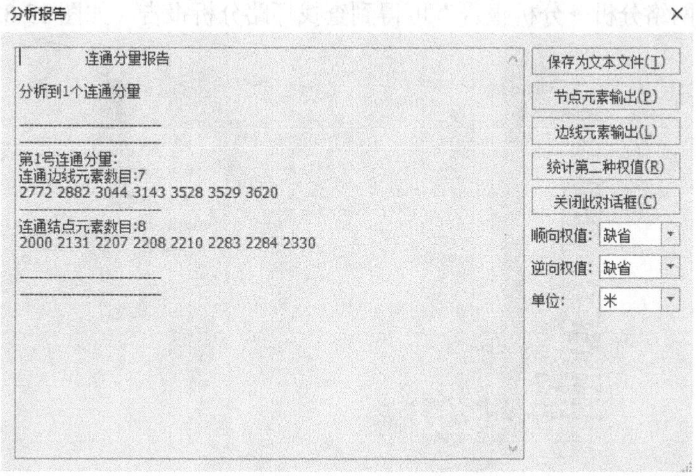

图 19-30　查找连通元素分析报告

### 19.2.4 查找非连通元素

查找非连通元素是指查找整个网络中除网标所在的连通分量之外的其他连通分量，分析方法与查找连通元素类似，结果与查找连通元素相反。

### 19.2.5 查找环路

查找环路是指查找网标所在的连通分量中存在的环路，操作方法如下：

（1）在需要查找环路的每一相连处加至少一个网标，在需要忽略的节点或边线地方加上障碍。

（2）单击"网络分析→选择分析方式"，将分析方式设置为"查找环路"。

（3）单击"网络分析→执行分析"，开始查找环路，设置网标相连处的环路均将显示出来，结果如图 19-31 所示。

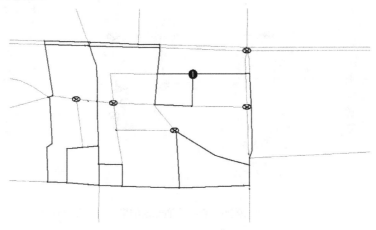

图 19-31 查找环路结果

（4）单击"网络分析→分析报告"可得到查找环路分析报告，如图 19-32 所示。

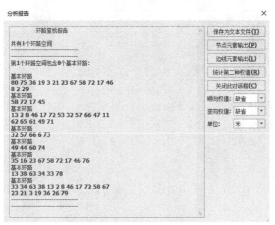

图 19-32 查找环路分析报告

## 19.2.6 追踪分析

追踪是指从一个节点开始,按照一定的条件搜索此节点能够达到的边线集,追踪意味着在网络中跟着一个流追溯,直到满足某些条件为止。例如,如果在水域某处发现污染,则可通过上溯追踪寻找污染可能来自哪些水域,通过下溯追踪寻找污染的范围。

在网络分析中,追踪分析包括上溯追踪、下溯追踪、查找共同上溯、查找共同下溯、查找顺流路径、查找逆流路径。追踪方向包括数字化方向、指示字段属性值、流向,其中,查找共同上溯、查找共同下溯、查找顺流路径、查找逆流路径必须按照流向追踪,而上溯追踪、下溯追踪则可采用三种追踪方向中的任意一种。

按照流向进行追踪分析时,首先要进行流向分析,并保存流向分析的结果,以便在追踪分析中使用。

### 1. 流向分析

在几何网络中进行流向分析时,需要首先指定源和汇,然后计算每个边线元素的网络流向。分析方法如下。

(1)单击菜单栏中的"分析→网络分析→网标设置→点上网标和线上网标",在网络中添加点上网标 1 和网标 2。

(2)单击菜单栏中的"分析→网络分析→流向分析",在"设置中心网标"对话框中设置"源"和"汇"。如果只设置"源"不设置"汇",则终点的流向将无法确定。只有两者都设定好之后,才能唯一确定终点的流向。

例如,将网标 1 设置为"源",不设置"汇",如图 19-33 所示,流向分析结果如图 19-34 所示,与几何网络没有形成拓扑连接。

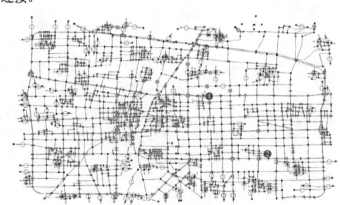

图 19-33 只设置"源"不设置"汇"　　图 19-34 未设置"汇"的流向分析结果

把网标 1 设置为"源",网标 2 设置为"汇",如图 19-35 所示,分析结果如图 19-36 所示,此时终点的流向是唯一的。

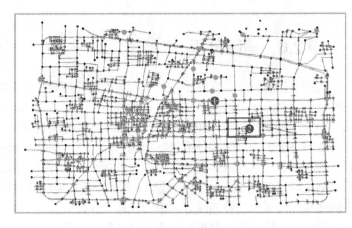

图 19-35　设置"源""汇"　　　　　图 19-36　设置了"源""汇"的流向分析

（3）单击菜单栏中的"分析→网络分析→保存流向"，即可保存流向分析结果。

## 2．追踪分析操作及分析结果浏览

具体操作方法如下：

（1）打开需要进行追踪分析的几何网络。

（2）设置网标和障碍后，单击菜单栏中的"分析→网络分析→网络元素→点选边线元素"即可查看边线信息，如图 19-37 所示，图中，F 代表边线的起点，T 代表边线的终点，数字化方向就是从 F 到 T 的方向，网标处为两条边线的起点。

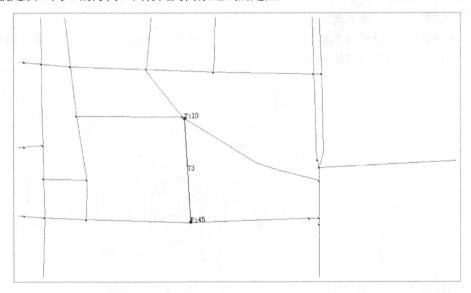

图 19-37　单击"点选边线元素"菜单后的边线信息

（3）在"选择分析方式"的子菜单中选择网络分析方式，如上溯追踪、下溯追踪、查找共同上溯、查找共同下溯、查找顺流路径、查找逆流路径。

（4）网络分析设置。单击菜单栏中的"分析→网络分析→网络分析设置"，可弹出"网络分析设置"对话框。在该对话框的"网络分析"标签项中，如果网络分析方式是查找共同上溯、查找共同下溯、查找顺流路径或查找逆流路径，则在"追踪"中选择"按照流向"；如果网络分析方式是上溯追踪或下溯追踪，则追踪方向不受限制。在该对话框的"显示控制"标签项中，可以设置与流向分析有关的网标颜色、网标样式和网标大小。

（5）单击菜单栏中的"分析→网络分析→执行分析"，即可进行追踪分析，追踪分析结果会显示在地图上；单击菜单栏中的"分析→网络分析→分析报告"，即可生成追踪分析报告。

网络分析方式为上溯追踪、下溯追踪、查找共同上溯、查找共同下溯、查找逆流路径、查找顺流路径时的追踪分析结果分别如图 19-38 到图 19-43 所示。

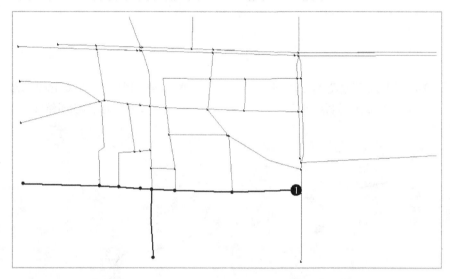

图 19-38　网络分析方式为上溯追踪时的追踪分析结果

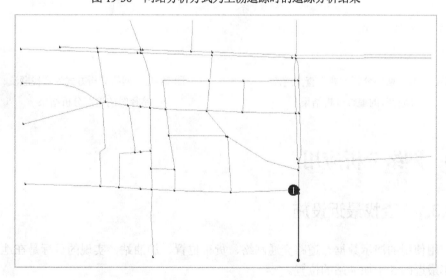

图 19-39　网络分析方式为下溯追踪时的追踪分析结果

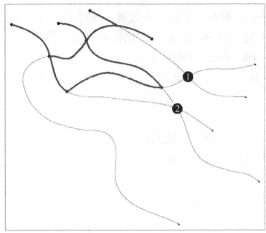

图 19-40 网络分析方式为查找共同上溯时的追踪分析结果

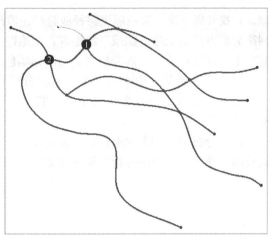

图 19-41 网络分析方式为查找共同下溯时的追踪分析结果

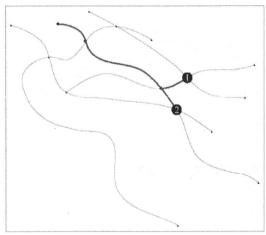

图 19-42 网络分析方式为查找逆流路径时的追踪分析结果

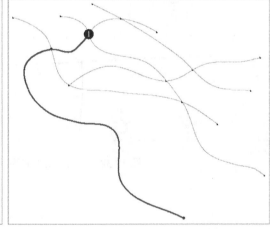

图 19-43 网络分析方式为查找顺流路径时的追踪分析结果

## 19.3 网络分析应用

### 19.3.1 查找最近设施

本应用使用的演示数据有道路交通网络、货车位置、加油站，实现的目标是在地图中找出离货车最近的 5 个加油站的位置。

本应用的操作方法如下：

（1）将道路交通网络添加到当前地图中，并设置为"当前编辑"状态。

（2）网络分析设置。单击菜单栏中的"分析→网络分析→网络分析设置"，可弹出如图 19-44 所示的"网络分析设置"对话框。在"网络分析"标签项中勾选"允许迂回""是否游历";在"网络权值"标签项中设置"边线顺向网络权值""边线逆向网络权值"(求总距离时可在下拉列表中依次选定"顺距离""逆向距离",求总时间时可在下拉列表中依次选定"顺时""逆时"),勾选"是否使用转角权值",根据需要导入转角权值。

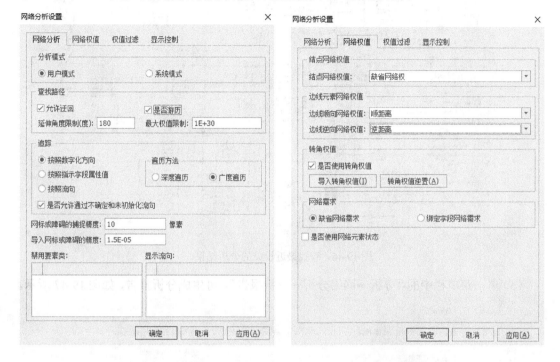

(a)"网络分析"标签项　　　　　　　　　(b)"网络权值"标签项

图 19-44 "网络分析设置"对话框

(3)单击菜单栏中的"分析→网络分析→分析应用→查找最近设施",可弹出如图 19-45 所示的"查找最近设施"对话框,在该对话框中分别导入设施点和事件点。设施点可导入加油站的点图层,事件点可手动选择货车位置。

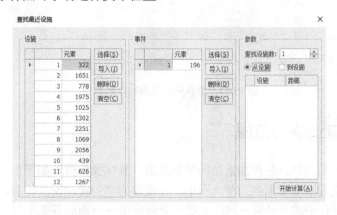

图 19-45 "查找最近设施"对话框

(4)单击"查找最近设施"对话框中的"开始计算"按钮可得到分析结果,如图 19-46 所示。

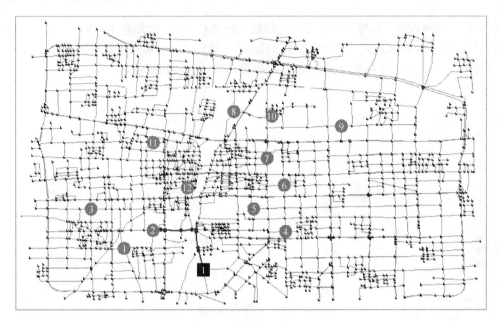

图 19-46 查找最近设施的分析结果

（5）单击菜单栏中的"分析→网络分析→分析报告"，可生成分析报告，如图 19-47 所示。

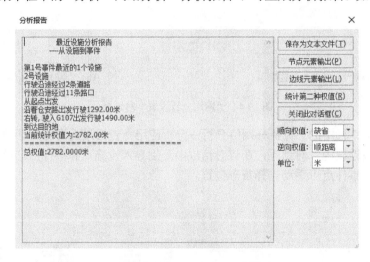

图 19-47 查找最近设施的分析报告

### 19.3.2 查询服务范围

本应用以加油站为例，分析加油站的服务范围，具体操作方法如下：

（1）将道路交通网络添加到当前地图中，并设置为"当前编辑"状态。

（2）单击菜单栏中的"分析→网络分析→分析应用→查询服务范围"，可弹出如图 19-48 所示的"查询服务范围"对话框。

（3）在"查询服务范围"对话框中单击"装入资源中心"按钮，可添加加油站数据，在列表中勾选参与分析的数据，如图 19-49 所示。

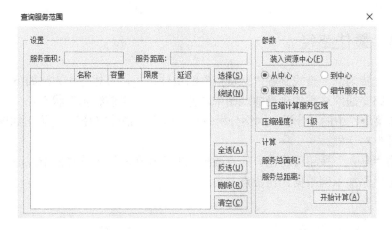

图 19-48 "查询服务范围"对话框

图 19-49 装入资源并设置属性

(4) 根据分析需要,设置每个参与分析的资源中心的"中心名称""容量""限度""延迟"值,单击"开始计算"按钮即可生成每个资源中心的服务范围区,如图 19-50 所示。

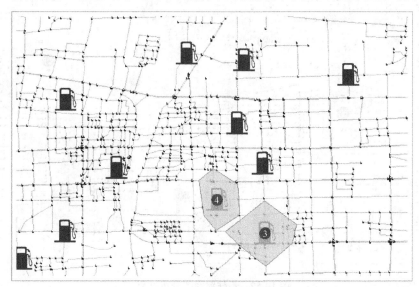

图 19-50 查询服务范围的分析结果

### 19.3.3 最佳路径

本应用以送货为例,查找到各"送货点"的最佳路径,具体操作方法如下:

(1)将道路交通网络添加到当前地图中,并设置为"当前编辑"状态。

(2)单击菜单栏中的"分析→网络分析→分析应用→最佳路径",可弹出如图 19-51 所示的"最佳路径"对话框。

(3)单击"导入"按钮可将已有的点数据或者手动在网络中选择的节点添加到"站点序列"栏中,这里添加示例数据为送货点。

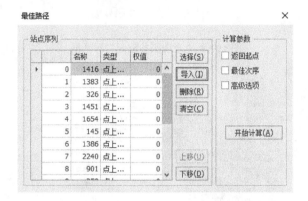

图 19-51 "最佳路径"对话框

(4)单击"开始计算"按钮即可计算最佳路线,分析结果显示在地图上,如图 19-52 所示。

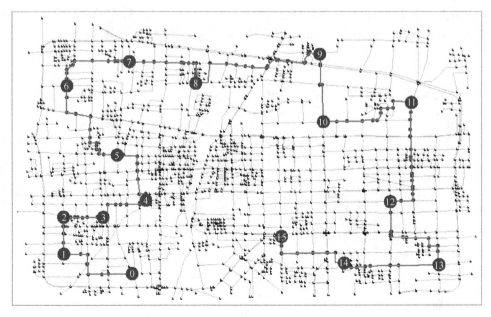

图 19-52 最佳路径的分析结果

### 19.3.4 定位分配

定位分配是指在最佳位置定位的基础上进行的资源分配。例如，某区域内有 100 个小区，已知有 5 个邮局分布在该区域中，求解在一定的服务范围内是否还需要增加新的邮局。

（1）将道路交通网络添加当前地图中，并设置为"当前编辑"状态。

（2）单击菜单栏中的"分析→网络分析→分析应用→定位分配"，可弹出如图 19-53 所示的"定位分配"对话框。

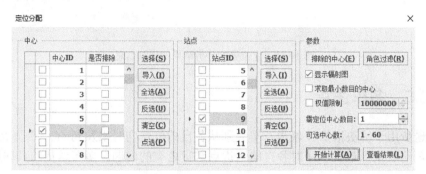

图 19-53 "定位分配"对话框

（3）在"定位分配"对话框中加载中心和站点。通过"中心""站点"右侧的按钮可以实现中心和站点的加载。

（4）单击"开始计算"按钮即可完成定位分配的分析，如果已勾选了"显示辐照图"选项，则在定位分配分析完成之后，可以看到如图 19-54 所示的定位分配分析结果。

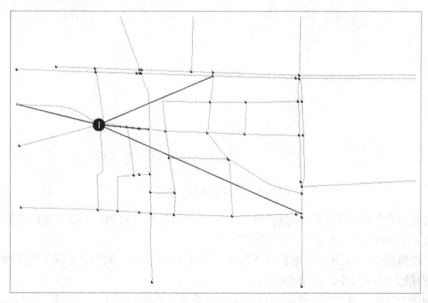

图 19-54 定位分配的分析结果

单击"查看结果"按钮可以看到详细信息，如图 19-55 所示。

图 19-55　定位分配分析结果的详细信息

### 19.3.5　多车送货

多车送货用于解决诸如 $N$ 辆送货车分别从各自的位置同时出发到 $M$ 个送货点送货,每辆送货车都需要按照最优次序对各自的送货点送货之类的问题。多车送货的具体操作方法如下:

(1) 将道路交通网络添加到当前地图中,并设置为"当前编辑"状态。

(2) 单击菜单栏中的"分析→网络分析→分析应用→多车送货",可弹出如图 19-56 所示的"多车送货"对话框。

(3) 在"多车送货"对话框中导入出发地(送货车起始位置)和目的地(送货点)数据。

图 19-56　"多车送货"对话框

"总权值最小"指所有的路径分析结果的权值之和最小。例如,4 辆送货车送货,要保证 4 辆送货车的送货时间之和最小,以节约资源。

"最大权值最小"指所有的路径分析结果的最大权值最小。例如,4 辆送货车同时送货,保证送货的最大时间最小,以节约时间。

(4) 单击"开始计算"按钮即可进行多车送货分析,并在地图上凸显分析结果,如图 19-57 所示。

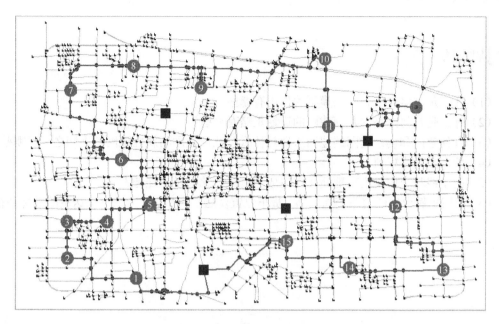

图 19-57 多车送货的分析结果

（5）单击菜单栏中的"分析→网络分析→分析报告"，可生成多车送货的分析报告，如图 19-58 所示。

图 19-58 多车送货的分析报告

## 习题 19

（1）什么是网络分析？网络模型的作用有哪些？
（2）什么是几何网络？几何建网的连通策略有哪些？
（3）几何建网和属性建网的建网原理是什么？几何建网与属性建网的不同之处有哪些？
（4）什么是网络权值？
（5）两条线相交但是没有剪断，在生成的网络中此处是否连通？
（6）使用示例数据的道路交通网络、货车位置及送货点数据，分析火车送货的最优路径。

# 第 6 部分

# 数字高程模型

数字高程模型（Digital Elevation Model，DEM）是针对地形地貌的一种数字模型，即把地面的起伏用数字模型表示出来，是用一组有序数值阵列表示地面高程的一种实体地面模型。MapGIS 10 中的 DEM 分析插件提供了基于格网的 DEM 和基于不规则三角网（Triangulated Irregular Network，TIN）的 DEM，具有较为丰富的函数运算功能及专业的地形分析处理功能，可支持多种地形的数据。

# 第20章 创建地形数据

根据已有高程点、线数据（带有高程信息，保存在双精度类型字段中），快速生成不规则三角网，操作方法如下：

（1）单击"分析→DEM 构建→构建高程数据"，可弹出如图 20-1 所示的"构建高程数据"对话框。

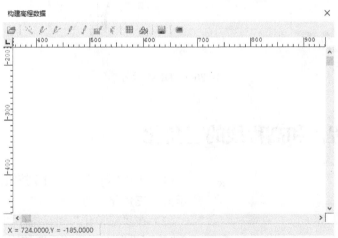

图 20-1 "构建高程数据"对话框

（2）单击"构建高程数据"对话框中的" "（打开）按钮，可弹出如图 20-2 所示的"构建 TIN/栅格"对话框。该对话框中的"特征数据"是指交互构建高程数据的辅助数据，可分为特征线、特征点和空洞点。一般情况下特征数据会和高程点数据、高程线数据一样参与高程数据。特征线可作为边界，限制构建高程数据的范围；特征点和空洞点可与边界的特征线配合使用，可以不在某区域构建高程数据。

（3）根据已有的数据勾选"高程点数据""高程线数据"选项并添加相应的数据，设置好"属性字

图 20-2 "构建 TIN/栅格"对话框

段"后,这些数据可作为三维要素类保存在地理数据库中。

(4)加载数据后,"构建高程数据"对话框中按钮会被激活,用户可通过这些按钮进行特征线、特征点和空洞点的相关操作。

以演示数据"等高线"为例,构建的 DEM 如图 20-3 所示。

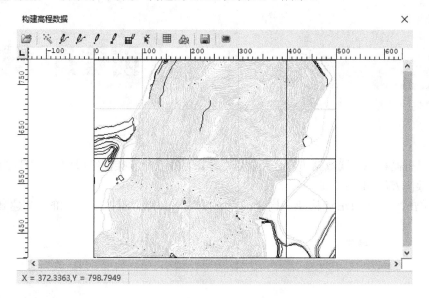

图 20-3  DEM 示例

## 20.1 高程点和高程线的三角化

图 20-4  "三角化"对话框

(1)单击" "(三角化)按钮,可弹出如图 20-4 所示的"三角化"对话框。

(2)在"三角化"对话框中进行参数设置。

"构网设置"栏中的设置如下:

如果在特征数据编辑时已经提取了特征线,则"构网过程中使用特征线"将被激活,勾选该选项后,在三角化过程中特征线将会作为构网的依据之一。

如果在特征数据编辑时已经提取了特征点,则"构网过程中使用特征点"将被激活,勾选该选项后,在三角化过程中特征点将会作为构网的依据之一。

如果在特征数据编辑时已经提取了空洞点,则"构网过程中使用空洞点"将被激活,勾选该选项后,在三角化过程中将不在特征点所在的特征边界范围内构网。

如果在特征数据编辑时设置了边界特征线,当未勾选"约束外凸壳以避免删除"选项时,则栅格化的结果均在边界范围以内;当勾选该选项时,则边界特征线不会影响栅格化的结果范围。

"保存""路径"用于设置结果的 TIN 要素类的存放路径与名称。
(3)单击"执行"按钮即可进行高程点和高程线的三角化操作。

## 20.2 高程点和高程线的栅格化

高程点和高程线的栅格化指根据已有的高程点、线数据来构建格网 DEM 数据,结果数据可以看成只有一个波段的特殊影像数据,像元值即高程值。

(1)单击" ▦ "(栅格化)按钮,可弹出如图 20-5 所示的"栅格化"对话框。

(2)在"栅格化"对话框中进行参数设置。

在"栅格参数设置"栏中,"Xmin""Xmax""Ymin""Ymax"是 MapGIS 10 会自动读取原始数据的参数,"行数""列数""Y 间距""X 间距"可根据实际情况设定。

"构网设置"栏中的设置如下:

"构网过程中使用特征线":如果在特征数据编辑时已经提取了特征线,则"构网过程中使用特征线"将被激活,勾选该选项后,在栅格化过程中特征线将会作为插值基础数据。

"构网过程中使用特征点":如果在特征数据编辑时已经提取了特征点,则"构网过程中使用特征点"将被激活,勾选该选项后,在栅格化过程中特征点将会作为插值基础数据。

图 20-5 "栅格化"对话框

"构网过程中使用空洞点":如果在特征数据编辑时已经提取了空洞点,则该选项将被激活,在栅格化过程中设置空洞点所在的特征边界范围内的像元值为无效值。例如,对于湖泊,可在湖泊边界处构建一个特征边界,在湖泊内部构建一个空洞点,在构建高程数据时,湖泊所在范围不会通过插值构建高程数据,而是采用统一高程值。

"约束外凸壳以避免删除":如果在特征数据编辑时设置了边界特征线,当未勾选该选项时,则栅格化的结果均在边界范围以内;当勾选该选项时,则边界特征线不会影响栅格化的结果范围。

"保存""路径"用于设置高程点和高程线栅格化后结果数据集的存放路径与名称。

(3)单击"执行"按钮,即可进行高程点和高程线的栅格化操作。

下面以简单要素类"等值线"为例介绍创建 DEM 数据的步骤。

(1)单击菜单栏中的"分析→DEM 构建→栅格化",可弹出"构建高程数据"对话框。

(2)在"构建 TIN/栅格"对话框中勾选"高程线数据",单击右侧的" ▦ "按钮来选择前文的演示数据"等高线",将高程线数据的"属性字段"设置为"高度",如图 20-6 所示。在"栅格化"对话框中设置栅格参数,设置输出栅格数据集的路径及名称,结果数据以栅格数据集的形式保存在地理数据库中,如图 20-7 所示。

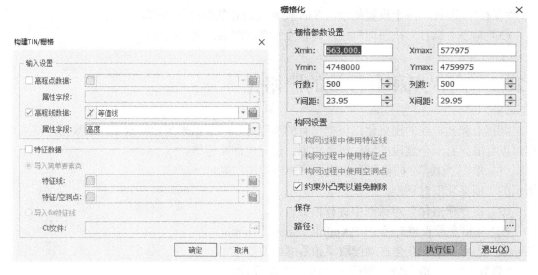

图 20-6 勾选"高程线数据"并设置其"属性字段"为"高度"

图 20-7 栅格参数设置

（3）单击"执行"按钮可进行栅格化操作，栅格化结果会添加到当前地图中，栅格化后的效果如图 20-8 所示。

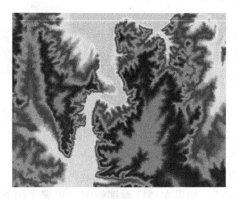

图 20-8 栅格化后的效果

## 20.3 特征点和特征线的编辑

特征点和特征线的编辑是指在构建地形数据过程中，在已有的高程点和高程线的基础上，手动添加高程点和高程线，并且添加特殊点、线用于指示 TIN 数据的边界以及不创建三角网的局部区域（通过添加空洞点方式）。

特征线的提取有交互式提取特征线（见图 20-9）和提取指定特征线（见图 20-10）两种方式。

特征点有普通高程点和空洞点两种，分别通过特征点提取功能和空洞点提取功能实现。特征点用于设置特征点高程值的获取方式。

图 20-9 交互式提取特征线

图 20-10 提取指定特征线

空洞点可用于标识在一个封闭区域内部不构建三角网，类似在 TIN 中保留了空洞，可以直接在封闭区域中单击"添加"按钮，在弹出对话框确定点坐标即可设置空洞点。空洞点无高程信息，因而进行编辑时只处理坐标。

## 20.4 离散数据网络化

离散数据网格化是指根据离散点的高程信息将其在空间进行插值，从而得到格网 DEM 数据。离散数据可以是整理为文本格式的简单要素类的点信息。

单击菜单栏中的"分析→DEM 构建→离散数据构网→离散数据网络化"，可弹出"离散数据网络化"对话框。在该对话框的"输入设置"界面（见图 20-11）中可以设置"数据类型""输入数据""X 值""Y 值""Z 值"，设置完成后单击"下一步"按钮可进入"网格参数设置"界面（见图 20-12）。在"网格参数设置"界面中可以设置"格网化方法""输出设置"。单击"格网化方法"输入栏右侧的"选择"按钮可以进一步设置所选方法的具体参数；单击"搜索"按钮可以设置计算过程中高程点的搜索方法。"输出设置"用于设置结果数据存放路径和名称，默认保存的格式是一般影像文件。

图 20-11 "输入设置"界面

图 20-12 "网格参数设置"界面

单击"网格参数设置"界面中的"确定"按钮即可进行离散数据网络化，其结果如图 20-13 所示。

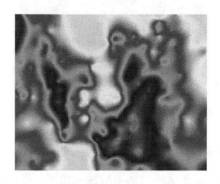

图 20-13　离散数据网络化的结果

## 20.5　函数生成规则网

在处理地形数据时，可能会通过栅格运算的方式对地形数据进行处理。通过函数生成规则网可以根据需要制作特殊的栅格数据，用于与原始格网 DEM 数据进行叠加运算，以便得到所需结果。单击菜单栏中的"栅格编辑→栅格工具→生成栅格→函数生成规则网"，可弹出如图 20-14 所示的"函数生成规则网"对话框。

图 20-14　"函数生成规则网"对话框

虽然通过函数生成规则网得到的不是真实数据，但这些数据是根据实际地形数据生成的，并可以用于实际地形数据的运算中，其作用与遥感影像处理中的掩膜类似。

## 20.6　地形数据转换

### 20.6.1　TIN 转换

**1．TIN 导入**

TIN 导入用于导入 TIN 数据并转换为 TIN 要素类，操作方法如下：

(1) 单击菜单栏中的"分析→DEM 构建→TIN 转换→TIN 导入",可弹出如图 20-15 所示的"TIN 导入"对话框。

图 20-15 "TIN 导入"对话框

(2) 在"TIN 导入"对话框中进行参数设置。首先导入 TIN 数据,如果需要批量导入数据,单击"选择目录"按钮可将含有多个数据的目录添加进来;单击"选择文件"按钮可导入单个文件。然后设置"目标 GDB 信息"的存放路径和名称(支持.tin 和.det 格式的数据)。

(3) 单击"转换"按钮即可完成 TIN 导入操作。

### 2．TIN 导出

TIN 导出用于导出 TIN 简单要素类并转换成 TIN 数据,操作方法如下:

(1) 单击菜单栏中的"分析→DEM 构建→TIN 转换→TIN 导出",可弹出如图 20-16 所示的"TIN 导出"对话框。

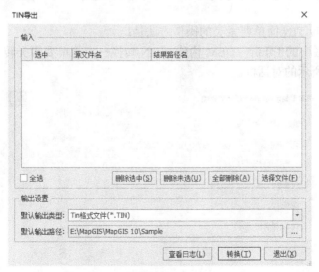

图 20-16 "TIN 导出"对话框

（2）在"TIN 导出"对话框里进行参数设置。选择需要导出的 TIN 简单要素类、输出的数据类型（可选*.tin 或*.det）以及输出路径。

（3）单击"转换"按钮即可完成 TIN 导出操作。

### 20.6.2　TIN 简单要素类转点简单要素类

TIN 简单要素类转点简单要素类的操作方法如下：

（1）单击菜单栏中的"分析→DEM 构建→TIN 转换→TIN 简单要素类转点简单要素类"，可弹出如图 20-17 所示的对话框。

图 20-17　"TIN 简单要素类转点简单要素类"对话框

（2）在"TIN 简单要素类转点简单要素类"对话框中进行参数设置。选择需要转换的 TIN 简单要素类（若地图中的 TIN 简单要素类处于"当前编辑"状态，则可自动加载到 TIN 简单要素类中）；单击"图形参数"按钮可设置生成的点简单要素类的样式。

（3）单击"确定"按钮即可进行 TIN 简单要素类转点简单要素类操作，单击"取消"按钮即可取消该操作。

### 20.6.3　点简单要素类转 TIN 简单要素类

点简单要素类转 TIN 简单要素类的操作方法是：

（1）单击菜单栏中的"分析→DEM 构建→TIN 转换→点简单要素类转 TIN 简单要素类"，可弹出如图 20-18 所示的对话框。

图 20-18　"点简单要素类转 TIN 简单要素类"对话框

(2)在"点简单要素类转 TIN 简单要素类"对话框中进行参数设置。选择需要转换的点简单要素类,设置"TIN 简单要素类"的存放地址和名称。

(3)单击"确定"按钮即可进行点简单要素类转 TIN 简单要素类的操作,单击"取消"按钮即可取消该操作。

### 20.6.4 TIN 三角网转栅格数据集 DEM

TIN 三角网转栅格数据集 DEM 的操作方法是:

(1)单击菜单栏中的"分析→DEM 构建→TIN 转换→TIN 转换为 DEM",可弹出如图 20-19 所示的对话框。

图 20-19 "TIN 三角网转栅格数据集 DEM"对话框

(2)在"TIN 三角网转栅格数据集 DEM"对话框中进行参数设置。先设置"栅格化范围"栏中的参数,再设置"栅格分辨率"栏中的参数。在设置"行数""列数""行间距""列间距"时,这些参数设置得越小,DEM 中的栅格就越小,就越能反映地貌起伏变化的细节,对地形的描述就越准确,但是随着 DEM 精度的增加,数据量将以几何级数递增。"网格化方法"设置为"三角网内插网格化"时,得到的 DEM 图幅范围为实际 TIN 数据范围;设置为"离散点三角网格化"时,得到的 DEM 图幅范围为包裹 TIN 数据范围的矩形范围。

(3)单击"确定"按钮即可进行 TIN 三角网转栅格数据集 DEM 的操作,单击"取消"按钮即可取消该操作。

### 20.6.5 矢量转栅格

矢量转栅格是指将矢量数据转换为栅格数据,将矢量数据中某一属性值作为栅格数据的像元属性表现出来,具体操作方法如下:

(1)单击菜单栏中的"栅格编辑→栅格工具→矢栅互转→矢量转栅格",可弹出如图 20-20 所示的对话框。

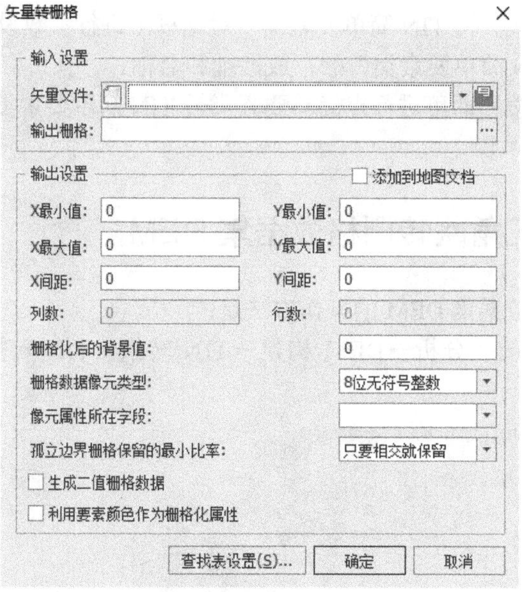

图 20-20 "矢量转栅格"对话框

（2）在"矢量转栅格"对话框中进行参数设置。

在"输入设置"栏中，"矢量文件"可以使设置为点要素、线要素或区要素的文件；通过"输出栅格"的设置，既可以将生成的栅格数据保存在本地磁盘中，也可以保存在数据库中。

在"输出设置"栏中，可以设置栅格化后的数据范围和网格间距。"X间距""Y间距"的距大小直接决定了生成的栅格数据的分辨率大小；"栅格化后背景值"默认为0，即没有矢量图元的地方的像元值为0（白色），当然也可根据实际情况需要自定义设置；"孤立边界栅格保留的最小比率"是指矢量数据在一个像元内所占的范围，若超出这个范围就生成一个像元，否则就作为背景；勾选"生成二值栅格数据"选项时，会将结果的栅格数据转换为二值数据，即矢量数据所在区域的栅格像元值为1，其他区域为0。

图 20-21 "查找表设置"对话框

（3）单击"查找表设置"按钮，可弹出如图20-21所示的"查找表设置"对话框，在该对话框中可以设置查找表文件。查找表文件相当于一个色表索引，一般不勾选，直接单击"确定"按钮即可。

（4）单击"矢量转栅格"对话框中的"确定"按钮即可进行矢量转栅格操作，并可将转换结果添加到地图视图进行查看，单击"取消"按钮即可取消该操作。

## 20.6.6 栅格转矢量

栅格转矢量是指将栅格数据转换为矢量数据，具体操作方法如下：
（1）单击菜单栏中的"栅格编辑→栅格工具→矢栅互转→栅格转矢量"，可弹出如图20-22

所示的对话框。

图 20-22 "栅格转矢量"对话框

（2）在"栅格转矢量"对话框中进行参数设置。在"分类影像"栏中设置"输入栅格数据""转换波段"，在"结果区简单要素类"栏中，可以将"简单要素类"设置为点要素、线要素或区要素。

（3）单击"栅格转矢量"对话框中的"确定"按钮即可进行栅格转矢量操作，并可将转换结果添加到地图视图进行查看，单击"取消"按钮即可取消该操作。

## 20.7 地形数据查询分析

### 20.7.1 频率统计

频率统计是根据指定的统计类型来统计当前编辑的地形数据的频率信息，具体操作方法如下：

（1）单击菜单栏中的"分析→地形分析→栅格统计→频率统计"，可弹出如图 20-23 所示的对话框。

（2）在"频率统计"对话框中进行参数设置。

在"统计类型"栏中，MapGIS 10 提供了 7 个可选项，分别是"相等的频率""大于的频率""小于的频率""最高的位置""最低的位置""普及度""等级"。"相等的频率"是指统计指定数据与参考数据值相等的像元，并生成新的栅格数据。若值相等则新的

图 20-23 "频率统计"对话框

栅格数据中相应像元值为 1，否则为无效值。"大于的频率"是指统计指定数据大于参考数据值的像元，并生成新的栅格数据，若值较大则新的栅格数据中相应像元值为 1，否则为无效值。"小于的频率"是指统计指定数据小于参考数据值的像元，并生成新的栅格数据，若值较小则新的栅格数据中相应像元值为 1，否则为无效值。"最高的位置"是指统计两个数据中较大的像元值。"最低的位置"是指统计两个数据中较小的像元值。"普及度"是指统计多幅栅格中某单元格中指定像元值出现的次数。"等级"是指统计多幅栅格对应等级的单元格。

在"输入参考数据"栏中，MapGIS 10 提供了两个可选项，即"数值""栅格数据"。

在"输出设置"栏中，可以设置频率统计的结果数据（即结果栅格）的存放路径和名称。

（3）单击"确定"按钮即可进行频率统计操作，单击"取消"按钮即可取消该操作。

### 20.7.2 多层叠加统计

多层叠加统计是指根据指定统计类型来统计多层数据，具体操作方法如下：

（1）单击菜单栏中的"分析→地形分析→栅格统计→多层叠加统计"，可弹出如图 20-24 所示的对话框。

图 20-24 "多层叠加统计"对话框

（2）在"多层叠加统计"对话框中进行参数设置。在"统计类型"栏中，MapGIS 10 提供了 10 种可选项，分别是"最大值""最小值""高程范围""累加值""平均值""标准偏差""中值""少数值""多数值""输出栅格数据"。在"参与统计栅格数据"栏中，通过右侧的"添加"按钮可以添加需要进行统计的数据，所添加的数据会以列表的形式显示在下方；通过右侧的"删除"按钮或"清空"按钮可以删除选中数据或清空所有的数据。

（3）单击"确定"按钮即可进行多层叠加统计操作，单击"取消"按钮即可取消该操作。

### 20.7.3 像元累积计算

像元累积计算是指根据指定的操作类型对输入地形数据的像元进行计算，具体操作方法如下：

（1）单击菜单栏中的"分析→地形分析→栅格统计→像元累积计算"，可弹出如图20-25所示的对话框。

（2）在"像元累积计算"对话框中进行参数设置。在"操作类型"栏中，MapGIS 10提供了4种可选项，分别是"累加""累减""累乘""累除"。在"操作对象"栏中，"输入数据"用于设置像元累计操作的数据层对象，默认为当前激活的数据层；"选择波段"用于设置需要处理的波段；"表达式"用于设置按照条件编辑操作表达式，获得计算输出值

（3）单击"计算"按钮即可进行像元累积计算操作，单击"退出"按钮即可取消该操作。

图20-25 "像元累积计算"对话框

## 20.7.4 像元邻域统计

像元邻域统计是指以待计算栅格为中心，向其周围扩展一定范围，并基于这些扩展栅格数据进行的统计，从而完成像元邻域分析的功能。具体操作方法如下：

（1）单击菜单栏中的"分析→地形分析→栅格统计→像元邻域统计"，可弹出如图20-26所示的对话框。

图20-26 "像元邻域统计"对话框

（2）在"像元邻域统计"对话框中进行参数设置。

在"输入设置"栏中，"栅格数据"用于选择进行像元邻域统计的数据；"选择波段"用于设置需要进行邻域统计的像元波段；"统计方式"用于设置进行邻域统计的方式，MapGIS 10提供了"最小值""最大值""高程范围""累加值""平均值""标准偏差""中值"等可选项；"区域形状"用于定义统计窗口的样式，MapGIS 10提供了4种可选项，分别是"矩形""圆形""楔形""环形"。

在"输出设置"栏中，"结果栅格"用于设置像元邻域统计结果数据的存放路径和名称。

如果勾选了"是否忽略无效值"选项，则统计窗口中的所有数据都为无效值时，输出数据中对应的像元才是无效值；否则，只要统计窗口中有一个像元的值是无效值，那么输出数据中对应的像元就是无效值。

（3）单击"确定"按钮即可进行像元邻域统计操作，单击"取消"按钮即可取消该操作。

### 20.7.5 像元聚集统计

像元聚集统计是指按照分块方式进行的统计，从而完成像元聚集分析的功能。具体操作方法如下：

图 20-27 "像元聚集统计"对话框

（1）单击菜单栏中的"分析→地形分析→栅格统计→像元聚集统计"，可弹出如图 20-27 所示的对话框。

（2）在"像元聚集统计"对话框中进行参数设置。

在"输入设置"栏中，"栅格数据"用于选择需要进行像元聚集分析的数据；"统计方式"用于设置进行像元聚集统计的方式，MapGIS 10 提供了"最小值""最大值""高程范围""累加值""平均值""标准偏差""中值"等可选项；"分块宽度""分块高度"用于设置分块的大小，通过设置这两个参数可以确定分块的大小。

在"区域统计类型"栏中，"统计类型"可以选择"原始分辨率""扩展方式""截断方式"，可以针对不同的分块大小来选择。"原始分辨率"是指每个分块在输出数据中都有对应同样分块大小的数据，其中每个像元的值都等于对原始数据中该分块进行统计得到的值；"扩展方式"是指每个分块在输出数据中都对应一个像元，当原始数据不能正好分为整数块时，则外扩一个分块；"截断方式"是指每个分块在输出数据中都对应一个像元，当原始数据不能正好分为整数块时，则截掉最后一个分块。

在"输出设置"栏中，"结果栅格"用于设置像元聚集统计结果数据的存放路径和名称。

如果勾选了"是否忽略无效值"选项，则只有在分块内所有数据都是无效值时，输出数据中对应的像元才是无效值；否则，只要分块内有一个数据是无效值，输出数据中对应的像元就是无效值。

（3）单击"确定"按钮即可进行像元聚集统计操作，单击"取消"按钮即可取消该操作。

### 20.7.6 区域几何统计

区域几何统计是指按照一种几何形状对数据进行的统计，具体操作方法如下：

（1）单击菜单栏中的"分析→地形分析→栅格统计→区域几何统计"，可弹出如图 20-28 所示的对话框。

这里数据需要是整型数据，比如对栅格数据进行重分类操作之后的结果文件。

图 20-28 "区域几何统计"对话框

（2）在"区域几何统计"对话框中进行参数设置。在"输入设置"栏中，"栅格数据"用于选择需要进行区域几何统计的数据，要求是整型数据；"选择波段"用于设置需要进行区域几何统计的数据波段。在"区域统计类型"栏中，"统计类型"的可选项包括"面积""周长""厚度""质心"。在"输出设置"栏中，"结果栅格"用于设置区域几何统计结果数据的存放路径和名称。

（3）单击"确定"按钮即可进行区域几何统计操作，单击"取消"按钮即可取消该操作。

## 20.7.7　像元分类统计

像元分类统计的具体操作方法如下：

（1）单击菜单栏中的"分析→地形分析→栅格统计→像元分类统计"，可弹出如图 20-29 所示的对话框。

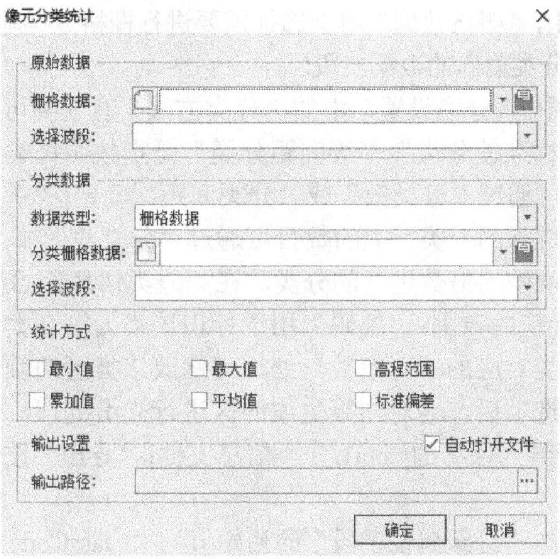

图 20-29 "像元分类统计"对话框

（2）在"像元分类统计"对话框里进行参数设置。在"原始数据"栏中选择要统计的数据，在"分类数据"栏中选择分类的标准，在"统计方式"栏中选择统计的方式。

（3）单击"确认"按钮即可进行像元分类统计操作，单击"取消"按钮即可取消该操作。

### 20.7.8 栅格分类输出

栅格分类输出的操作方法如下：

（1）单击菜单栏中的"分析→地形分析→栅格统计→栅格分类输出"，可弹出如图20-30所示的对话框。

图 20-30 "栅格分类输出"对话框

（2）在"栅格分类输出"对话框中进行参数设置。

在"输入设置"栏中，"栅格数据"用于选择需要进行栅格分类输出的数据；"选择波段"用于设置需要进行栅格分类输出的数据波段。

在"分类信息"栏中，"分类设置"中的"分类方法"有3种可选项，分别是"等间距分类""等数目分类""标准差分类"。"等间距分类"是指按照每类像元值间距相等的方式进行的分类，类的数目可通过"分类数"或"分类间距"确定；"等数目分类"是指按照每类像元个数相等的方式进行的分类，类的数目可通过"分类数"或"每类数目"确定；"标准差分类"是指按照标准差的倍数进行的分类。在"分类信息"的显示窗口中，"最小值""最大值"表示该类像元值的范围；"编码"用于标识该类为第几类，可修改，会记录到结果属性字段中；双击每类对应的"区参数"处，可修改该类区的颜色。在"分类设置"下方，勾选"结果光滑"选项后，会对结果生成的区进行光滑处理，未勾选的话，边界为锯齿状；"导入"按钮用于导入保存的*.cla1分类信息文件；"导出"按钮用于将分类信息保存为本地*.cla1文件。

在"输出设置"栏中，"分级属性字段"的初始值为"ClassCode"，用户可进行修改，该字段作为结果区的一个属性字段，用于储存该区域的编码值；"区要素类""线要素类""注记类"用于设置结果的存放路径和名称。

(3)单击"确定"按钮即可进行栅格分类输出操作,单击"取消"按钮即可取消该操作。

### 20.7.9 栅格数据比较

栅格数据比较的具体操作方法如下:

(1)单击菜单栏中的"分析→地形分析→栅格统计→栅格数据比较",可弹出如图 20-31 所示的对话框。

(2)在"栅格数据比较"对话框中进行参数设置。在"输入设置"栏中,"基础栅格"用于选择需要进行栅格数据集比较的基础栅格数据集;"比较栅格"用于选择需要进行栅格数据集比较的比较栅格数据集。在"选择比较项"栏中,可以勾选需要进行栅格数据集比较的项目,MapGIS 10 提供了 7 种可选项,分别是"数据集范围""行列值""像元类型""无效值""网格间距""金字塔层数""统计信息",其中的"统计信息"是指两个像元值的最小值、最大值、平均值、标准差是否相等之类的信息。在"输出设置"栏中,"输出路径"用于设置结果文件的存放路径和名称。

图 20-31 "栅格数据比较"对话框

(3)单击"确定"按钮即可进行栅格数据比较操作,单击"取消"按钮即可取消该操作。

## 20.8 地形图件制作

### 20.8.1 地形因子分析

地形因子分析的具体操作方法如下:

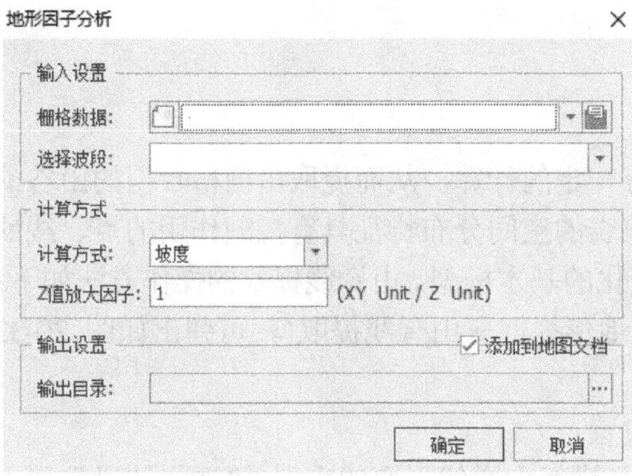

(1)单击菜单栏中的"分析→DEM→地形提取→地形因子分析",可弹出如图 20-32 所示的对话框。

(2)在"地形因子分析"对话框中进行参数设置。

在"输入设置"栏中,"栅格数据"用于选择需要进行地形因子分析的数据,"选择波段"用于选择进行地形因子分析的数据波段。

在"计算方式"栏中,可以设置"计算方式""Z 值放大因子"。

"计算方式"的可选项有 6 种,分别是"坡度""坡向""斜率百分比""地形起伏度""曲率""沟脊值"。

图 20-32 "地形因子分析"对话框

坡度是用来表示地表上某点的倾斜程度的量，地面上任意一点的坡度是指该点的切平面与水平地面的夹角。当"计算方式"选择"坡度"时，在得到的结果数据中，像元值代表对应点的坡度，该值较小表示地势平坦，反之表示地势陡峭，通过坡度图可以清楚地看到地势的陡峭程度。在 MapGIS 10 中，坡度的范围是 0～90°，0°表示水平面，90°表示该处地表为垂直于水平面的陡峭表面。

坡向表示从一个单元到邻近单元最陡的下坡方向，可以理解为坡面的方向或者斜坡面的方向。某点的坡向是该点的切平面的法线在水平面的投影与经过该点正北方向的夹角，坡向的范围是顺时针方向的 0°（正北方）到 360°（重新回到正北方，一个完整的圆形）。当"计算方式"选择"坡向"时，在得到的结果数据中，像元值分别代表对应点的坡向，平坦的坡面没有方向，赋值为−1。

斜率百分比也称为坡度百分比（Percent Rise），表示的是高程增量百分比，是坡度的正切值，范围是 0 到无穷大，斜率百分比越大，表示坡度越大。地形分析中，倾斜百分比描述了地形变化的起伏程度。当"计算方式"选择"斜率百分比"时，在得到的结果数据中，像元值越大，表示对应点地形的起伏变化越明显，可以直观地反映地形的起伏变化情况，是衡量坡度的另一个变量。

地形起伏度是指特定的区域内，最高点海拔高度和最低点海拔高度的差值，地形起伏度是一个描述区域地形特征的宏观因子。

曲率是对地形表面扭曲变化程度的定量化度量因子，是通过将该点像元与其相邻的 8 个像元值拟合而得。曲率是表面的二阶导数，也称为坡度的坡度。曲率可用来描述表面的物理特性，如某区域内的侵蚀和冲刷过程。

沟脊值用来表示某点相对于其周围各点的整体凹凸程度，即某点相对于其周围各点的凹陷成沟及凸起成脊的程度。

当 Z 方向的单位与 X、Y 方向的单位相同时，"Z 值放大因子"应设置为 1；当 Z 方向的单位与 X、Y 方向的单位不同时，需要通过"Z 值放大因子"对 Z 值（高程）进行调整，以达到 X、Y、Z 方向的单位相同的目的。例如，如果 X、Y 方向的单位为米，Z 方向的单位为英尺，应将"Z 值放大因子"设置为"0.3048"，从而使 Z 方向的单位从英尺转换为米。

若勾选"添加到地图文档"选项，则结果数据会直接添加到地图中。

（3）单击"确定"按钮即可进行地形因子分析操作，单击"取消"按钮即可取消该操作。

### 20.8.2 山脊线提取

山脊线提取是指通过对输入的栅格数据进行一定的计算，从而提取出栅格数据的山谷或山脊等地形特征。地形特征主要是指对地形在地表的空间分布特征具有控制作用的点、线或面要素。特征地形要素是构成地表地形与起伏变化的基本框架。山脊线提取的操作方法如下：

（1）单击菜单栏中的"分析→DEM 分析→地形提取→山脊线提取"，可弹出如图 20-33 所示的对话框。

（2）在"山脊线提取"对话框中进行参数设置。

在"输入设置"栏中，"栅格数据"用于选择进行山脊线提取的数据；"选择波段"用于选择进行山脊线提取的数据波段。

在"统计窗口定义"栏中，可以设置"窗口高度""窗口宽度"，窗口的大小由窗口高度和窗口宽度决定。

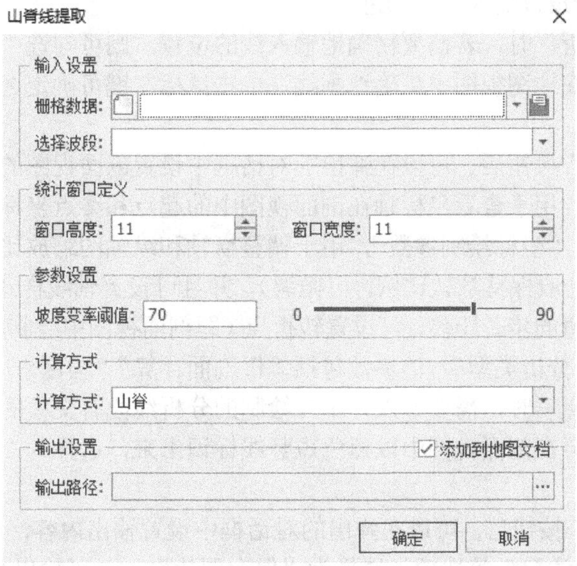

图 20-33 "山脊线提取"对话框

在"参数设置"栏中,"坡向变化阈值"的范围为 0 到 90,该参数既可以通过滑条设定,也可以直接手动输入。"坡向变化阈值"决定了山脊、山谷的分界点,若"计算方式"为"山谷",大于阈值则被标识为山谷。

在"计算方式"栏中,"计算方式"的可选项为"山谷""山脊",地形特征提取主要是山谷和山脊,选择不同的计算方式,所提取出来的结果不一样。

在"输出设置"栏中,"输出路径"用于设置提取出来的结果数据的存放路径和名称。MapGIS 10 会默认给提取出来的结果数据设置存放路径和名称,用户也可以根据需要修改。

若勾选"添加到地图文档"选项,则提取出来的结果数据会自动加载到工作空间窗口中。

(3)单击"确定"按钮即可进行山脊线提取操作,单击"取消"按钮即可取消该操作。若勾选"添加到地图文档",则结果生成后将自动加载到工作空间窗口。

### 20.8.3 剖面分析

剖面分析的操作方法如下:
(1)将高程数据添加到当前地图中,并设置为"当前编辑"状态。
(2)单击菜单栏中的"分析→DEM 分析→地形分析→剖面分析",可弹出如图 20-34 所示的对话框。
(3)在"剖面分析"对话框中进行参数设置。

在"输入设置"栏中可以设置"交互方式""选择波段"。"交互方式"用于设置剖面分析的方式,包括"造线分析""选线分析"两种方式,当选择"造线分析"后,可以在地图上手动输入线;当选择"选线分析"时,可以选择地图中已经存在的线要素作为剖面分析的线。"选择波段"用于选择具体要查看的波段,通过剖面分析工具可以查看多波段影像数据中像元值的变化趋势。

"画线颜色"用于设置输入线的颜色。

在选择"造线分析"时，若需要精确地输入线的位置，则可勾选"键盘校验点"选项。勾选该选项后，可以在地图视图中精确地画线，单击鼠标左键可确定选定的位置，单击鼠标右键可结束画线。

单击"参数设置"按钮后，可以在弹出的对话框中设置剖面视图的参数，常用的参数包括："轴向标注参数"，用于查看坐标轴在剖面视图中的起点和终点坐标，可调整坐标标注的间距值、格式和字体；"坐标绘制参数"，用于调整横轴和纵轴的缩放比例，使横轴和纵轴比例的视图效果最优（一般保持默认比例，可微调），并且可设置轴线样式等；"剖面参数"，用于查看剖面视图中插值的步长距离，可设置转折点（即剖面视图中绘制的线段的端点）、轴线参数和标注样式等；"分析类型"，该参数包括"仅剖面计算""与区求交""与线求交"等选项，选择为"与区求交"时，需要导入一个与绘制的分析线段有交集的矢量区，在分析线段与矢量区的交集时，会在剖面视图中以黑色短竖线标识出来，选择为"与线求交"的效果和"与区求交"类似。

单击"输出结果"按钮后，可以在弹出的对话框中设置输出内容，包括"保存图片""保存输出线""保存输出注记"等选项。选择为"保存图片"时，可输出.bmp 格式的剖面图文件；选择为"保存输出线"时，可输出剖面图中的线状信息，包括剖面曲线、坐标轴线、转折点轴线，保存为简单线要素类；选择为"保存输出注记"时，可输出剖面图上的注记信息，保存为注记类。

（4）单击"剖面分析"对话框中的"计算"按钮，即可进行剖面分析操作，单击"取消"按钮即可取消该操作。剖面分析的效果如图 20-35 所示。

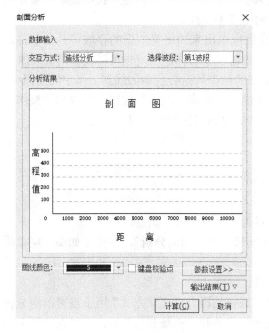

图 20-34 "剖面分析"对话框

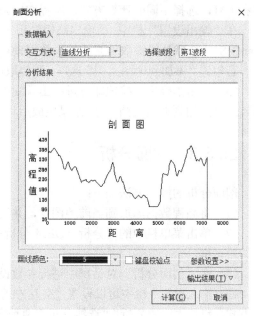

图 20-35 剖面分析的效果

## 20.8.4 平面等值线绘制

平面等值线绘制的操作方法如下:

(1)单击菜单栏中的"分析→DEM 分析→地形提取→平面等值线绘制",可弹出如图 20-36 所示的对话框。

(2)单击"平面等值线绘制"对话框中的" "(打开)按钮,可弹出如图 20-37 所示的对话框,在该对话框中可以添加数据,"地形数据"用于选择进行平面等值线绘制的数据;如果选择的数据是多波段数据,则需要通过"选择波段"来选择需要处理的波段。

图 20-36 "平面等值线绘制"对话框　　图 20-37 "添加数据"对话框

(3)在"添加数据"对话框中单击"确定"按钮后,可以在"平面等值线绘制"对话框中显示平面等值线绘制的结果,如图 20-38 和图 20-39 所示。

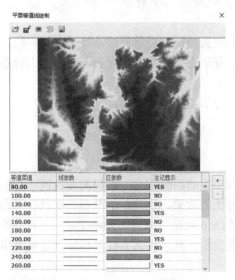

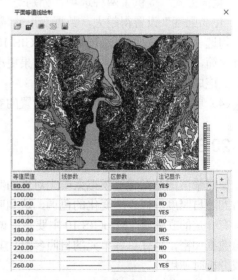

图 20-38 平面等值线绘制的结果(一)　　图 20-39 平面等值线绘制的结果(二)

## 20.8.5 等高线综合

等高线综合的操作方法如下：

（1）将等值线数据添加到当前地图中，并设置为"当前编辑"状态。

图20-40 "等高线综合"对话框

（2）单击菜单栏中的"制图综合→探测→曲线综合→等高线综合"，可弹出如图20-40所示的对话框。

（3）在"等高线综合"对话框中进行参数设置。

在"图层"栏中，"原始图层"用于悬架需要进行等高线综合的图层；单击"目标图层"右侧的"…"按钮可以设置等高线综合后结果的存放路径和名称；"原始比例尺"用于设置用于原始等高线图层的比例尺；"目标比例尺"用于设置等高线综合后图层的比例尺，必须小于或等于"原始比例尺"的设置值；"高程字段"用于选择在属性列表中显示的字段。

在"选取方式"栏中，"选取方式"有"全选""按等高距"两种选项，选择为"全选"会对整个图层的等高线进行综合，选择为"按等高距选取"会根据"原始等高距""目标等高距"等参数对部分等高线进行综合，需要在"原始等高距"中根据实际情况输入原始等高线的间距，在"目标等高距"中根据等高线综合的需要输入等高线的间距，则 MapGIS 10 将根据"目标等高距"进行等高线综合；勾选"参数设置"选项后，可以进行"首曲线""计曲线"的设置，"首曲线"是指从高程基准面开始按基本的等高距绘制的等高线，又称为基本等高线，"计曲线"是指从高程基准面开始按照每隔四条首曲线（一般情况采用间隔四条首曲线的方式，当基本等高距为 2.5 m 时，可间隔三条首曲线）加粗的那条等高线。

"化简方式"提供了两种选项，分别是"三角网化简""D-P 化简"。

"化简强度"设置得越大，数据变形就越大。

勾选"加入特征线"选项后，MapGIS 10 会先根据特征线将等高线从特征点处剪断，再进行化简，这样可以使等高线的综合结果更准确、变形更小。特征线是指等高线上山脊点、山谷点连成的线段。

（4）单击"确定"按钮即可按照设置的参数进行等高线综合操作。

## 20.8.6 日照晕渲图

日照晕渲图是指通过模拟太阳光对地面照射所产生的明暗程度，使用灰度色调或彩色输出得到随日照度近似连续变化的色调，达到明暗对比的效果，使地貌的分布、起伏和形态特征具有一定的立体感。MapGIS 10 主要是根据格网 Grid 数据生成日照晕渲图的，先对原始的稀疏数据加密，再计算各单元的日照参量，其结果数据（高程信息为计算日照参量）可供制图或分析时使用。

（1）单击菜单栏中的"分析→DEM 分析→地形提取→晕渲图输出"，可弹出如图 20-41

所示的对话框。

图 20-41 "晕渲图输出"对话框

（2）在"晕渲图输出"对话框中进行参数设置。在"输入设置"栏中，"栅格数据"用于选择生成日照晕渲图的数据；"选择波段"用于设置进行处理的数据波段。在"处理方式"栏中，可以选择地表晕渲分析的处理方式，MapGIS 10 提供了"Horn 反射系数法""地表日照度计算法"两种处理方式。在"太阳位置"栏中，可通过设置"高度角""方位角"来设置太阳（模拟的太阳）的位置。在"输出设置"栏中，可以设置生成的日照晕渲图的存放路径和名称。

（3）单击"确定"按钮即可进行生成日照晕渲图的操作，单击"取消"按钮即可取消该操作。

## 习题 20

（1）什么是高程数据？特征点和特征线在构建地形数据过程有什么作用？
（2）地形数据查询分析方式有哪些？
（3）什么是离散数据网格化？
（4）简述像元邻域统计的操作方法。
（5）地形因子分析支持哪些计算方式？这些计算方式的含义是什么？
（6）简述山脊线提取的操作方法。
（7）简述生成日照晕渲图的操作方法。

# 第 7 部分

# 三维 GIS

　　三维模型是物体的多边形表示，通常使用计算机或者其他视频设备进行显示，显示的物体既可以是现实世界的实体，也可以是虚构的物体。自然界存在的物体通常都可以用三维模型来表示，三维地形建模与分析是 MapGIS 的重要功能之一，建模方法包括通过矢量要素生成三维模型，以及导入外部的模型，三维分析包括洪水淹没分析、坡度分析、坡向分析、填挖方计算、可视域分析、地形剖切、路径漫游等。

# 第21章 三维地形显示

三维地形显示是指在经过运算分析后对数据的展示和表现，三维数据能比二维数据更全面地表示客观实际。三维数字模型与二维数字模型类似，都要具备最基本的空间数据处理能力，如数据获取、数据操纵、数据组织、数据分析和数据表现等。相比于二维数字模型，三维数字模型具有更多优势。MapGIS 10 可进行地表贴图显示和裙边显示。

## 21.1 地表贴图显示

地表贴图显示的操作方法如下：

（1）右键单击"地图文档"，在弹出的右键菜单中选择"添加场景"，如图21-1所示，即可添加新场景。

（2）右键单击"新场景1"，在弹出的右键菜单中选择"添加图层→添加地形层"，如图21-2所示。添加高程数据后在"新场景1"中按键盘Z键可复位显示，添加的地形层预览效果如图21-3所示。

图21-1 添加场景的右键菜单

图21-2 添加地形层的右键菜单

（3）在"地图文档"中新建一个"新地图1"，在"新地图1"中添加遥感影像数据，并进行预览查看，如图 21-4 所示。

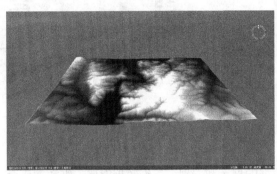
图 21-3　添加地形层预览效果

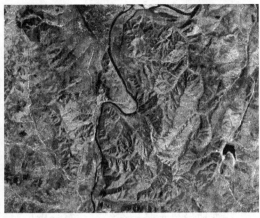
图 21-4　添加遥感影像数据后的预览效果

（4）右键单击"高程数据"，在弹出的右键菜单中选择"添加地图"，如图 21-5 所示，可弹出如图 21-6 所示的"添加地图引用"对话框，在该对话框中选择遥感影像数据所在地图，如"新地图 1"，单击"确定"按钮即可看到如图 21-7 所示的地表贴图显示效果。

图 21-5　在地形层上添加地图

图 21-6　"添加地图引用"对话框

图 21-7　地表贴图显示效果

## 21.2 裙边显示

裙边显示的操作方法如下：

（1）右键单击"高程数据"，在弹出的右键菜单中选择"属性"，如图21-8所示，可弹出如图21-9所示的"高程数据属性页"对话框。

（2）在"高程数据属性页"对话框的"通用属性→常规"选项中，将"显示裙边"设置为"是"，即可进行裙边显示。

图21-8 打开"高程数据属性页"对话框的右键菜单　　图21-9 "高程数据属性页"对话框

## 习题 21

（1）能否在MapGIS 10中将地理坐标系的遥感影像数据贴到平面坐标系的地形数据上？若可行，请简述操作方法；若不行，请说明其原因并提出解决方法。

（2）简述如何在三维场景中修改地形数据的色表信息。

# 第22章 三维建模与显示

三维数字模型在可视化方面有着巨大的优势。虽然三维数字模型的动态交互可视化功能对计算机图形技术和计算机硬件也提出了特殊的要求，但是一些先进的图形卡、工作站，以及带触摸功能的投影设备的陆续问世，不仅可以完全满足三维数字模型对可视化的要求，而且还增加了意想不到的视觉和体验效果。MapGIS的三维平台能够建立地上、地表、地下一体的三维模型，包括各种地质体模型、地下的管线模型、地上的景观模型等。不仅可通过带高程数据的矢量要素建立三维模型，也可以通过导入外部模型来建立三维模型，同时可以对模型进行特效设置。

## 22.1 三维模型的创建与修改

### 22.1.1 矢量区建模

#### 1. 区生成封闭面

在工作空间中的新场景下添加一个区类型的矢量图层，确保该矢量图层下存在区数据。单击三维建模工具条上的"区生成封闭面"按钮，可弹出如图22-1所示的"区生成封闭面"对话框，在该对话框中设置好相关参数后单击"确定"按钮即可生成封闭面。如果需要依附地形生成模型，则需要在"地形图层"下拉列表中选择相应地形层。

单击"高程表达式"右侧的"…"按钮，可弹出如图22-2所示的"编辑表达式"对话框。单击"设置符号"按钮，可弹出如图22-3所示的"设置三维图形参数"对话框，在该对话框中可以修改三维模型的贴图符号和填充色。

图22-1 "区生成封闭面"对话框

图 22-2 "编辑表达式"对话框

图 22-3 "设置三维图形参数"对话框

### 2. 区生成水平面

在工作空间中的场景下添加一个区类型的矢量图层,并确保该矢量图层下存在区数据。单击三维建模工具条上的"区生成水平面"按钮,可弹出如图 22-4 所示的"区生成水平面"对话框,在该对话框中设置好相关参数后单击"确定"按钮即可生成水平面。

### 3. 区生成竖面

在工作空间中的场景下添加一个区类型的矢量图层,并确保该矢量图层下存在区数据。单击三维建模工具条上的"区生成竖面"按钮,可弹出如图 22-5 所示的"区生成竖面"对话框,在该对话框中设置好相关参数后单击"确定"按钮即可生成竖面。

图 22-4 "区生成水平面"对话框

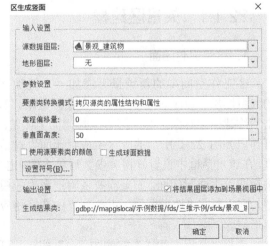
图 22-5 "区生成竖面"对话框

### 4. 区生成体

在工作空间中的场景下添加一个区类型的矢量图层,并确保该矢量图层下存在区数据。单击三维建模工具条上的"区生成体"按钮,可弹出如图 22-6 所示的"区生成体"对话框。

在该对话框中设置好相关参数后单击"确定"按钮即可生成体。

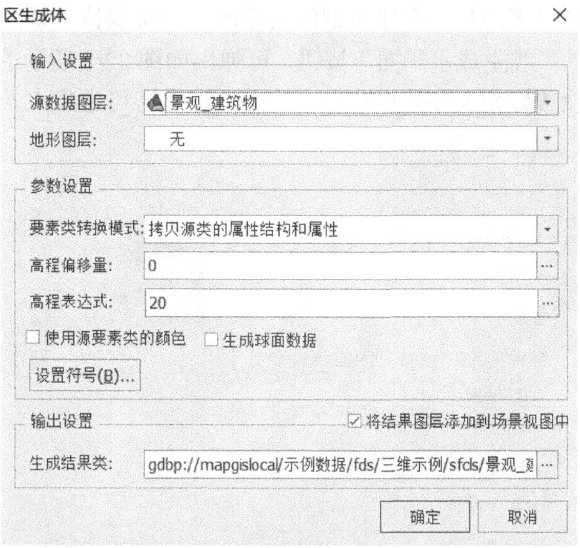

图 22-6 "区生成体"对话框

## 22.1.2 矢量线建模

### 1. 线生成竖面

在工作空间中的场景下添加一个线类型的矢量图层,确保该矢量图层下存在线数据。单击三维建模工具条上的"线生成竖面"按钮,可弹出如图 22-7 所示的"线生成竖面"对话框,在该对话框中设置好相关参数后单击"确定"按钮即可生成竖面。

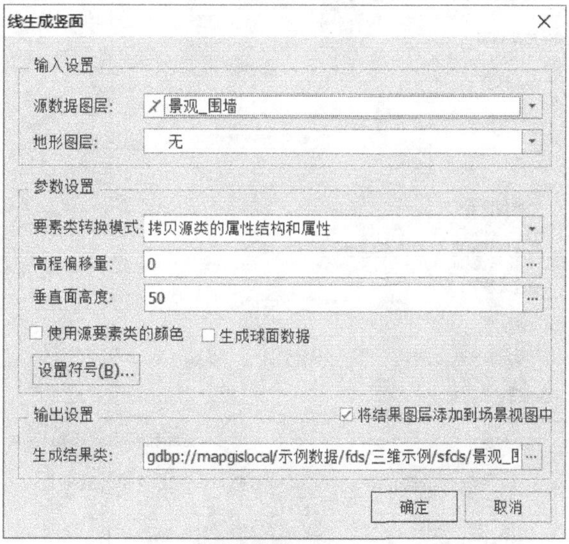

图 22-7 "线生成竖面"对话框

## 2. 线生成水平面

在工作空间中的场景下添加一个线类型的矢量图层，确保该矢量图层下存在线数据。单击三维建模工具条上的"线生成水平面"按钮，可弹出如图 22-8 所示的"线生成水平面"对话框，在该对话框中设置好相关参数后单击"确定"按钮即可生成水平面。

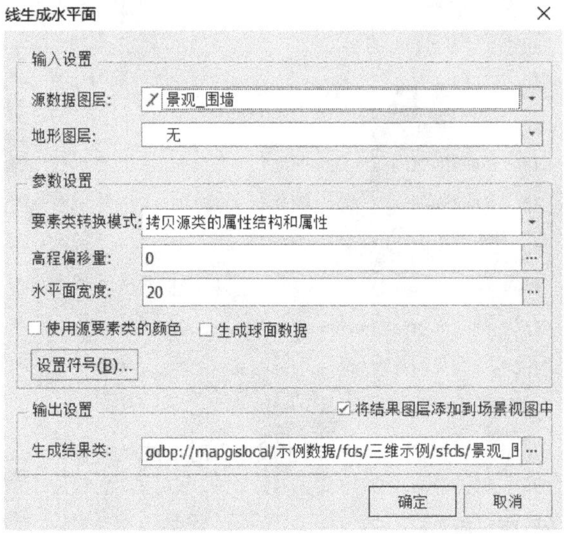

图 22-8 "线生成水平面"对话框

## 3. 线生成倾斜面

在工作空间中的场景下添加一个线类型的矢量图层，确保该矢量图层下存在线数据。单击三维建模工具条上的"线生成倾斜面"按钮，可弹出如图 22-9 所示的"线生成倾斜面"对话框，在该对话框中设置好倾斜面夹角等相关参数后单击"确定"按钮即可生成倾斜面。

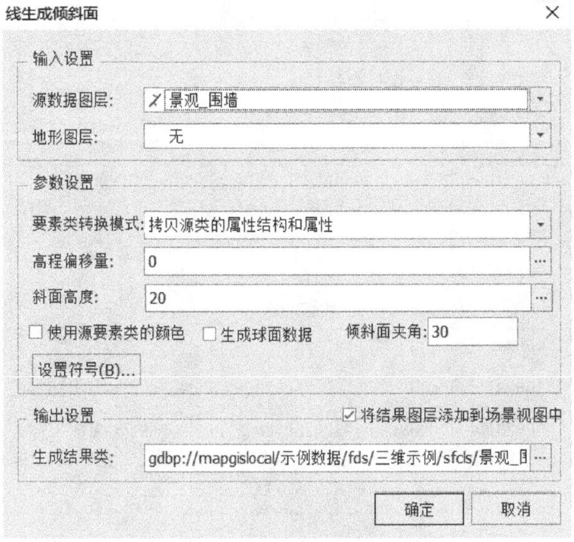

图 22-9 "线生成倾斜面"对话框

### 4. 线生成管状面

在工作空间中的场景下添加一个线类型的矢量图层，并确保该矢量图层下存在线数据。单击三维建模工具条上的"线生成管状面"按钮，可弹出如图 22-10 所示的"线生成管状面"对话框，在该对话框设置好相关参数后单击"确定"按钮即可生成管状面。

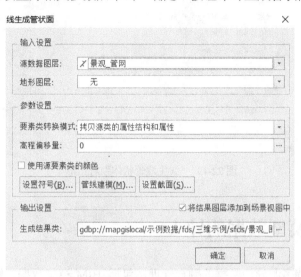

图 22-10 "线生成管状面"对话框

单击"管线建模"按钮，可弹出如图 22-11 所示的"管线建模参数设置"对话框，在该对话框中可以修改管线建模的相关参数。单击"设置截面"按钮可弹出如图 22-12 所示的"设置管道截面"对话框，在该对话框中可以修改生成管道的截面显示样式。

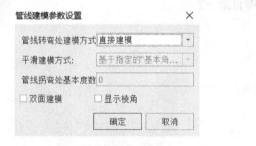 

图 22-11 "管线建模参数设置"对话框　　图 22-12 "设置管道截面"对话框

### 5. 线生成管状体

在工作空间中的场景下添加一个线类型的矢量图层，并确保该矢量图层下存在线数据。单击三维建模工具条上的"线生成管状体"按钮，可弹出如图 22-13 所示的"线生成管状体"对话框，在该对话框中设置好相关参数后单击"确定"按钮即可生成管状体。

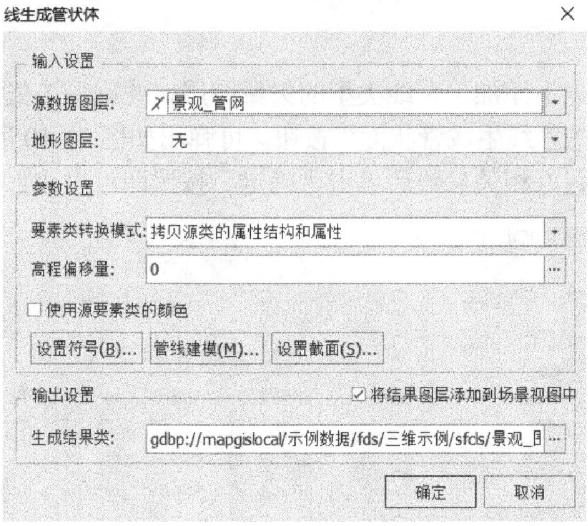

图 22-13 "线生成管状体"对话框

## 22.2 三维模型数据的导入

MapGIS 10 支持多源异构数据的融合管理,包括 BIM 模型数据、倾斜摄影测量数据、点云模型数据,以及*.3ds、*.obj、*.dae、*.osgb、*.fbx 和*.xml 等格式的数据均可导入数据库中,实现海量数据的加载预览。

单击数据转换工具条上的"导入模型"按钮,可弹出如图 22-14 所示的"导入模型"对话框,在对话框中设置好相关参数后,单击"确定"按钮即可将外部数据转为 MapGIS 的简单要素类,并将结果保存到设置的数据库目录下。

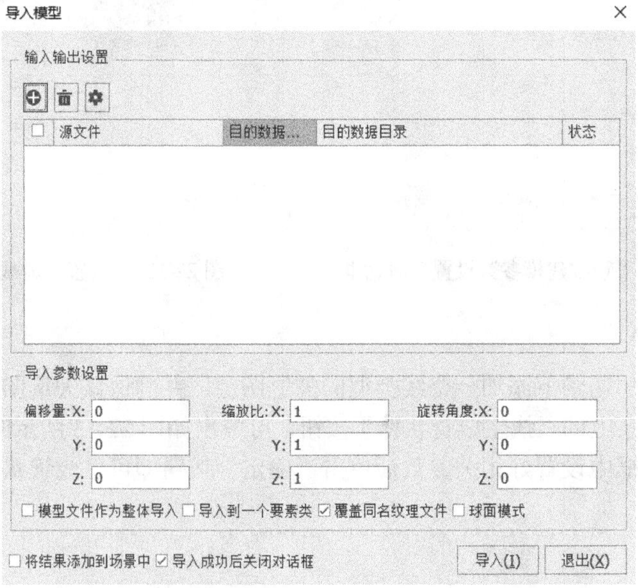

图 22-14 "导入模型"对话框

## 22.2.1 倾斜摄影测量数据的导入

MapGIS 10 可以导入基于倾斜摄影（Oblique Photography）测量技术获取的影像数据，影像中所有物体都是真实的三维形态，为三维建模提供了完整、真实、高精度的数据。

**1．生成配置文件**

生成配置文件是将基于倾斜摄影测量技术获取的单个或者多个影像数据，转换为 MapGIS 10 支持读取的索引文件（*.mcx）。

单击倾斜摄影工具条上的"生成配置文件"按钮，可弹出如图 22-15 所示的"倾斜摄影测量数据转换"对话框，在该对话框中设置好相关参数后单击"转换"按钮即可生成配置文件。

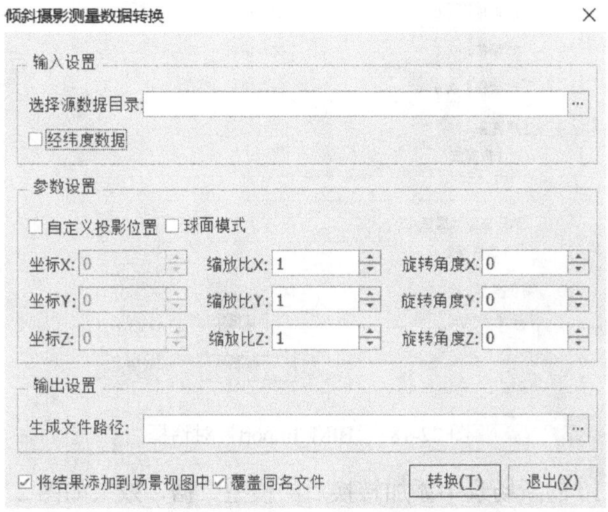

图 22-15 "倾斜摄影测量数据转换"对话框

**2．打开文件**

单击倾斜摄影工具条上的"打开文件"按钮，可在弹出的对话框中选择倾斜摄影测量数据文件后，单击"打开"按钮即可自动将倾斜摄影测量数据文件在场景中打开。MapGIS 10 可打开.mcx 和.mcj 格式的文件。

## 22.2.2 BIM 模型数据的导入

MapGIS 10 支持大型 BIM 模型数据的快速导入，可实现与从 BIM 到 3D GIS 模型的无缝对接、属性无损集成。MapGIS 10 提供的导入工具既支持.fbx 格式模型数据的导入，也支持.rvt 格式的 BIM 模型数据的导入，可快速地将 BIM 模型数据转换为 MapGIS 格式的数据，并确保数据空间和属性的完整性与一致性。下面介绍 BIM 模型数据的导入方法。

（1）在 Revit 2016 中打开需要转换的 BIM 模型，打开后效果如图 22-16 所示。

（2）单击菜单栏中的"附加模块→MapGIS Export"，如图 22-17 所示，可弹出"BIM_Import"

对话框，如图 22-18 所示。

图 22-16　在 Revit 2016 中打开 BIM 模型的效果　　图 22-17　选择 MapGIS 数据导入功能

（3）在"BIM_Import"对话框中设置好相关参数后，单击"确定"按钮即可实现数据的转换。

图 22-18　"BIM_Import"对话框

（4）在 MapGIS 10 的新场景中添加转换后的模型数据，效果如图 22-19 所示。

图 22-19　BIM 模型数据导入 MapGIS 10 后的效果

### 22.2.3 点云模型数据的导入

（1）右键单击"新场景"，在弹出的右键菜单中选择"添加点云图层"，如图 22-20 所示，可在弹出的对话框添加需要显示的点云模型数据，MapGIS 10 会自动在场景中打开点云模型数据文件。MapGIS 10 支持.txt、.las 和.asc 格式点云模型数据的导入。

图 22-20 "添加点云图层"右键菜单

（2）添加点云模型数据后的显示效果如图 22-21 所示。

图 22-21 添加点云模型数据后的显示效果

## 22.3 三维场景的特效

### 22.3.1 粒子特效

图22-22 "粒子系统管理"对话框

在真实世界中，存在一些动态显示效果，如烟花、降雨、降雪、喷泉等。MapGIS 10中的粒子系统管理功能提供了实现这些显示特效的方式，同时可自定义动态显示效果。

MapGIS 10将所有的动态显示特效模拟为若干个粒子的规律运动，例如，烟花可看成若干个烟火粒子由中心点向四周扩散的过程，降雨可看成若干个雨滴粒子由平面向下运动的过程。粒子特效的操作方法如下：

（1）单击三维建模工具条上的"粒子系统"按钮，可弹出如图22-22所示的"粒子系统管理"对话框，在该对话框中，单击" "按钮可添加粒子特效类型。

（2）在场景视图中交互选择粒子模型的位置，即可成功添加粒子特效，结果如图22-23所示。

图22-23 粒子特效示例

### 22.3.2 水面特效

MapGIS 10可以将现实世界中看见的河流、湖泊、大海等动态水效果在场景视图中显示，这些效果让场景更加逼真、更加美丽。水面特效的操作方法如下：

（1）单击三维显示工具条上的"水面效果"按钮，可弹出如图22-24所示的"水面效果管理"对话框。

（2）在该对话框中可以添加水面特效，在场景视图中交互绘制需要建立水面的区域，效果如图22-25所示。

图 22-24 "水面效果管理"对话框　　　　图 22-25 水面特效示例

## 22.4 三维场景的设置

在 MapGIS 10 中的"场景选项"对话框中可进行三维场景视图显示的常规参数设置，在显示场景视图时，单击"设置→场景选项"，可弹出"场景选项"对话框。

### 22.4.1 环境光

在显示真实地物时，不同颜色的环境光会产生不同的效果。在"场景选项"对话框的"环境光"标签项（见图 22-26）中，可模拟现实的环境光和不同颜色的环境光，从而使三维场景产生不同的显示效果。

### 22.4.2 相机管理

在"场景选项"对话框的"相机管理"标签项（见图 22-27）中，既可以调整场景中填充的模式，可选实体、线框和顶点模式（在场景视图中可以通过 G 键直接切换这三种模式），还可以修改场景视图中的投影模式和背景色。

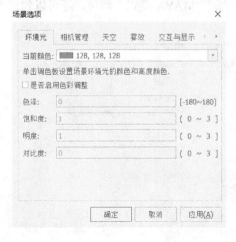

图 22-26 "环境光"标签项　　　　图 22-27 "相机管理"标签项

### 22.4.3 天空

在采用平面模式时，为了让 3D 显示效果更接近真实世界效果，可通过设置"天空"标签项（见图 22-28）中的相关参数来启用天空盒作为 3D 显示的背景。

图 22-28 "天空"标签项

### 22.4.4 雾效

在显示真实地物时，不同的天气环境会产生的不同的显示效果。通过"场景选项"对话框的"雾效"标签项可以模拟现实的雨雾环境，设置不同的浓度可以产生不同的雾效。雾效示例如图 22-29。

### 22.4.5 交互与显示

在"场景选项"的"交互与显示"标签项（见图 22-30）中，既可以选择"交互方式"，MapGIS 10 的"交互方式"可选"FREELOOK 模式""MAYA 模式"两种，还可以勾选"立体显示""显示帧率""显示状态栏"等选项。

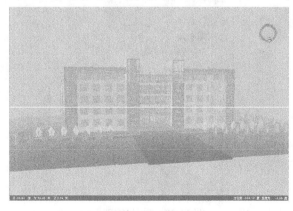

图 22-29 雾效示例

图 22-30 "交互与显示"标签项

## 22.5 三维模型数据的缓存

MapGIS 10 支持模型缓存和地形缓存，可通过图层的右键菜单生成缓存，再次加载地图时直接读取本地的缓存数据，可有效提高客户端对数据的处理能力、可降低数据的加载时间和服务器的负载，从而大幅度提高程序的整体性能。

### 22.5.1 生成模型缓存

生成模型缓存的操作方法如下：

（1）在新建的场景中添加模型层。右键单击新建的场景，在弹出的右键菜单中选择"添加图层→添加模型层"，如图 22-31 所示，可在弹出的对话框中选择要添加的模型数据；也可将待添加的模型数据直接拖入场景视图中。

（2）右键单击已添加模型数据的图层，在弹出的右键菜单中选择"属性"，在弹出的对话框中选择"通用属性→常规"，将"渲染方式"设置为"分块渲染"，单击"确定"按钮，如图 22-32 所示。

（3）右键单击新建的场景，在弹出的右键菜单中选择"生成缓存→生成模型缓存"，可弹出如图 22-33

图 22-31 "添加模型层"右键菜单

所示的"生成缓存"对话框，在该对话框中设置好"缓存目录""LOD 级数""最小距离"等相关参数后，单击"生成"按钮即可完成生成模型缓存操作。

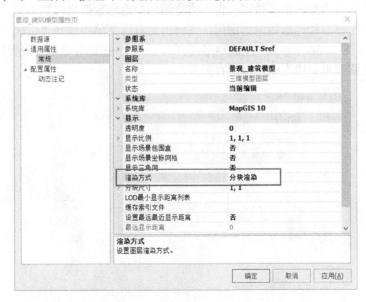

图 22-32 修改图层渲染方式

图 22-33 "生成缓存"对话框

（4）右键单击新建的场景，在弹出的右键菜单中选择"预览图层"，即可浏览加载缓存后的三维模型数据。

## 22.5.2 生成地形缓存

生成地形缓存的操作方法如下：

（1）右键单击新建的场景，在弹出的右键菜单中选择"添加图层→添加地形层"，可在弹出的对话框中选择要添加的地形数据；也可将待添加的地形数据直接拖入场景视图中。

（2）右键单击已添加地形数据的图层，在弹出的右键菜单中选择"生成缓存→生成地形缓存"，可弹出如图 22-34 所示的"生成地形缓存"对话框，在该对话框中设置好相关参数后，单击"生成"按钮即可完成生成地形缓存的操作。

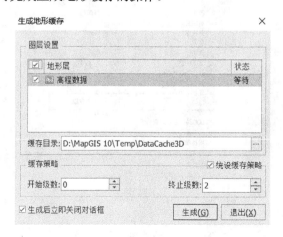

图 22-34 "生成地层缓存"对话框

### 22.5.3 生成 M3D 缓存

M3D 是 MapGIS 三维空间数据规范,是针对海量三维数据网络应用的数据交换格式。通过对海量三维数据进行网格划分与分层组织,采用流式传输模式,可实现多端一体的高效解析和渲染。

MapGIS 10 可生成 M3D 缓存,包括生成常规模型的 M3D 缓存以及生成.osgb 格式(倾斜摄影测量数据)的 M3D 缓存。

生成 M3D 缓存的操作方法如下:

(1)右键单击新建的场景,在弹出的右键菜单中选择"添加图层→添加模型层",可在弹出的对话框中选择要添加的模型数据。

(2)右键单击已添加模型数据的图层右键,在弹出的右键菜单中选择"属性",在弹出的对话框中选择"通用属性→常规",将"渲染方式"设置为"分块渲染",单击"确定"按钮。

(3)右键单击已添加模型数据的图层,在弹出的右键菜单中选择"生成缓存→生成 M3D 缓存",可弹出如图 22-35 所示的"生成缓存"对话框,在该对话框中设置好"缓存目录""LOD 级数""最小距离"等相关参数后,单击"预计算"按钮即可自动计算分块策略。

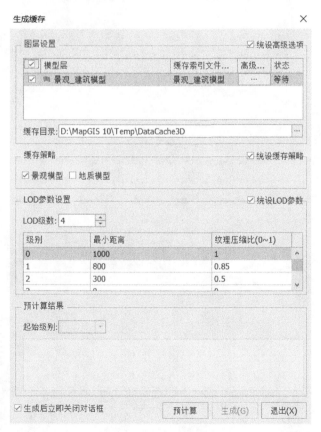

图 22-35 "生成缓存"对话框

(4)单击"生成"按钮即可完成生成 M3D 缓存的操作。

MapGIS 10 可生成.osgb 格式的 M3D 缓存，在新建的场景中添加倾斜摄影测量数据后，其他操作与生成常规模型的 M3D 缓存类似，生成的 M3D 缓存文件主要用于 Web 端的发布和浏览。

## 习题 22

（1）请在 MapGIS 中导入 BIM 模型数据的同时生成模型缓存。

（2）如何将倾斜摄影测量数据导入到固定的坐标位置？

（3）现有一个区类型的矢量数据，请对区类型的矢量数据进行三维景观建模，并添加三维场景特效。

（4）如何将在 3DMax 制作的三维模型数据导入 MapGIS 中并平移到合适的位置？

# 第23章 三维模型分析

空间信息的分析过程往往是复杂、动态和抽象的，在数量繁多、关系复杂的空间信息面前，二维数字模型的空间分析功能通常具有一定的局限性，对于诸如洪水淹没分析、地质分析、日照分析、空间扩散分析、通视性分析等高级空间分析功能，二维数字模型是无法实现的。三维数据本身可以降维到二维，因此三维数字模型自然也能包容二维GIS的空间分析功能。三维数字模型强大的多维度空间分析功能，不仅是数字模型空间分析功能的一次跨越，而且在更大程度上充分体现了数字模型的特点和优越性。MapGIS 10 的三维模型分析包括洪水淹没分析、坡度分析、坡向分析、填挖方计算、单点查询、通视性分析、可视域分析、地形剖切、路径漫游、轨迹点展示、天际线分析、阴影率分析、场景投放等。

## 23.1 洪水淹没分析

洪水淹没分析可对某一区域发生洪水时的淹没程度进行分析。单击三维分析工具条上的"洪水淹没"按钮，可弹出如图 23-1 所示的"洪水淹没分析"对话框，单击该对话框中的"选取起始点"按钮，可在三维场景中的地形图上通过单击鼠标左键选择一个点，该点将出现一个小红旗。单击"选取分析区"按钮，可在地形图上按住鼠标左键拖出一块区域，该区域即要进行分析的区域，同时该区域的海拔范围将显示在"区域海拔范围"中。在"指定淹没高度"中输入当前的洪水高度，MapGIS 10 将自动计算出洪水水位为该高度时，所选区域被洪水淹没的范围。洪水淹没分析示例如图 23-2 所示。

图 23-1 "洪水淹没分析"对话框

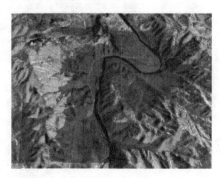

图 23-2 洪水淹没分析示例

注意:"扩大区域"中的倍数决定了待分析区域洪水外延的面积。当"指定淹没高度"中的值发生变化时,三维模型上的洪水水位也会实时发生变化。

## 23.2 坡度分析

单击三维分析工具条上的"坡度分析"按钮,在三维场景中的地形图上按住鼠标左键拖出一块区域,此区域为要进行坡度分析的区域,MapGIS 10 将自动计算出该区域的坡度,并显示相应的坡度色表图。坡度分析示例如图 23-3 所示。

图 23-3 坡度分析示例

## 23.3 坡向分析

单击三维分析工具条上的"坡向分析"按钮,在三维场景中的地形图上按住鼠标左键拖出一块区域,此区域为要进行坡向分析的区域,MapGIS 10 将自动计算出该区域的坡向,并显示相应的坡向色表图。坡向分析示例如图 23-4 所示。

图 23-4 坡向分析示例

## 23.4 填挖方计算

单击三维分析工具条上的"量算工具"中的"填挖方计算"按钮,可弹出如图 23-5 所示的"填挖方计算"对话框。单击该对话框中的"选取分析区"按钮,然后在三维场景中的地形图上按住鼠标左键拖出一块区域,此区域为要进行填挖方计算的区域,此时,"区域海拔范围"中将显示出该片区域的海拔范围。在"平整高程"中输入欲平整的高度值(默认值为该片区域的最低海拔值),MapGIS 10 将自动计算出需要开挖和填充的区域,如图 23-6 所示,其中,紫色(深色)为填埋区域,黄色(浅色)为开挖区域。

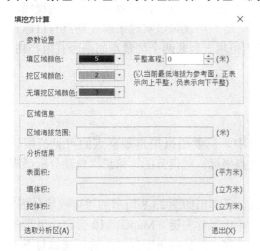

图 23-5 "填挖方计算"对话框

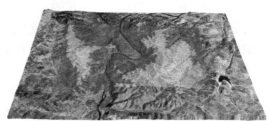

图 23-6 填挖方计算示例

## 23.5 单点查询

单击三维分析工具条上的"单点查询"按钮,在三维场景中的地形图上单击鼠标左键可选择待查询高程点,选中的点将出现一面小红旗,界面中会显示出该点地形的相关参数值。单点查询示例如图 23-7 所示。

图 23-7 单点查询示例

## 23.6 通视性分析

在实际应用中,往往需要判断观察点和目标点之间的视线是否有阻挡物。MapGIS 10 中的通视性分析功能可实时分析两点间的通视性。用户选择观察点和目标点后,可生成视线,红色表示可见部分,绿色表示不可见部分(被阻挡),用户不仅可以实时了解观察点与目标点间是否可见,还可以判断遮挡物的位置。通视性分析可用于判断两个测量点间是否有阻挡物。

## 23.7 可视域分析

在城市安保、监控、航海导航、航空等应用中,需要模拟指定观察点的可见范围。MapGIS 10 中的可视域分析功能,可通过设置观察点坐标、观察范围等信息,自动分析该观察点的可视域。

单击三维分析工具条上的"可视域分析"按钮,可弹出如图 23-8 所示的"可视域分析"对话框。单击" "按钮,在三维场景的地形图上单击鼠标左键,MapGIS 10 会自动以当前角度计算可视域与不可视域,并以不同的颜色区分观察点在当前角度范围内的可视域与不可视域,如图 23-9 所示。其中,红色(深色)区域为不可视域,绿色(浅色)区域为可视域。单击" "按钮,可进行动态可视域分析,操作方法和可视域分析类似。

图 23-8 "可视域分析"对话框　　图 23-9 可视域分析示例

## 23.8 地形剖切

单击三维分析工具条上的"地形剖切"按钮,可弹出如图 23-10 所示的"剖面参数设置"对话框,在该对话框中可进行剖面参数设置。

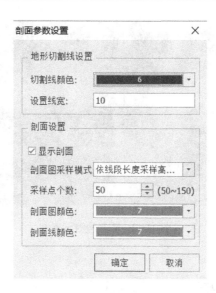

图 23-10 "剖面参数设置"对话框

地形剖切示例如图 23-11 所示。

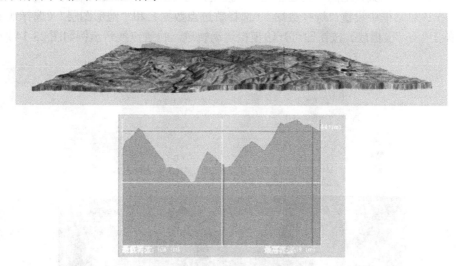

图 23-11 地形剖切示例

## 23.9 路径漫游

MapGIS 10 可以实现对三维场景的漫游,在地形数据(也可以在地形图)中添加漫游点,设置漫游速度等参数后,系统会自动沿着各漫游点展示地形图,路径漫游示例如图 23-12 所示。

图 23-12　路径漫游示例

## 23.10　轨迹点展示

单击三维分析工具条上的"轨迹点展示"按钮,可弹出如图 23-13 所示的"轨迹点展示"对话框,在该对话框中设置"选择数据"(选择轨迹点数据)和"地形图层"(选择地形图)之后,单击" ▶ "(播放)按钮即可开始模拟运动轨迹。轨迹点展示示例如图 23-14 所示。

图 23-13　"轨迹点展示"对话框

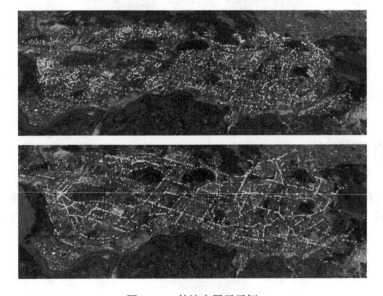

图 23-14　轨迹点展示示例

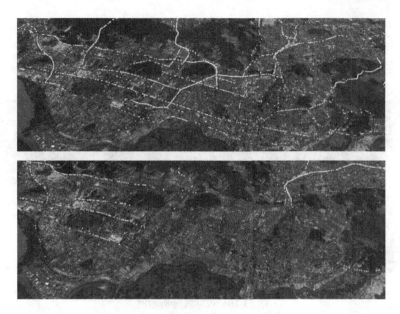

图 23-14 轨迹点展示示例（续）

## 23.11 天际线分析

单击三维分析工具条上的"天际线分析"按钮，可弹出"天际线分析"对话框，在该对话框中单击"添加"按钮并设置相关参数后即可进行天际线分析。三维模型如图 23-15 所示，天际线分析示例如图 23-16 所示。

图 23-15 三维模型

图 23-16　天际线分析示例

## 23.12　阴影率分析

单击三维分析工具条上的"阴影率分析"按钮，可弹出如图 23-17 所示的"阴影率分析"对话框。单击"➕"按钮，可在三维场景的地形图中选择进行阴影率分析的范围，然后在"阴影率分析"对话框中设置好"最大高度""最小高度""开始时间""结束时间"等相关参数后，单击"点击后，图上查询阴影率信息"按钮即可完成阴影率分析的操作。阴影率分析示例如图 23-18 所示。

图 23-17　"阴影率分析"对话框

图 23-18　阴影率分析示例

## 23.13　场景投放

MapGIS 10 可通过场景投放功能将视频投放到三维场景中，实现场景模型与视频影像的结合。单击三维分析工具条上的"场景投放管理"按钮，可弹出如图 23-19 所示的"场景投放管理"对话框，在该对话框中设置好"投放文件""水平张角""垂直张角"等相关参数后，单击" ▶ "（播放）按钮即可。场景投放示例如图 23-20 所示。

图 23-19　"场景投放管理"对话框　　　　图 23-20　场景投放示例

## 习题 23

（1）如何在 MapGIS 10 中导入 BIM 模型数据的同时生成模型缓存？

（2）如何将倾斜摄影测量数据导入固定的坐标位置？

（3）如何将在 3DMax 中制作的三维模型数据导入 MapGIS 10 中并将模型平移到合适的位置？

# 第 8 部分

# GIS 数据的输出

采用 MapGIS 10 的版面编辑插件可制作精美的、用于出版打印的地图。针对出版纸质地图的用户,版面编辑插件提供了丰富的制图资源和排版技巧,支持用户对地图进行整饰、输出各种格式的图形文件,或者驱动各种输出设备完成地图的打印。版面布局是在版面上组织的版面元素的集合,旨在用于地图打印。一些版面元素与地图数据相关,这些元素包括指北针、比例尺、统计图、图例和图框;而另一些元素可能和地图数据没有直接关联,如标题、线条、花边、图片、表格等。

## 第8章

## 口述と書いた絵巻

# 第24章 地图排版

电子地图与纸质地图有非常明显的差别，电子地图可以任意缩放，纸质地图通常都只能表达具体某一个比例尺下的地理状态。此外，电子地图还需要通过指北针、网格、图例等信息来辅助查看纸质地图元素所表征的地理信息。在 MapGIS 10 中，如果需要制作精美的、用于出版打印的地图，则必须添加版面编辑插件。针对出版纸质地图的用户，版面编辑插件提供了丰富的制图资源及排版技巧，支持用户对地图进行整饰、输出各种格式的图形文件，可驱动多种输出设备完成地图的打印。

## 24.1 版面元素的添加与编辑

版面布局是在版面上组织的版面元素的集合，旨在用于地图打印。一些版面元素与地图数据相关，包括指北针、比例尺、统计图、图例和图框，另外一些元素和地图数据没有直接关联，如标题、线条、墙纸、图片、表格等。要添加这些版面元素，首先要打开版面视图。打开版面视图的方法有以下两种：

（1）单击菜单栏中的"开始→打开版面"，如图 24-1 所示，可打开版面视图。

图 24-1 "打开版面"菜单

（2）在工作空间中，右键单击选中的地图文档，在弹出的右键菜单中选择"预览版面"，如图 24-2 所示，也可打开版面视图。

### 24.1.1 指北针

指北针用于指示地图方向，常位于地图的左上角或右上角的位置。在 MapGIS 10 中，指北针属性包括样式、大小、颜色和角度等。

### 1. 添加指北针

添加指北针的操作方法如下：

（1）在版面编辑菜单下单击"指北针"按钮（见图24-3），可弹出如图24-4所示的"样式选择器"对话框。

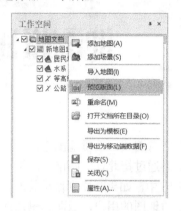

图24-2 "预览版面"右键菜单

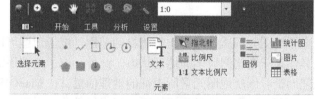

图24-3 "指北针"按钮

（2）选择其中一种样式后单击"确定"按钮后可在版面视图的左上角看到新创建的指北针。当有多个样式库时，可以通过"样式选择器"对话框中的"样式库选择"下拉列表在不同的样式库之间进行切换。

### 2. 编辑指北针

编辑指北针的操作方法如下：

（1）在版面视图中选中指北针，当指北针出现边框时，拖动边框的角点可更改指北针的大小，按住左键不放，可将指北针拖曳至更恰当的位置上。编辑后的指北针如图24-5所示。

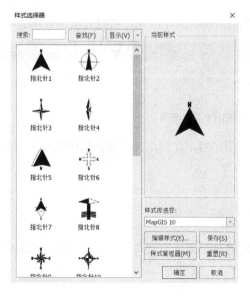

图24-4 "样式选择器"对话框

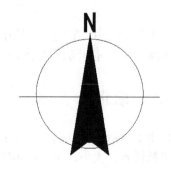

图24-5 编辑后的指北针

（2）双击指北针，可弹出如图 24-6 所示的"指北针"对话框，在该对话框中可设置指北针的属性，如可以编辑颜色、角度、大小、样式、位置、边框等。

（3）右键单击指北针，可弹出如图 24-7 所示的指北针的右键菜单，该右键菜单中有"居中""水平居中""垂直居中""对齐""叠放次序""转为制图数据""删除""属性"选项，通过其中的"对齐""叠放次序"选项，可以快速设置指北针与其他版面元素之间的对齐及层次关系。

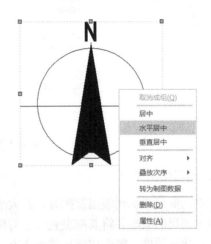

图 24-6　"指北针"对话框　　　　图 24-7　指北针对齐、叠放次序设置

## 24.1.2　比例尺

比例尺可以对地图上的元素大小和元素间的距离进行直观指示。

### 1．添加比例尺

添加比例尺的操作方法如下：

（1）在版面编辑菜单下，单击"比例尺"按钮（见图 24-8），可弹出如图 24-9 所示的"样式选择器"对话框。

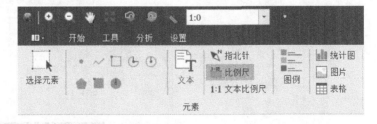

图 24-8　"比例尺"按钮

（2）选择其中一种比例尺样式后单击"确定"按钮，可在版面视图的左下角看到新创建的比例尺。

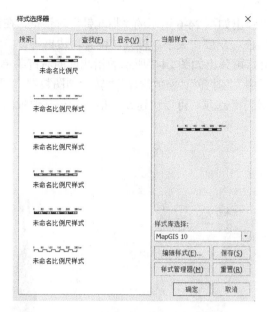

图 24-9 "样式选择器"对话框

### 2. 编辑比例尺

在将比例尺添加到版面视图时，其大小、位置和颜色不一定能满足用户的需求，这就需要更改比例尺的大小并将其拖曳到合适的位置，或者通过"比例尺"对话框来改变其颜色、背景、形状等属性。编辑比例尺的操作方法如下：

（1）在版面视图中选中比例尺，当其出现边框时，可拖曳边框的角点更改比例尺的大小，或者按住左键不放即可将比例尺拖曳到合适的位置。编辑后的比例尺如图 24-10 所示。

（2）双击比例尺，可弹出如图 24-11 所示的"比例尺"对话框，在该对话框中可以编辑比例尺的颜色、刻度、样式、位置、边框等属性。

图 24-10 编辑后的比例尺

图 24-11 "比例尺"对话框

### 24.1.3 图例

MapGIS 10 提供 4 种生成图例的方式。

（1）根据地图专题图生成图例：根据地图专题图的规则，生成与该专题图对应的图例。

（2）根据地图图层生成图例：根据地图图层的符号参数值，生成与之对应的图例。

（3）用户自定义生成图例：与地图图层没有直接关系，可自定义图例数目，以及图例的符号、标签等。

（4）根据图例板生成图例：以图例板中图例项为基础，允许用户根据实际的需要从其中选取某些图例项来形成图例。

本书介绍前三种生成图例的方式。

**1. 根据地图专题图生成图例和根据地图图层生成图例**

根据地图专题图生成图例和根据地图图层生成图例的操作方法类似，具体如下：

（1）在版面编辑菜单下，单击"图例"按钮（见图 24-12），可弹出"图例"对话框（默认的显示界面是"选择生成图例的方式"）。

图 24-12 "图例"按钮

（2）在"选择生成图例的方式"界面（见图 24-13）中，选择"根据地图专题图生成图例"或"根据地图图层生成图例"（本书以该选项为例进行说明），单击"下一步"按钮可进入"请选择需要生成图例的地图图层"界面。

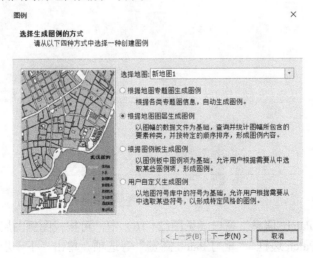

图 24-13 "选择生成图例的方式"界面

（3）在"请选择需要生成图例的地图图层"界面（见图 24-14）中，首先单击"▷"按钮可将要生成图例的地图图层从左侧的"地图图层"添加到右侧的"图例项"中，然后设置图例分栏的数量。如果此时单击"预览"按钮，则会跳过后续的操作，直接生成图例。单击"下一步"按钮可进入"设置图例标题"界面。

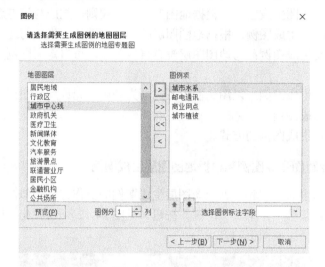

图 24-14 "请选择需要生成图例的地图图层"界面

（4）在"设置图例标题"界面（见图 24-15）中，可以设置图例名称（图例标题），并选择对齐方式。单击"下一步"按钮可进入"设置 Patch 信息"界面。

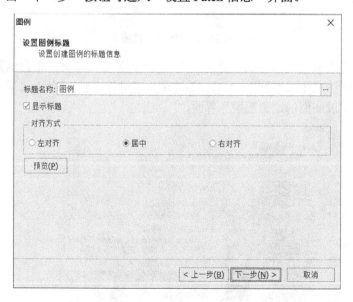

图 24-15 "设置图例标题"界面

（5）在"设置 Patch 信息"窗口（见图 24-16）中，可按找图例图层的信息设置"显示 Patch 背景""显示 Patch 边框""重写 Patch 高宽"等选项。单击"下一步"按钮可进入"图例间距设置"界面。

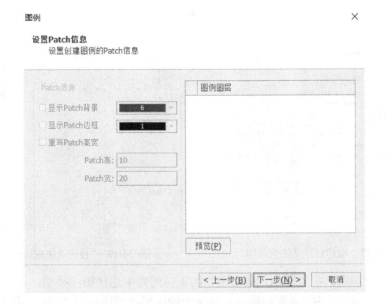

图 24-16 "设置 Patch 信息"界面

(6) 在"图例间距设置"界面（见图 24-17）中，可对图例组成元素间的间距进行设置，单击"完成"按钮后可在版面视图的右上角看到生成的图例。

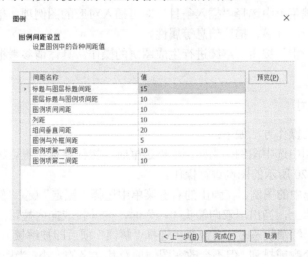

图 24-17 "图例间距设置"界面

### 2. 用户自定义生成图例

用户自定义生成图例的操作方法如下：

（1）在"选择生成图例的方式"界面中选择"用户自定义生成图例"，如图 24-18 所示。单击"下一步"按钮可进入"自定义生成图例"界面。

（2）在"自定义生成图例"界面（见图 2-19）中，先创建图例图层，再编辑图例项，如图 24-19 所示。

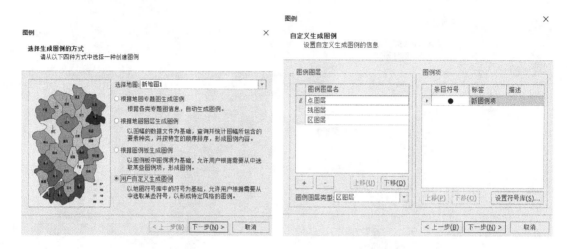

图 24-18 选择"用户自定义生成图例"　　图 24-19 "自定义生成图例"界面

① 创建图例图层：在"图例图层类型"的下拉列表中选择图层类型，如"点图层""线图层""区图层"等，单击"+"按钮即可将选中的图层类型添加到"图例图层"中。单击具体的图层可进行修改，可通过"上移""下移"按钮来更改图层的排列顺序，这意味着所生成图例的显示顺序也将更改。

② 编辑图例项：首先"图例图层"中选择具体的图层，然后右键单击"图例项"中的空白处，在弹出的右键菜单中选择"插入条目"即可插入对应的图例项，单击具体的图例项可编辑该图例项的符号、标签、描述信息等属性。

（3）单击"下一步"按钮可继续进行生成图例的操作，具体请参考根据地图专题图生成图例的操作方法。

### 3．编辑图例尺寸

编辑图例尺寸的操作方法如下：

（1）在版面视图中选中图例，当图例出现边框时，按住鼠标左键可将图例拖曳到合适的位置。这里对图 24-20 所示的图例进行操作。

（2）右键单击选中的图例，在弹出的右键菜单中选择"锁定"（或"解锁"），移动鼠标指针到图例边框的角点上，当出现双向箭头"↔"时，向外拉或向内拉可改变图例的大小。

（3）当图例处于解锁状态时（右键菜单选择"解锁"项后即被解锁），改变图例大小会改变边框内图例项的个数或排列，但不会改变图例项及其文字的大小；当图例处于锁定状态时，改变图例大小会改变边框内图例项及其文字的大小，但不会边框内显示内容（包括图例项的个数及排列）。解锁、锁定状态下图例设置如图 24-21 所示。

### 4．编辑图例参数

双击图例，或者右键单击图例，在弹出的右键菜单中选择"属性"，可弹出如图 24-22 所示的"图例"对话框，该对话框提供了极其丰富的图例编辑功能，用户可在此编辑图例的参数。

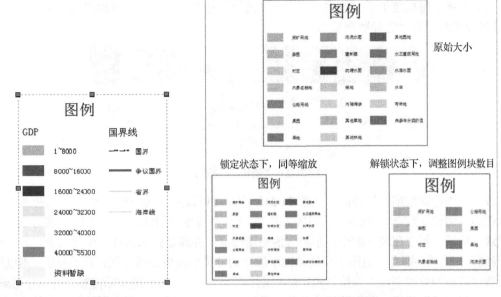

图 24-20 图例实例　　　　　图 24-21 解锁、锁定状态下图例设置

图 24-22 "图例"对话框

## 24.1.4 统计图

某种类型的统计图只能有效地表示一定的数据，因此在生成统计图之前，首先需要选择合适类型的统计图，或者生成多个统计图。统计图所表示的数据，既可以根据所选要素，也可以根据全部要素来进行统计。

### 1. 生成统计图

生成统计图的操作方法如下：

(1) 在版面编辑菜单下,单击"统计图"按钮(见图24-23),可弹出"统计图"对话框(默认的显示界面是"选择数据源")。

图 24-23 "统计图"按钮

(2) 在"选择数据源"界面(见图24-24)中,可以设置"选择地图图层"(选择要生成统计图的地图图层数据),以及"选择图表类型"(选择要生成的统计图的类型)。若勾选"显示记录"选项,则会在统计图中显示对应地图图层,并满足筛选条件的属性记录。若勾选"全局统计"选项,则会以地图图层的属性字段作为分类字段生成统计图;若不勾选,则以用户所选字段作为分类字段生成统计图。在"属性筛选"中,可以根据实际需要过滤部分记录。单击"重置记录"按钮,可删除筛选条件,显示对应地图图层中的所有属性记录。单击"下一步"按钮可进入"设置分类字段"界面。

图 24-24 "选择数据源"界面

(3) 在"设置分类字段"界面(见图 24-25)中,可以设置"字段名称""分段模式",最多可以设置两个分类字段。如果分类字段的类型为字符串,则分类模式只支持一值一类,对于其他类型的分类字段,分类模式还支持分段分类。单击"下一步"按钮可进入"设置统计字段"界面。

(4) 在"设置统计字段"界面(见图 24-26)中,可以设置"统计字段与统计方式"栏和"条目颜色"栏中的参数。如果设置了两个分类字段,则只能选择一个统计字段。字符串类型的统计字段只支持计数与频率两种统计方式。单击"完成"按钮即可生成统计图。

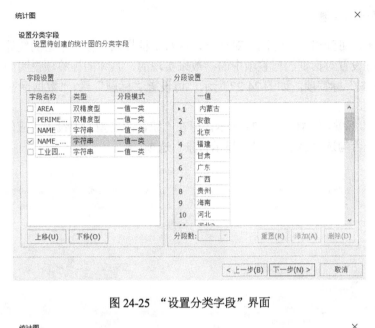

图 24-25 "设置分类字段"界面

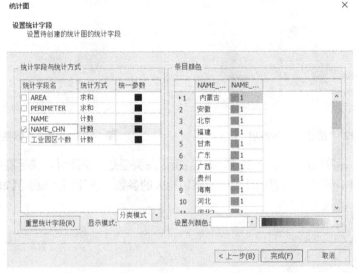

图 24-26 "设置统计字段"界面

## 2. 编辑统计图尺寸

编辑统计图的操作方法如下:

(1) 在版面视图中选中统计图,当统计图出现边框时,按住鼠标左键可将统计图拖曳到合适的位置。

(2) 在版面视图中选中统计图,当统计图出现边框时,将鼠标指针移动到边框的角点上,出现双向箭头"↔"后向外拉或向内拉可改变统计图的大小。

(3) 在版面视图中选中统计图,再选择标题区、图表区或图例区,按住鼠标左键进行拖曳即可调整其位置。

### 3. 编辑统计图参数

双击统计图，可弹出"统计图"对话框，该对话框提供了极其丰富的统计图编辑功能，这些功能是通过设置对话框的标签项中的参数来实现的，具体的标签项说明如下：

（1）"统计图"标签项，如图 24-27 所示，可设置"标题"栏、"数据标签"栏、"图例"栏中的相关参数。

（2）"图表"标签项，如图 24-28 所示，可在"统计图类型"中设置相应的类型，可根据实际需要确定是否勾选"显示边框""显示背景"选项。

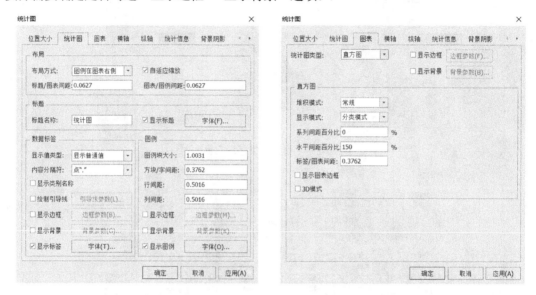

图 24-27 "统计图"标签项　　　　　图 24-28 "图表"标签项

（3）"横轴"标签项，如图 24-29 所示，当统计图类型是非饼图时，该标签项中的参数才有意义。在标签项中，用户可设置统计图中和横轴相关的参数。统计图横轴示例如图 24-30 所示。

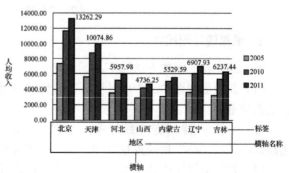

图 24-29 "横轴"标签项　　　　　图 24-30 统计图横轴示例

(4)"纵轴"标签项,当统计图类型是非饼图时,该标签项中的参数才有意义。在该标签项中,用户可设置统计图中和纵轴相关的参数。统计图纵轴示例如图 24-31 所示。

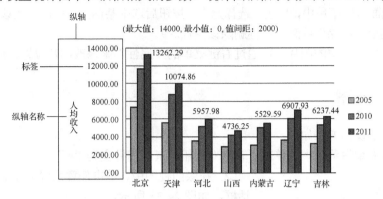

图 24-31 统计图纵轴示例

(5)"统计信息"标签项,如图 24-32 所示,可设置图例的显示符号、颜色等。当勾选"使用统计字段统一参数"时,"字段参数"中设置的参数起作用;未勾选时,"图表图例信息"栏中设置的参数起作用。

图 24-32 "统计信息"标签项

## 24.1.5 图片

添加图片的操作方法如下:
(1)在版面编辑菜单下,单击"图片"按钮,鼠标指针变为"+"字。
(2)在版面视图中,单击任意位置可弹出"打开"对话框。
(3)在"打开"对话框中选择所需的图片文件(支持.bmp、.jpg、.tif、.gif 等格式),单击"打开"按钮后,可在版面视图中看到所添加的图片。

（4）重复步骤（3），可以继续添加图片。

（5）单击鼠标右键，可结束添加图片操作。

（6）在版面编辑菜单中，单击"选择元素"按钮后选中某图片，可以修改该图片的大小，可通过右键菜单"删除"或删除按键删除该图片。

（7）右键单击选中的图片，可通过右键菜单的"属性"来修改图片位置、边框等参数。

## 24.1.6 表格

添加表格的操作方法如下：

（1）在版面编辑菜单中，单击"表格"按钮，鼠标指针变为"+"字。

图 24-33 "添加表格"对话框

（2）在版面视图中，单击任意位置可弹出"添加表格"对话框，如图 24-33 所示。

（3）在"添加表格"对话框中，既可以添加已有的表格，也可以新建表格。点选"添加表格"选项后，单击"文件"输入框右侧的"…"按钮可以选择已有的表格文件（支持.xls 和.xlsx 等格式）；然后在"表格"的下来菜单中选择表格中的 Sheet 页，单击"确定"按钮后即可在版面视图中看到添加的表格。点选"新建表格"后，设置"行数""列数"后，单击"确定"按钮即可在版面视图中看到新建的表格。

（4）重复步骤（3），可以继续添加表格。

（5）单击鼠标右键可结束添加表格操作。

（6）在版面编辑菜单中，单击"选择元素"按钮后选中某表格，可以修改该表格的大小，可通过右键菜单中的"删除"来删除该表格。

（7）右键单击选中的表格，在弹出的右键菜单中的选择"编辑"，可编辑表格中的内容；选择右键菜单中的"属性"，可修改表格的位置、边框等参数。

## 24.1.7 文本

地图可以向用户传达各种地理要素的信息，但仅仅显示地理要素的信息，也并不是总能让用户理解的，在地图中添加文本可以提高地图的可读性。添加文本的操作方法如下：

（1）在版面编辑菜单下，单击"文本"按钮，如图 24-34 所示，鼠标变为"+"字。

图 24-34 "文本"按钮

（2）在版面视图中单击任意位置，可弹出可编辑的文本框，如图 24-35 所示。

（3）在文本框中输入所需的文字信息后按下 Enter 键，或者在文本框外单击鼠标右键即可结束编辑。版面编辑菜单中提供了如果 24-36 所示的文本编辑快捷工具，通过该工具可以快速设置文本的字体、字号、颜色、粗细等样式。

图 24-35　可编辑的文本框　　　　图 24-36　文本编辑快捷工具

（4）在版面编辑菜单中，单击"选择元素"按钮后选中某文本，可以修改该文本的大小和位置，可通过右键菜单中的"删除"或者删除按键来删除该文本。

（5）右键单击选中的文本，在弹出的右键菜单中选择"属性"，可修改文本的位置、边框等参数。

## 24.2　按照指定的比例尺排版

本节以 1:1000 的地图输出 1:1 万的地图为例，简单介绍按照指定的比例尺进行排版的过程。

（1）在地图视图中加载 1:1000 的地图后，切换到版面视图，在"文件"菜单中单击"打开版面"按钮，MapGIS 10 可根据当前地图范围创建与之匹配的版面，如图 24-37 所示。

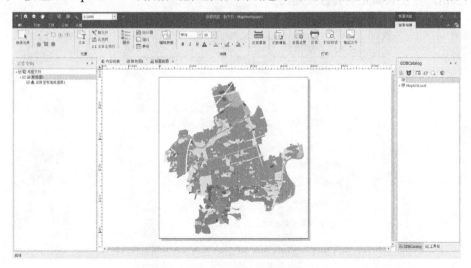

图 24-37　创建与地图范围匹配的版面

（2）在版面视图中，右键单击地图，在弹出的右键菜单中选择"缩放地图"，可弹出如图 24-38 所示的"缩放地图元素"对话框，在该对话框中点选"按比例尺缩放"选项，将"新比例尺"设置为"1:10,000"，单击"确定"按钮。

图 24-38 "缩放地图元素"对话框

(3) 单击打印工具条（见图 24-39）中的"版面设置"按钮，可弹出"版面打印设置"对话框。

图 24-39 打印工具条

(4) 在"版面打印设置"对话框的"布局"标签项（见图 24-40）中，单击"自动检测幅面"按钮，可使版面完美套合在地图上。

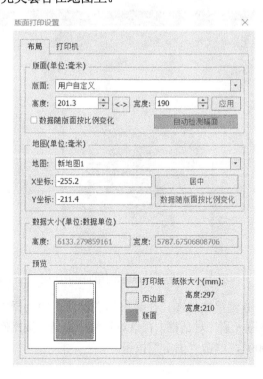

图 24-40 "布局"标签项

## 24.3 按照指定的版面排版

（1）在地图视图中加载地图后，切换到版面视图，在"文件"菜单中单击"打开版面"按钮，MapGIS 10 可根据当前地图范围创建与之匹配的版面。

（2）单击打印工具条中的"版面设置"功能项，可弹出如图 24-41 所示的"版面打印设置"对话框。在该对话框的"打印机"标签项中首先设置纸张大小，然后切换到"布局"标签项，在"布局"标签项中设置好"版面"之后，在"地图"栏中按照版面大小调整地图，调整好之后就可以按照指定的版面输出地图。

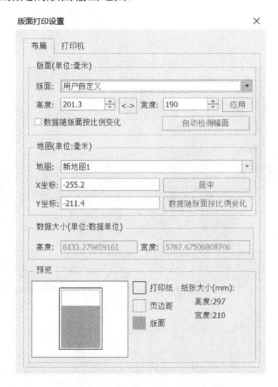

图 24-41 "版面打印设置"对话框

## 习题 24

（1）根据实际场景描述地图排版的两种方式。
（2）简述版面与幅面的区别。
（3）在 MapGIS 10 中生成图例的方法有哪几种？

# 第25章 地图输出

地图输出的主要设备有各种绘图仪、图形显示终端和打印机等。绘图仪、打印机主要关注色彩、线条、符号、文字等表示手段，以及输出地图的分辨率、精度、颜色种类等。这些都与绘图质量有关。通常，地图打印比简单的文档打印或 PowerPoint 演示文稿打印涉及的问题要多一些。地图文件可能会非常大，并且会在打印时占用大量的磁盘空间。此外，地图的尺寸还可能超出打印机纸张的大小。MapGIS 10 的地图输出提供栅格文件打印和 Windows 打印方式，并支持 PS、JPG、TIF、BMP、PNG 等多种格式文件的输出。

## 25.1 栅格文件的输出

### 25.1.1 输出 TIF、JPG 文件

在打印工具条中，单击"输出文件"下的"输出栅格文件"按钮，可弹出如图 25-1 所示的"输出栅格文件"对话框，"参数设置"栏中的"高度""宽度"决定了需要多少张既定尺寸的图片才能够将版面的内容全部输出。

如果地图输出格式为 JPG，则只能选择 RGB 模式输出；当输出格式为 TIF 时，可以选择 RGB 和 CMYK 两种模式。分辨率表示一英寸显示多少像素，72 dpi 代表一英寸显示 72 个像素，360 dpi 代表一英寸显示 360 个像素。分辨率越大，像素就越多，绘制的地图就越细腻。

当输出色彩数量存在限制从而导致地图细节丢失而无法实现光滑效果时，若勾选"图像抖动"，则在栅格图片输出过程中，系统会以一定的插值在原图中增加白点以改变像素的排列，从而产生新的色彩，使输出的地图在视觉上更加平滑细腻。

### 25.1.2 输出 PS（EPS）文件

PS 文件通过 PostScript 界面描述语言描述矢量对象和栅格对象，PostScript 是高端图形文件、制图和打印的出版行业标准。许多绘图应用程序中都可编辑 PS 文件，也可将此类文件作为图形置于大多数界面布局应用程序中。

在打印工具条中，单击"输出文件"下的"输出 PS 文件"按钮，可弹出如图 25-2 所示的"输出 PS 文件"对话框。

图 25-1 "输出栅格文件"对话框

图 25-2 "输出 PS 文件"对话框

## 25.2 Windows 打印方式

Windows 打印方式是最简单的打印方式之一，但如果地图文件较大，并且对色彩要求较高，则不推荐使用这种打印方式。

Windows 打印方式的操作方法如下：

（1）在打印工具条中，单击"版面设置"按钮，可弹出如图 25-3 所示的"版面打印设置"对话框。

（2）在"版面打印设置"对话框的"打印机"标签项中，设置"打印机"栏、"纸张"栏中的参数，以及"页边距"。

（3）在打印工具条中"打印"按钮，可弹出如图 25-4 所示的"打印"对话框，在该对话框中设置好"页面设置"栏中的参数，单击"确定"按钮后即可打印地图。

图 25-3 "版面打印设置"对话框

图 25-4 "打印"对话框

## 25.3　大幅面地图光栅打印

光栅打印是由武汉中地数码科技有限公司协同打印机制造商编写的打印机引擎程序，主要适用于中、大幅面的打印机，在出版大幅面地图及颜色处理方面有出色的表现。

大幅面地图光栅打印的操作方法如下：

（1）将地图输出为栅格文件（也称为光栅文件），在打印工具条中单击"输出文件"下的"输出栅格文件"按钮，可弹出"输出栅格文件"对话框，在该对话框中设置好相关参数后，单击"确定"按钮即可生成栅格文件。

（2）在菜单栏中的"文件→光栅打印"下选择打印机类型，如图 25-5 所示，即可实现光栅打印。

图 25-5　选择打印机

## 25.4　地图快速打印

单击菜单栏中的"文件→打印"，可弹出如图 25-6 所示的"地图打印设置"对话框。该对话框有"布局"标签项和"打印机"标签项。不论在哪种视图状态下，"打印机"标签项中的参数设置都应保持一致，"布局"标签项中的参数设置也都基本相同。

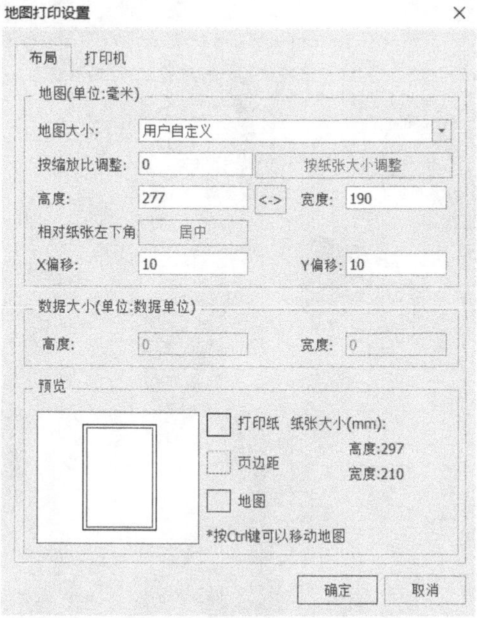

图 25-6　"地图打印设置"对话框

"按缩放比调整": MapGIS 10 默认的比例尺为 1:1000,即 1 mm 表示 1 m,当"按缩放比调整"设置为 1 时,比例尺为 1:1000;假设需要将比例尺设为 1:5000,即缩小为原来的 1/5,则可"按缩放比调整"设置为 0.2。"按纸张大小调整":单击该按钮可根据纸张设定的高宽和页边距来调整输出地图的高宽。"相对纸张左下角":以纸张的左下角为基准点,通过设置偏移量来设置版图。

单击"确定"按钮后,可以在"预览"栏中预览打印的效果。

注意:预览的图形可能与版面视图上预览的图形不同,如果在这里预览的打印效果符合要求,则可单击菜单栏中的"文件→打印"来实现地图快速打印。

## 习题 25

(1) 简述分辨率的含义。
(2) MapGIS 10 地图输出包括哪些方式?分别支持什么格式的数据?

# 第 9 部分

# 地图综合

在编制地图的过程中，需要根据编图目的对编图资料和制图对象进行选取和概括，用以反映制图对象的基本特征、典型特点及其内在联系，这是制图作业的一个重要环节，成图质量的好坏及其在科学上和实用上的价值，主要取决于这一步骤。地图综合的实质就是以科学的抽象形式，通过选取和概括的手段，从大量制图对象中选出较大的或较重要的，舍去次要的或非本质的地物和现象，去掉轮廓形状的碎部，缩减分类分级数量，减小制图物体间的差别，用正确的图形反映制图对象的类型特征和典型特点。MapGIS 10 提供了丰富的地图综合工具，可实现复杂地图的快捷、高效、精确处理。

# 第26章 图元处理与地图综合

当一幅地图从大比例尺变成小比例尺时，随着比例尺的缩小，地图综合能够以概括的形式表达地图，保留重要的地物，去掉次要的地物，为用户提供适宜的地理信息。MapGIS 10 集成了一套在地图缩编过程中，对图形进行特殊编辑操作的解决方案。为什么要进行地图综合呢？一方面，出于节约成本、减少数据采集量的考虑，人们逐渐认识到数据库"一库多用"的重要性；另一方面，GIS 的空间分析结果只有通过恰当的制图表达，才具有最优的可读性，而按地图要求进行表达就必然要使用地图综合。

## 26.1 图元化简

### 26.1.1 不规则多边形化简

不规则多边形化简主要是指对不规则的图形进行化简，可将图元边界弯曲深度小于边界曲线化简弯曲深度的弧段化简成比较自然的曲线，适用于湖泊、鱼塘等地物。

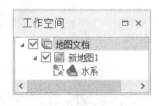

图26-1 将区图层设置为"当前编辑"状态

不规则多边形化简的操作方法如下：

（1）将需要进行综合操作的区图层（如"水系"）设置为"当前编辑"状态，如图26-1所示。

（2）在"参数设置"对话框中设置"三角网加密步长""边界曲线化简弯曲深度"，分别如图26-2和图26-3所示。

图26-2 设置"三角网加密步长"

图26-3 设置"边界曲线化简弯曲深度"

(3）单击菜单栏中的"制图综合→多边形化简→不规则多边形化简"，如图 26-4 所示。

(4）在视图区拉框选取要化简的区图元，即可进行不规则多边形化简，效果如图 26-5 所示。

图 26-4　不规则多边形化简菜单　　　　图 26-5　不规则多边形化简的效果

## 26.1.2　建筑物多边形化简

建筑物多边形化简主要是指对规则的建筑物多边形进行化简，化简后的目标轮廓比较规则，一般呈直角状。建筑物多边形化简的操作方法如下：

(1）将需要进行综合操作的区图层（如"居民地"）设置为"当前编辑"状态，如图 26-6 所示。

(2）在"参数设置"对话框中设置"三角网加密步长""建筑物多边形化简边长阈值"。

(3）单击菜单栏中的"制图综合→多边形化简→建筑物多边形化简"，如图 26-7 所示。

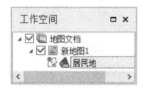　　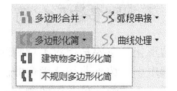

图 26-6　将区图层设置为当前编辑状态　　图 26-7　建筑物多边形化简菜单

(4）在视图区拉框选取要化简的区图元，即可进行建筑物多边形化简，效果如图 26-8 所示。

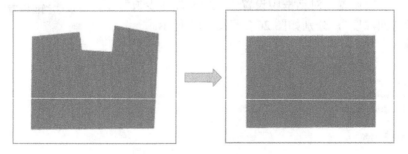

图 26-8　建筑物多边形化简的效果

### 26.1.3 曲线化简

曲线化简主要是指对线状要素进行化简,减少曲线上点的数量,从而减少数据量的存储。曲线化简的操作方法如下:
(1) 将需要进行综合操作的线图层设置为"当前编辑"状态。
(2) 在"参数设置"里设置控制参数"三角网加密步长""边界曲线化简弯曲深度"。
(3) 单击菜单栏中的"制图综合→曲线处理→曲线化简",如图 26-9 所示。
(4) 拉框选取需要进行化简的线图元,即可进行曲线化简,效果如图 26-10 所示。

图 26-9　曲线化简菜单　　　　　　图 26-10　曲线化简的效果

### 26.1.4 曲线光滑

曲线光滑是指根据"参数设置"对话框的"曲线"标签项中的参数"曲线光滑步长",将比较尖锐的曲线变成自然光滑的曲线。曲线光滑的操作方法如下:
(1) 将需要进行综合操作的线图层设置为当前编辑状态。
(2) 在"参数设置"对话框中设置"曲线光滑步长"。
(3) 单击菜单栏中的"制图综合→曲线处理→曲线光滑",如图 26-11(a)所示。
(4) 拉框选取需要进行化简的线图元即可进行曲线光滑,效果如图 26-11(b)所示。

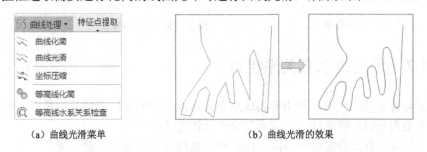

(a) 曲线光滑菜单　　　　　　　　　(b) 曲线光滑的效果

图 26-11　曲线光滑菜单和曲线光滑的效果

### 26.1.5 坐标压缩

坐标压缩是指对组成线图元的坐标进行压缩,减少线上点的数量,达到压缩的效果。坐标压缩的操作方法如下:
(1) 将需要进行综合操作的线图层设置为"当前编辑"状态。

（2）在"参数设置"对话框中设置"曲线压缩矢高"。
（3）单击菜单栏中的"制图综合→曲线处理→坐标压缩",如图26-12所示。
（4）拉框选取需要进行压缩的线图元即可进行坐标压缩,效果如图26-13所示。

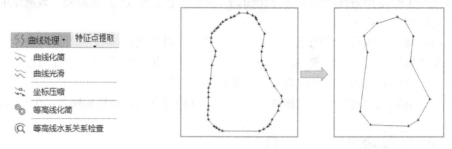

图 26-12　坐标压缩菜单　　　　　图 26-13　坐标压缩的效果

### 26.1.6　等高线化简

等高线化简是指对等高线的线要素进行化简,在保持整体特征形态的基础上,删除弯曲深度小于等高线删除弯曲深度的弧段。等高线化简的操作方法如下:
（1）将需要进行综合操作的线图层设置为"当前编辑"状态。
（2）在"参数设置"对话框中设置"三角网加密步长""等高线删除弯曲的深度"。
（3）单击菜单栏中的"制图综合→曲线处理→等高线化简",如图26-14所示。
（4）拉框选取等高线图元即可进行等高线化简,效果如图26-15所示。

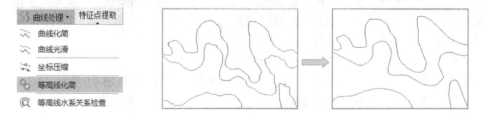

图 26-14　等高线化简菜单　　　　　图 26-15　等高线化简的效果

### 26.1.7　等高线水系关系检查

当水系与等高线相交时,利用等高线水系关系检查功能可检查相交点是否正确,即水系的空间位置是否正确。等高线水系关系检查的操作方法如下:
（1）将需要进行综合操作的等高线图层和水系图层设置为"当前编辑"状态。
（2）在"参数设置"对话框中设置"曲线特征点提取时的弯曲深度"（该参数用于决定等高线特征点个数）。
（3）单击菜单栏中的"制图综合→曲线处理→等高线水系关系检查",如图 26-16（a）所示,可弹出如图26-16（b）所示的"等高线水系关系检查"对话框。
（4）在"等高线水系关系检查"对话框中设置"等高线图层""水系图层""交点和特征点距离阈值"。

（5）单击"查错更新"按钮，MapGIS 10 会自动检查水系与等高线的各交点和等高线特征点间的距离，将距离大于设定阈值的交点查找出来，并将交点所在等高线的 ID 显示在"等高线水系关系检查"对话框列表中。

（6）双击"等高线水系关系检查"对话框列表中的记录，会自动跳转到编辑窗口中的出错位置，可以通过移动等高线图层或者水系图层来调整两者的相对位置，使之满足要求。

(a) 等高线水系关系检查菜单　　　　(b) "等高线水系关系检查"对话框

图 26-16　等高线水系关系检查菜单和"等高线水系关系检查"对话框

## 26.2　图元概括

### 26.2.1　建筑物变小板房

建筑物变小板房可将建筑物变成小板房，用以实现居民地的综合。建筑物变小板房的操作方法如下：

（1）将需要进行综合操作的区图层设置为"当前编辑"状态。

（2）在"参数设置"对话框中设置"三角网加密步长""生成小板房的最小面积""小板房长度""小板房宽度"。

（3）单击菜单栏中的"制图综合→建筑物变小板房"即可进行建筑物变小板房的操作。当图元外包矩形的长度、宽度及面积都大于对应的控制参数时，区图元不做更改；只有图元外包矩形的长度及图元面积大于对应的控制参数，而宽度小于对应的控制参数时，可将相应图元的宽度变为小板房宽度、长度为其外包矩形长度的矩形；当图元外包矩形的长度、宽度及面积都小于对应的控制参数时，将相应图元的长度、宽度分别变为小板房长度、小板房宽度。建筑物变小板房的效果如图 26-17 所示。

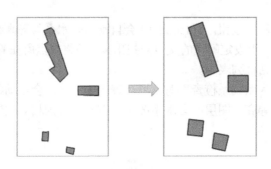

图 26-17  建筑物变小板房的效果

## 26.2.2  共享边界咬合

共享边界咬合是指将某个图元的一条边咬合到另一个图元的一条边上，有三种咬合类型：区对区咬合、区对线咬合、线对线咬合。共享边界咬合的操作如下：

（1）图层状态：若在两个图层上进行操作，则需将一个图层设置为"当前编辑"状态，将另一个图层设置为"编辑"或"当前编辑"状态；若在一个图层上进行操作，则需将该图层设置为"当前编辑"状态（区对区咬合、线对线咬合可以针对同一图层上的不同图元）。

（2）单击菜单栏中的"制图综合→共享边界咬合"。

具体咬合情况如下：

1）区对区咬合

（1）选择两个需要进行咬合的区图层 A、B（必须同时且只框选这两个区图层），若选取成功，则区图层 A、区图层 B 及两个区图层上所有的点都将高亮显示。

（2）在区图层 A 上选择点①，接着在区图层 B 上选择点②，再在区图层 A 上选择点③，最后在区图层 B 上选择点④。

（3）选择完 4 个点后，区图层 A 将主动向区图层 B 进行咬合，点①和点②、点③和点④咬合在一起，效果如图 26-18 所示。

（4）若需要区图层 B 向区图层 A 咬合，则先在区图层 B 上选择点①，接着在区图层 A 上选择点②，然后在区图层 B 上选择点③，最后在区图层 A 上选择点④。

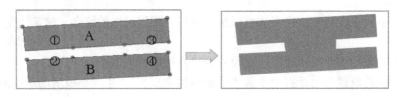

图 26-18  区对区咬合效果

2）区对线咬合及线对区咬合

（1）选择两个需要进行咬合的图层，即区图层 A、线图层 B（必须同时且只框选这两个图层），若选取成功，则区图层 A、线图层 B 及两个图层上所有的点都将高亮显示。

（2）在区图层 A 上选择点①，接着在线图层 B 上选择点②，然后在区图层 A 上选择点③，最后在线图层 B 上选择点④。

（3）选择完 4 个点后，区图层 A 将主动向线图层 B 进行咬合，即点①和点②、点③和点④咬合在一起，效果如图 26-19 所示。

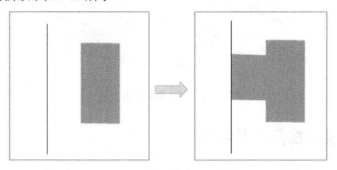

图 26-19　区对线咬合的效果

（4）若需要线图层 B 向区图层 A 咬合，则先在线图层 B 上选择点①，接着在区图层 A 上选择点②，然后在线图层 B 上选择点③，最后在区图层 A 上选择点④。这时线图层 B 将主动向区图层 A 按照这 4 个点的位置进行线对区的咬合。线对区咬合效果如图 26-20 所示。

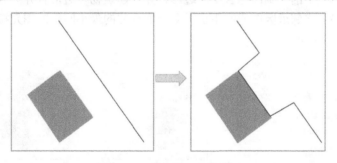

图 26-20　线对区咬合的效果

3）线对线咬合

线对线咬合可参考区对区咬合。

### 26.2.3　多边形毗邻

多边形毗邻可以使两个相邻区图层的共享边界分别向中间移动半宽距离，用于实现两个多边形的相切。多边形毗邻的操作方法如下：

（1）将需要进行多边形毗邻的区图层设置为"当前编辑"状态。

（2）在"参数设置"对话框中设置"三角网加密步长""中轴线提取时多边形临近间距""中轴线网络可删除的最小弧段长度"。

（3）单击菜单栏中的"制图综合→多边形毗邻"。

（4）拉框选择至少两个区图层进行毗邻操作，若选择的区图层符合毗邻条件，则 MapGIS 10 将毗邻相应的图层（只是相邻并没有合并），效果如图 26-21 所示。

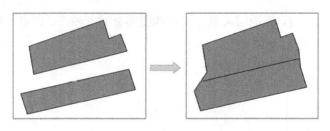

图 26-21　多边形毗邻的效果

### 26.2.4　建筑物多边形合并

建筑物多边形合并有区别于不规则多边形合并，主要针对的是居民地和建筑物及其附属设施，合并后的目标轮廓比较规则，一般成直角状。建筑物多边形合并的操作方法如下：

（1）将需要进行建筑物多边形合并的区图层设置为"当前编辑"状态。

（2）在"参数设置"对话框中设置"三角网加密步长""多边形合并的最小间距"。

（3）单击菜单栏中的"制图综合→多边形合并→建筑物多边形合并"，如图 26-22 所示。

（4）在区图层上将邻近区图元间距小于多边形合并的最小间距的图元拉框后即可实现合并，效果如图 26-23 所示。

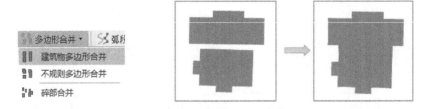

图 26-22　建筑物多边形合并菜单　　图 26-23　建筑物多边形合并的效果

### 26.2.5　不规则多边形合并

不规则多边形合并主要用于合并一些不规则的多边形，有区别于规则多边形合并，适用于湖泊、鱼塘等，合并后目标轮廓是自然曲线。不规则多边形合并的操作方法如下：

（1）将需要进行不规则多边形合并的区图层设置为"当前编辑"状态。

（2）在"参数设置"对话框中设置"三角网加密步长""多边形合并的最小间距"。

（3）单击菜单栏中的"制图综合→多边形合并→不规则多边形合并"，如图 26-24 所示。

（4）在区图层上将邻近区图元间距小于多边形合并的最小间距的图元拉框后即可实现合并，效果如图 26-25 所示。

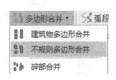 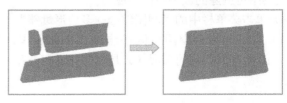

图 26-24　不规则多边形合并菜单　　图 26-25　不规则多边形合并的效果

### 26.2.6 碎部合并

碎部合并可将面积小于一定阈值的小区图层向邻近的大图层合并融合。MapGIS 10 提供了两种处理方式：合并到最大相邻区，以及合并到最长公用边界的相邻区。碎部合并的操作方法如下：

（1）将需要进行碎部合并的区图层设置为"当前编辑"状态。

（2）单击菜单栏中的"制图综合→多边形合并→碎部合并"，可弹出如图 26-26 所示的"碎部合并参数"对话框。

图 26-26 "碎部合并参数"对话框

（3）在"碎部合并参数"对话框中设置"合并方式""筛选条件"。"合并方式"有两种选项，即"将其合并到最大相邻区""将其合并到最长公用边界的相邻区"，前一个选项可将满足筛选条件的图元合并到与其邻近的面积最大的相邻区中，后一个选项可将满足筛选条件的图元合并到与其有最长公用边界的相邻区中。单击"筛选条件"右侧的"…"按钮，可弹出如图 26-27 所示的"输入查询条件"对话框，用户可以在该对话框中设置需要筛选出来的图元条件。

图 26-27 "输入查询条件"对话框

（4）完成参数设置后，在地图视图中点选或拉框选择单个图元，MapGIS 10 将根据设定的"筛选条件"和"合并方式"完成碎部合并，刷新地图视图即可看到碎部合并后的效果。

### 26.2.7 高程点选取

高程点选取是指按照设置的选取密度参数在高程点图层上自动选取点图元。高程点选取的操作方法如下：

（1）将需要进行高程点选取的高程点图层设置为"当前编辑"状态。

（2）在"参数设置"对话框中设置"高程点选取密度每平方分米"，如图 26-28 所示。

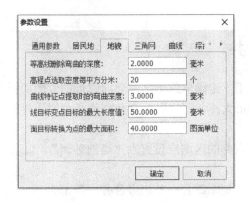

图 26-28　设置"高程点选取密度每平方分米"

（3）单击菜单栏中的"制图综合→高程点选取",如图 26-29 所示。

图 26-29　高程点选取菜单

（4）拉框选取点图元,MapGIS 10 会按照设置的选取密度自动完成高程点选取。

## 26.3　图元降维

### 26.3.1　线转点

线转点可将线图元转换为点图元,操作方法如下：

（1）将需要进行线转点的线图层、点图层设置为"当前编辑"状态。
（2）在"参数设置"对话框中设置"线目标变点目标的最大长度值",如图 26-30 所示。
（3）单击菜单栏中的"制图综合→图元降维→线转点",如图 26-31 所示。

图 26-30　设置"线目标变点目标的最大长度值"　　图 26-31　线转点菜单

（4）拉框选取线图元即可进行线转点的操作,效果如图 26-32 所示。如果选择的线图元长度超过了设置的"线目标变点目标的最大长度值",则线图元不能转换为点图元。

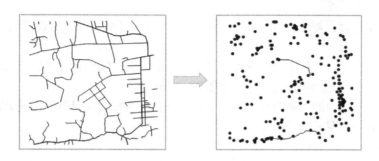

图 26-32　线转点的效果

### 26.3.2　面转点

面转点可将区图元转换为点图元,操作方法如下:

(1) 将需要进行面转点的区图元、点图层设置为"当前编辑"状态。
(2) 在"参数设置"对话框中设置"面目标转换为点的最大面积",如图 26-33 所示。
(3) 单击菜单栏中的"制图综合→图元降维→面转点",如图 26-34 所示。

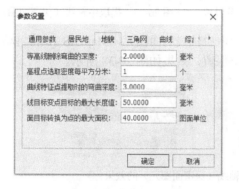

图 26-33　设置"面目标转换为点的最大面积"

图 26-34　面转点菜单

(4) 拉框选取区图元即可进行面转点的操作,效果如图 26-35 所示。如果选择的面图元面积超过了设置的"面目标转换为点的最大面积",则面图元不能转换为点图元。

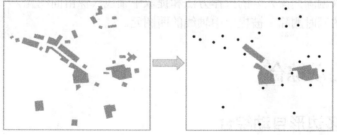

图 26-35　面转点的效果

### 26.3.3　提取中轴线(保留面图元)

提取中轴线(保留面图元)可以用来提取区图层的中轴线,操作方法如下:

（1）将需要进行提取中轴线（保留面图元）的区图层和线图层都设置为"当前编辑"状态。

（2）在"参数设置"对话框中设置"三角形加密步长""中轴线提取时多边形邻近间距""中轴线网络可删除的最小弧段长度"，如图26-36所示。

（3）单击菜单栏中的"制图综合→图元降维→提取中轴线（保留面图元）"，如图 26-37 所示。注：此处的面图元即区图元。

图 26-36　提取中轴线（保留面图元）的参数设置　　图 26-37　提取中轴线（保留面图元）菜单

（4）在区图层上选取一个或者多个需提取中轴线的面图元，MapGIS 10 将自动提取中轴线并添加到线图层中，区图层上的面图元仍保留，效果如图 26-38 所示。

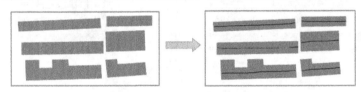

图 26-38　提取中轴线（保留面图元）的效果

### 26.3.4　提取中轴线（删除面图元）

提取中轴线（删除面图元）的操作方法和提取中轴线（保留面图元）一致，不同的是前者在提取中轴线的同时删除了被提取中轴线的面图元。

## 26.4　全自动综合

### 26.4.1　多边形自动综合

多边形自动综合是指对多边形区要素进行的自动合并、毗邻操作，操作方法如下：

（1）将需要进行多边形自动综合的区图层设置为"编辑"状态。

（2）单击菜单栏中的"制图综合→全自动综合→多边形自动综合"，如图 26-39 所示，可弹出如图 16-40 所示的"多边形自动综合"对话框。

图 26-39　多边形自动综合菜单　　图 26-40　"多边形自动综合"对话框

（3）在"多边形自动综合"对话框中进行参数设置。在"图层"栏中，"图层类型"是根据图元的形状来选择的，若为图元的形状是较规则的方形，则选择"建筑物多边形"，否则就选择"不规则多边形"；若"操作类型"选择的是"合并"，则设置的"多边形最小间距"为多边形合并的最小距离，多边形的间距小于该参数时进行合并，若"操作类型"选择的是"毗邻"，则设置的"多边形最小间距"为进行中轴线提取"时多边形的邻近间距"，使两个相邻区图元的共享边界分别向中间移动半宽距离。"目标图层"用于设置多边形自动综合结果的存放路径和名称。

（4）单击"确定"按钮后即可进行多边形自动综合，多边形自动综合（合并）的效果和多边形自动综合（毗邻）的效果分别如图 26-41 和图 26-42 所示。

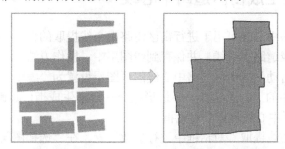

图 26-41　多边形自动综合（合并）的效果

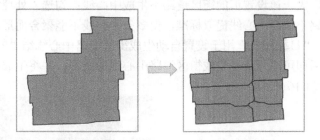

图 26-42　多边形自动综合（毗邻）的效果

### 26.4.2　自动生成中轴线

自动生成中轴线用于提取区图层中的中轴线，可以不改变原图元，生成的图元能保存在目标图层中。操作方法如下：

图 26-43 "多边形中轴线提取"对话框

（1）将需要进行自动生成中轴线的区图层设置为"编辑"状态。

（2）单击菜单栏中的"制图综合→多边形综合→自动生成中轴线"，可弹出如图 26-43 所示的"多边形中轴线提取"对话框。

（3）在"多边形中轴线提取"对话框中进行参数设置。在"选择图层"下拉列表中可选择处于"当前编辑"和"编辑"状态的区图层；"最小弧段长度"用于设置进行中轴线提取时可删除的弧段长度（即只保留弧段长度大于该值的中轴线）；"目标图层"用于设置自动生成中轴线结果的存放路径和名称。单击"确定"按钮后即可进行自动生成中轴线，效果如图 26-44 所示。

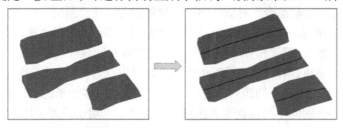

图 26-44　自动生成中轴线的效果

### 26.4.3　自动生成街区道路中心线

自动生成街区道路中心线可用于进行街区道路中心线提取的自动操作，可在满足设置参数的街区道路直接生成道路中心线，并保存到线图层中。操作方法如下：

（1）将需要进行自动生成街区道路中心线的区图层设置为"编辑"状态。

（2）单击菜单栏中的"制图综合→多边形综合→自动生成街区道路中心线"，可弹出如图 26-45 所示的"街区中心线提取"对话框。

（3）在"街区中心线提取"对话框中进行参数设置。在"选择图层"下拉列表中可以选取处于"当前编辑"和"编辑"状态的区图层；"道路最大宽度"用于设置可生成中心线的街区道路的最大宽度，大于该设置值的街区道路不生成中心线；勾选"处理空洞"选项后可处理由于某些街区道路不符合中心线提取标准，使多条中心线不能聚合而形成的空洞，可实现多个中心线的捏合；"目标图层"用于设置自动生成街区道路中心线结果的存放路径和名称。单击"确定"按钮后即可进行自动生成街区道路中心线的操作，并将生成的中心线保存到线图层中，效果如图 24-16 所示。

图 26-45　"街区中心线提取"对话框

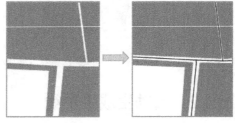

图 26-46　自动生成街区道路中心线的效果

### 26.4.4 自动生成线状道路中心线

自动生成线状道路中心线可用于双线道路的中心线的自动提取，操作方法如下：

（1）将需要进行自动生成线状道路中心线的线图层设置为"编辑"状态。

（2）单击菜单栏中的"制图综合→多边形综合→自动生成线状道路中心线"，可弹出如图 26-47 所示的"道路中心线提取"对话框。

（3）在"道路中心线提取"对话框中进行参数设置。在"选择图层"下拉列表中可以选取处于"当前编辑"和"编辑"状态的线图层；"道路最大宽度"用于设置可生成中心线的双线道路的最大宽度，大于该设置值的双线道路不生成中心线；"目标图层"用于设置自动生成线状道路中心线结果的存放路径和名称。单击"确定"按钮即可进行自动生成线状道路中心线的操作，并将生成的中心线保存到线图层中，效果如图 26-48 所示。

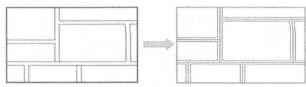

图 26-47 "道路中心线提取"对话框　　图 26-48 自动生成线状道路中心线的效果

### 26.4.5 居民地自动选取

居民地自动选取可以从居民地图元中筛选出面积大于设定的面积阈值的图元，并由此生成新的区简单要素类。操作方法如下：

（1）将需要进行居民地自动选取的区图层设置为"当前编辑"状态。

（2）单击菜单栏中的"制图综合→多边形综合→居民地自动选取"，可弹出如图 26-49 所示的"居民地多边形选取"对话框。

（3）在"居民地多边形选取"对话框中进行参数设置。在"选择图层"下拉列表中可以选取处于"当前编辑"状态的区图层；"面积阈值"用于设置图元的面积，大于该设定值的图元会被筛选出来；"目标图层"用于设置居民地自动选取结果的存放路径和名称。单击"确定"按钮即可进行居民地自动选取的操作，效果如图 26-50 所示。

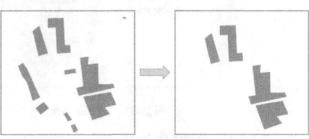

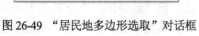

图 26-49 "居民地多边形选取"对话框　　图 26-50 居民地自动选取的效果

### 26.4.6 居民地多边形化简

居民地多边形化简是指对居民地区要素进行的自动化简，操作方法如下：
（1）将需要进行居民地多边形化简的区图层设置为"当前编辑"状态。
（2）单击菜单栏中的"制图综合→多边形综合→居民地多边形化简"，可弹出如题 26-51 所示的"居民地多边形化简"对话框。
（3）在"居民地多边形化简"对话框中进行参数设置。在"选择图层"下拉列表中可以选取处于"当前编辑"状态的区图层；设定"边界弯曲深度"后，小于该设定值的区图层中的图元将被删除。单击"确定"按钮后即可进行居民地多边形化简的操作，效果如图 26-52 所示。

图 26-51 "居民地多边形化简"对话框

图 26-52 居民地多边形化简的效果

### 26.4.7 根据区属性条件合并

根据区属性条件合并是指根据设定的属性条件将一定容差范围内的多个区图元合并成一个区图元。操作方法如下：
（1）将需要进行根据区属性条件合并的区图层设置为"编辑"状态。
（2）单击菜单栏中的"制图综合→多边形综合→根据区属性条件合并"，可弹出如图 26-53 所示的"根据区属性条件合并"对话框。

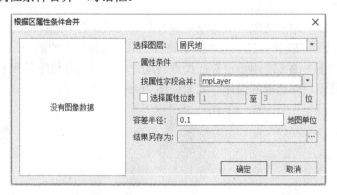

图 26-53 "根据区属性条件合并"对话框

（3）在"根据区属性条件合并"对话框中进行参数设置。在"选择图层"下拉列表中可以选取处于"编辑"状态的区图层。在"属性条件"栏中，"按属性字段合并"用于设定属性字段，若不勾选"选择属性位数"选项，则会在容差范围内将设定的属性值相同的多个区图元合并成为一个区图元；若勾选"选择属性位数"选项，则会在容差范围内将设定的属性位数值相同的多个区图元合并成为一个区图元。"容差半径"用于确定容差范围，如果区图元与区图元之间的距离在容差半径内，则将它们合并。"结果另存为"用于设置根据区属性条件合并结果的存放路径和名称。单击"确定"按钮后即可进行根据区属性条件合并的操作，效果如图 26-54 所示。

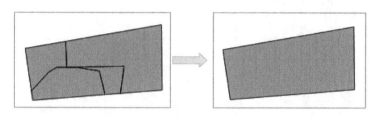

图 26-54　根据区属性条件合并的效果

### 26.4.8　自动碎部合并

自动碎部合并可以根据设定的"面积阈值""筛选条件"，自动从整个区图层提取满足条件的小面积区图元并将其合并到相邻区中，MapGIS 10 提供了两种合并方式，即"将其合并到最大相邻区""将其合并到最长公用边界的相邻区"。自动碎部合并的操作方法如下：

（1）将需要进行自动碎部合并的区图层设置为"当前编辑"状态。

（2）单击菜单栏中的"制图综合→多边形综合→自动碎部合并"，可弹出如图 26-55 所示的"碎部合并参数"对话框。

（3）在"碎部合并参数"对话框中进行参数设置。"面积阈值"用于设置区图元的面积，小于该设置值的区图元将被合并到相邻区中；"合并方式"可选"将其合并到最大相邻区""将其合并到最长公用边界的相邻区"；"筛选条件"用于设置筛选图元的条件；"保存结果"用于设置自动碎部合并结果的存放路径和名称。单击"确定"按钮即可进行自动碎部合并的操作。

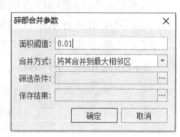

图 26-55　"碎步合并参数"对话框

### 26.4.9　等高线自动综合

等高线自动综合是指对等高线进行的自动化简综合操作，操作方法如下：

（1）将需要进行等高线自动综合的等高线图层设置为"编辑"状态。

（2）单击菜单栏中的"制图综合→曲线综合→等高线自动综合"，可弹出如图 26-56 所示的"等高线综合"对话框。

（3）在"等高线综合"对话框中进行参数设置。在"图层"栏中，"原始图层"用于设置需要进行等高线自动综合的等高线图层；"目标图层"用于设置等高线自动综合结果的存放路径和名称；"原始比例尺"是原始等高线图层中的比例尺；"目标比例尺"用于设置目标图层的比例尺，必须小于"原始比例尺"的值。可根据实际需要设置"选择方式"栏中的参数、"化简方式"和"化简强度"等参数。

单击"确定"按钮后即可进行等高线自动综合的操作，效果如图 26-57 所示。

图 26-56 "等高线综合"对话框

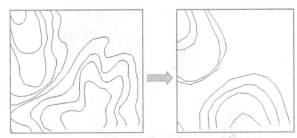

图 26-57 等高线自动综合的效果

## 26.4.10 水系自动化简

水系自动化简的操作方法如下：

（1）将需要进行水系自动化简的线图层设置为"当前编辑"状态。

（2）在单击菜单栏中的"制图综合→曲线综合→水系自动化简"，可弹出如图 26-58 所示的"水系自动化简"对话框。

图 26-58 "水系自动化简"对话框

（3）在"水系自动化简"对话框中进行参数设置。MapGIS 10 将对弯曲深度小于"化简弯曲深度"设置值的曲线进行化简。单击"确定"按钮后即可进行水系自动化简的操作，效果如图 26-59 所示。

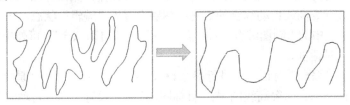

图 26-59 水系自动化简的效果

## 26.5 综合协调处理

### 26.5.1 等高线提取谷底点、山脊点（交互）

等高线提取谷底点、山脊点（交互）的操作方法如下：
（1）将需要进行操作的等高线图层以及保存特征点的点图层设置为"当前编辑"状态。
（2）在"参数设置"对话框中设置"曲线特征点提取时的弯曲深度"，如图 26-60 所示。

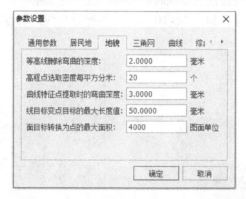

图 26-60 设置"曲线特征点提取时的弯曲深度"

（3）单击菜单栏中的"制图综合→综合协调处理→等高线提取谷底点、山脊点（交互）"。
（4）在地图视图中选择需要进行特征点提取的等高线后，MapGIS 10 会自动进行等高线提取谷底点、山脊点（交互）的操作，效果如图 26-61 所示。

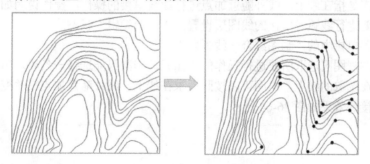

图 26-61 等高线提取谷底点、山脊点（交互）的效果

### 26.5.2 等高线提取谷底点、山脊点（全图）

等高线提取谷底点、山脊点（全图）的操作方法如下：
（1）将需要进行操作的等高线图层设置为"当前编辑"状态。
（2）单击菜单栏中的"制图综合→综合协调处理→等高线提取谷底点、山脊（全图）"，可弹出如图 26-62 所示的"等高线提取谷底点、山脊点"对话框。

图 26-62 "等高线提取谷底点、山脊点"对话框

（3）在"等高线提取谷底点、山脊点"对话框中进行参数设置。"提取弯曲深度"和"参数设置"对话框中的"曲线特征点提取时的弯曲深度"功能相同。

（4）单击"确定"按钮后 MapGIS 10 可自动进行等高线提取谷底点、山脊点（全图）的操作，效果如图 26-63 所示。

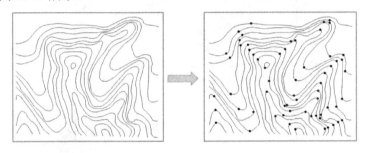

图 26-63 等高线提取谷底点、山脊点（全图）的效果

### 26.5.3 线弧段串接

线弧段串接是指在线上、线外随意加点进行曲线串接的操作，操作说明如下：

（1）将需要进行线弧段串接的线图层设置为"当前编辑"状态。

（2）单击菜单栏中的"制图综合→线弧段串接"。

（3）在地图视图区选取所要进行操作的线图元，一次只能选择一条线，串接操作的起点和终点都必须在选取的线上，中间可以按照要求在线上、线外随意加点来改变曲线串接的走向。线弧段串接的效果如图 26-64 所示。

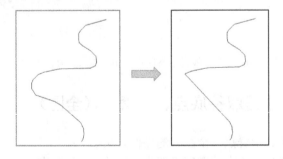

图 26-64 线弧段串接展示

### 26.5.4 区弧段串接

区弧段串接是指在区图元的边界上、区图元外随意加点进行面弧段串接的操作,操作方法如下:

(1) 将需要进行面弧段串接的区图层设置为"当前编辑"状态。
(2) 单击菜单栏中的"制图综合→区弧段串接"。
(3) 在地图视图中选取要进行操作的区图元,一次只能选择一个区图元,串接操作的起点和终点必须都在选取区图元的边界上,中间可以按照要求在区图元的边界上、区图元外随意加点选择区弧段串接的走向,完成区弧段串接操作。区弧段串接的效果如图 26-65 所示。

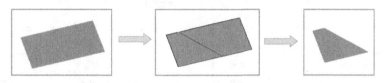

图 26-65　区弧段串接的效果

## 26.6　综合辅助工具

### 26.6.1　综合目标图比例尺

在"参数设置"对话框的"通用参数"标签项中设置"综合目标图比例尺",如图 26-66 所示。单击菜单栏中的"制图综合→参数设置→综合目标图比例尺显示",在编辑视图中可根据设置的"综合目标图比例尺"来自动调整比例尺。

### 26.6.2　原始资料图比例尺

在"参数设置"对话框的"通用参数"标签项中设置"原始资料图比例尺",如图 26-67 所示。单击菜单栏中的"制图综合→参数设置→原始资料图比例尺显示",在编辑视图中可根据设置的"原始资料图比例尺"来自动调整比例尺。

图 26-66　设置"综合目标图比例尺"

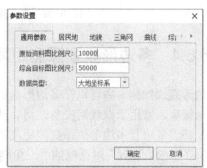

图 26-67　设置"原始资料图比例尺"

### 26.6.3 多边形小间距探测距离

多边形小间距探测距离可以在多边形的间距小于的"多边形小间距探测距离"设置值时，用蓝色区域铺染，常用于在生成街区时辅助判断建筑物间的距离。操作方法如下：

（1）将需要进行多边形小间距探测的区图层设置为"当前编辑"状态。

（2）在"参数设置"对话框的"三角网"标签项中设置"三角网加密步长"，如图 26-68 所示；在"参数设置"对话框的"综合评价"标签项中设置"多边形小间距探测距离"，如图 26-69 所示。

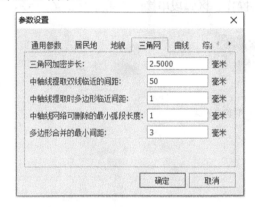
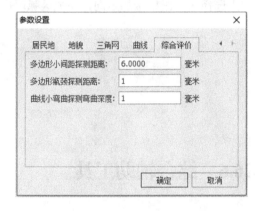

图 26-68　设置"三角网加密步长"　　　图 26-69　设置"多边形小间距探测距离"

（3）单击菜单栏中的"制图综合→多边形探测→多边形小间距探测距离"，拉框选取要探测的区图元，即可进行多边形小间距探测距离，每次进行操作的区图元数不得少于两个。

（4）当区图元的距离（图面距离）小于的"多边形小间距探测距离"设置值除以当前比例尺时，将用蓝色区域铺染。多边形小间距探测距离的效果如图 26-70 所示。

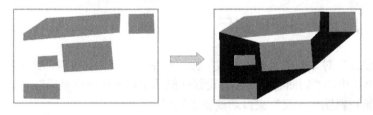

图 26-70　多边形小间距探测距离的效果

### 26.6.4 多边形瓶颈探测距离

多边形瓶颈探测距离可以在多边形内的宽度小于设置的"多边形瓶颈探测距离"时，用蓝色区域铺染，常用于双线河变单线河、辅助狭窄部位的判断。操作方法如下：

（1）将需要进行多边形瓶颈探测距离的区图层设置为"当前编辑"状态。

（2）在"参数设置"对话框的"三角网"标签项中设置"三角网加密步长"；在"参数设置"对话框的"综合评价"标签项中设置"多边形瓶颈探测距离"。

（3）单击菜单栏中的"制图综合→多边形探测→多边形瓶颈探测距离"，拉框选取要探测的区图元,即可进行多边形瓶颈探测距离,每次进行操作的区图元数不得少于两个。

(4)当区图元内的宽度(图面距离)小于的"多边形瓶颈探测距离"设置值除以当前比例尺时,将用蓝色区域铺染。多边形瓶颈探测距离的效果如图 26-71 所示。

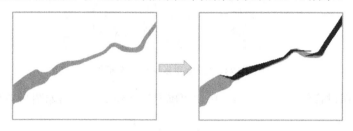

图 26-71　多边形瓶颈探测距离的效果

### 26.6.5　曲线小弯曲探测弯曲深度

曲线小弯曲探测弯曲深度可以在曲线的弯曲深度小于的"曲线小弯曲谈探测弯曲深度"设置值时,用蓝色区域铺染,常用于在曲线化简时对弯曲进行辅助识别判断。操作方法如下:

(1)将需要进行曲线小弯曲探测弯曲深度的线图层设置为"当前编辑"状态。

(2)在"参数设置"对话框的"三角网"标签项中设置"三角网加密步长";在"参数设置"对话框的"综合评价"标签项中设置"曲线小弯曲探测弯曲深度"。

(3)单击菜单栏中的"制图综合→曲线小弯曲探测弯曲深度",拉框选取要探测的线图元,即可进行曲线小弯曲探测弯曲深度,效果如图 26-72 所示,所选线图元的弯曲深度小于的"曲线小弯曲探测弯曲深度"设置值的部分将用蓝色区域铺染。

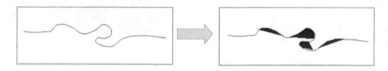

图 26-72　曲线小弯曲探测弯曲深度的效果

## 26.7　综合质量评价

综合质量评价是指对线状地物、面状地物的综合结果进行的质量评价,可以地图综合前后图元的数目和形状保持情况做出评价分析。操作方法如下:

(1)将地图综合前、后的图层设置为"编辑"状态。

(2)单击菜单栏中的"制图综合→综合质量评价",可弹出如图 26-73 所示的"综合质量评价"对话框。在该对话框的"图层"栏中,设置要参与综合质量评价的"原始底图层""综合后图层",参与综合质量评价的图层可为线图层和区图层。"评价选项"可选择"对全图进行统计评价""进行抽样选取评价",当选择"对全图进行统计评价"时可以对全图的线图层和区图层进行地图综合前后的情况进行综合质量评价;当选择"进行抽样选取评价"时需要在地图视图中拉框选取要进行综合质量评价的图层。

图 26-73 "综合质量评价"对话框

选择"对全图进行统计评价"后,单击"确定"按钮后可弹出如图 26-74 所示的结果。

（a）线图层

（b）区图层

图 26-74　线图层和区图层进行地图综合前后的综合质量评价结果

选择"进行抽样选取评价"后,单击"确定"按钮,在地图视图中拉框选择要进行综合质量评价的图层后,可弹出如图 26-75 所示的结果。

（a）线图层

（b）区图层

图 26-75　线图层和区图层的综合质量评价结果

## 习题 26

（1）简述地图综合的基本概念。
（2）简述化简和概括的关系。
（3）简述地图综合的基本方法。
（4）简述地图综合的基本规律。
（5）简述制图要素相互矛盾时的处理原则和方法。

# 附录 A　实践内容

**实践 1**

请读者登录 Smaryun 网站（www.smaryun.com）并注册一个属于自己的账户，然后在云交易中心中试用 MapGIS 10 for Desktop 高级版 X64，并下载安装。

**实践 2**

请读者在 MapGIS 10 中配置 SQLServer 数据源并创建数据库。
（1）选择 Sample 数据库中的若干数据迁移到自己创建的数据库中。
（2）新建一个"高斯大地坐标系_西安 80_38 带 3_北"的空间参照系。
（3）创建镶嵌数据集，添加一幅栅格数据后，对该栅格数据构建轮廓线、边界、概视图。
（4）根据第 5 章"属性规则"中的内容，创建一个基于子类型的属性规则。

**实践 3**

请读者从互联网下载自己感兴趣地区的影像数据，并对其进行矢量化，具体要求如下。
（1）矢量化后的数据要求至少包含一个点图层、一个线图层、一个区图层和一个注记图层。
（2）在矢量化过程中需要新建一个空的系统库，矢量地图所需要的符号和颜色也均需要自己新建。
（3）在矢量化过程中需要使用到图例板，注记字体使用"华文中宋"，将线的型号写入到线的属性表中，区需要显示边线。
（4）矢量化完成之后，根据矢量化后的地图生成图框。
（5）通过动态投影给地图添加带号。
（6）对影像数据的波段 2 生成单值专题图和分段专题图，并导出。
（7）对影像数据以均衡化、平方根、反转三种显示方法进行显示。
（8）将 255 设置为无效值，无效值颜色为蓝色，查看效果后再取消无效值。
（9）将上述操作后的地图文档保存为.mbag 格式。

**实践 4**

请读者使用 Sample 数据库中的影像数据重新绘制 AOI 并完成监督分类,并利用栅格 VAT 计算分类后影像的每个类别的面积，最后将分类后的影像裁剪为瓦片。

**实践 5**

请读者使用服务图层对武汉市光谷片区的道路进行矢量化操作，并计算出武汉中地科技园附近 3 km 的餐饮娱乐点。现在有 4 个客户，分别位于中国地质大学（武汉）、光谷广场世界城、武汉工程大学流芳校区、武汉光谷凯悦酒店,现在司机要从武汉中地科技园出发去接客户,然后回到武汉中地科技园。请读者通过 MapGIS 10 为司机规划最合适的出行路线。

**实践 6**

在 MapGIS 10 的 Sample 数据库中有一幅"高程数据"的栅格影像,请读者追踪出其等值线,具体要求如下。

(1)保留栅格影像的边界。
(2)追踪出来的等值线间距为 10。
(3)为每条等值线添加高程标注,方向为"斜坡上方",并进行剪断线操作。
(4)进行等值线套区。

**实践 7**

请读者使用示例数据库中三维示例数据来构建某区域的三维景观模型,并合理运用三维特效来点缀三维场景,然后运用路径漫游功能设计一条线路来展示模型的亮点,最后为构建的模型生成 M3D 缓存。

**实践 8**

根据示例数据库中"地类图斑.wp",利用该文件配置一张地类面积图,要求如下。
(1)按照 A4 纸张的大小缩放出图,将地图打印到一张 A4 纸上。
(2)地图的标题为"地类图斑",字体为黑体,字号 25。
(3)地图包含指北针、比例尺。
(4)以地类名称字段添加图例,将图例分为 3 列,并将图例中标签字体修改为楷体,字高宽为 5,将图例转化为制图数据,保存在数据库中。
(5)添加统计图,以"3D 直方图"的形式展示各个"地类名称"所包含的"图斑面积"之和,并将结果输出为 300 dpi 的 JPG 图片。

**实践 9**

随着城市建设步伐的加快,为满足城市规划用图的需求,地形图的应用需求进一步扩大。地形图的制作除了可以采用传统的测绘,还可以采用航空摄影测量的方法进行测绘。请读者要根据缩编的规则,将一幅 1:1 万全要素标准图幅地形图转换为 1:5 万的地形图。请详细说明其步骤和方法,并以示例数据库中"地形数据"为例进行操作,最后提交成果图件。